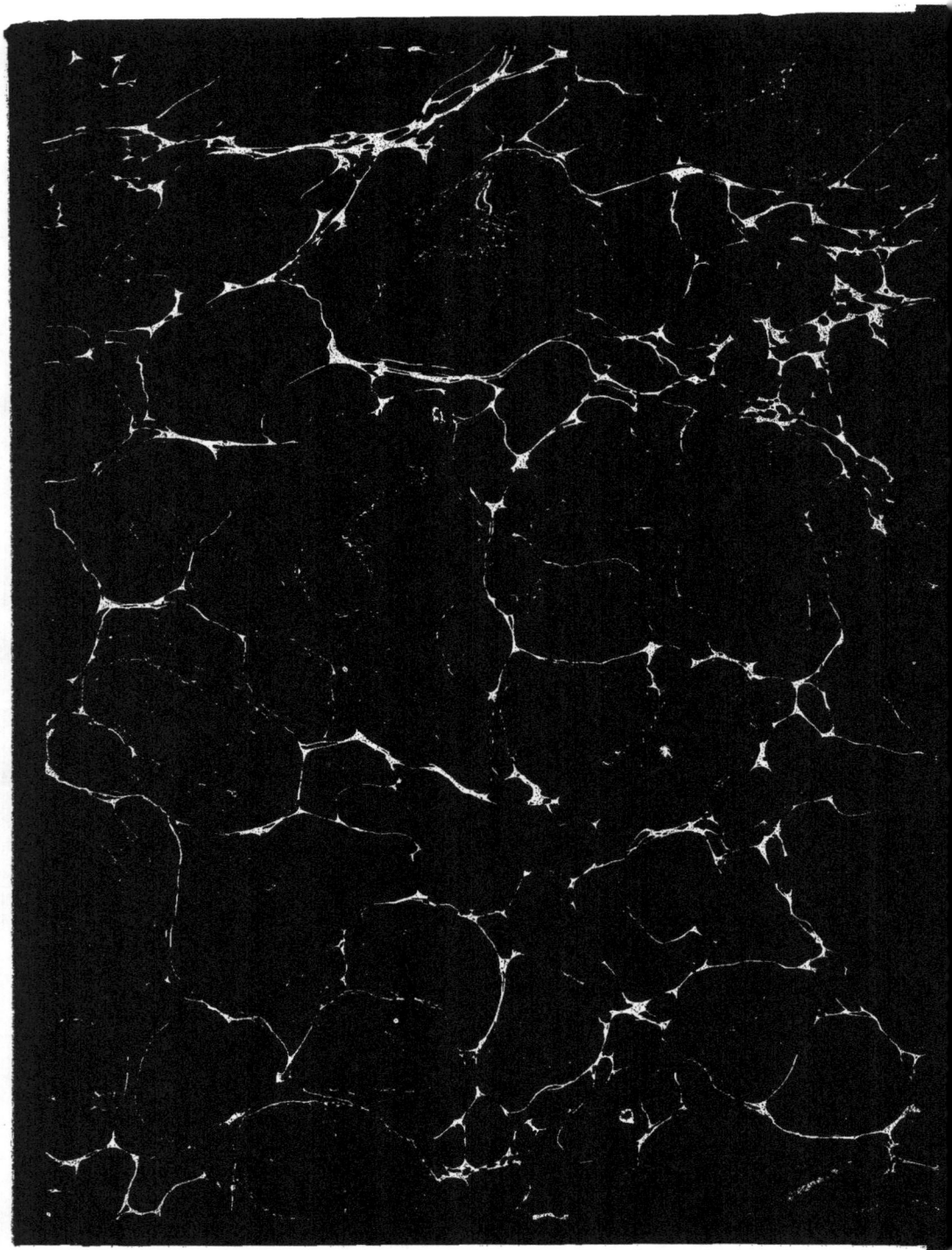

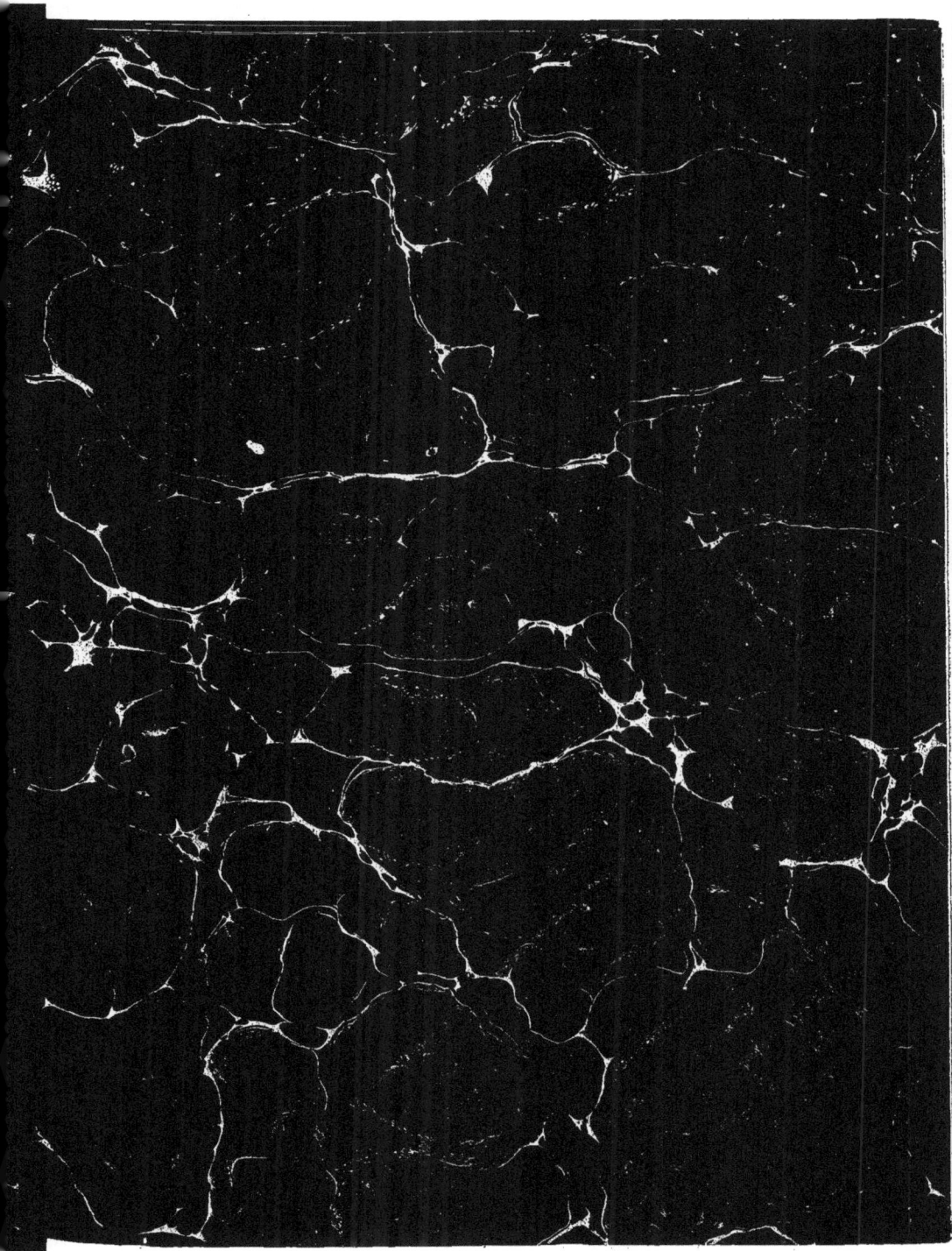

ESSAI GÉOLOGIQUE

SUR

LE JURA SUISSE

PAR

J.-Bte Greppin, Dr

membre de la Société jurassienne d'émulation, de la Société helvétique des sciences naturelles,
de la Société d'histoire naturelle de Bâle, &c.

Adresser *franco* les demandes à l'auteur, à Bâle, Kaufhausgasse, 7
ou à la librairie **H. Georg**, à *Bâle* et à *Genève*, commissionnaire pour l'étranger.

ESSAI GÉOLOGIQUE

SUR

LE JURA SUISSE

PAR

J.-B^te Greppin, D^r

membre de plusieurs sociétés scientifiques

DELÉMONT

Imprimerie Helg & Boéchat

1867

APERÇU ET DIVISION DES MATIÈRES.

Corrections à faire avant la lecture.

Page 5	ligne 21	au lieu de :	intelligente	lisez :	intelligence.
8	» 19		ravivant	»	ravinant.
25	» 26	»	9, 60	»	3, 60.
40	» 29	»			Am. *Humphriesianus* (à ajouter).
53	» 37	»	*V-cripta*	»	*V-scripta.*
62	» 18	»	*cordata*	»	*undata.*
»	» 29		oxfordiennes	»	calloviennes.
»	» 7 2ᵉ col.	»	»	»	»
63	» 18	»	*parte*	»	partie.
64	» 16	»	*Rhynchomella*	»	*Rhynchonella.*
78	» 41	»	2, 00	»	2, 60.
79	» 4	»	1, 00	»	4, 00.
»	» 14	»	3, 30	»	3, 00.
80	» 11	»	*csncellata*	»	*cancellata.*
»	» 4 2ᵉ col.	»	*rostellaris*	»	*rastellaris.*
»	» 5	»	*Exogyra corallina*	»	*Ostrea corallina.*
81	» 22	»	en haut et en bas	»	en bas et en haut.
82	» 23			»	2, 00 à ajouter.
83	» 34	»	1, 50.	»	» 50.
89	» 39			»	8, 00 à ajouter.
95	» 9	»	0, 5	»	0, 50.
»	» 11	»	0, 20	»	0, 80.
»	» 13	»	2, 00	»	2, 80.
»	» 42				20, 00 à ajouter.
97	» 21	»	*Dublisien*	»	Dubisien.
101	» 30	»	*cincinna*	»	*concinna.*
128	» 26	»	Vivis	»	Vevey. Les dépôts des localités citées dans cet alinéa sont plutôt de l'étage parisien supérieur; car les calcaires de Rallingen renferment aussi la *Melania Kœchlini* de Brunnstatt.
139	» 25 2ᵉ col.				*Planorbis lævis* à ajouter.
»	» 26	»			*Achatina inflata*, Reuss »
142	» 11	»			*Helix Moguntina*, Desh. » — — Espèce commune à Corban, recueillie à Court et à Sorvilier par M. le pasteur Grosjean.

OBSERVATIONS PRÉLIMINAIRES

HISTORIQUE

La géologie occupe désormais une place honorable dans le cadre des connaissances humaines ; elle est une science de plus en plus étudiée et appréciée.

Il doit en être ainsi, car elle jette une vive lumière dans l'histoire de la terre et dans celle de l'homme ; elle complète la zoologie, la botanique ; elle enrichit souvent l'industrie ; elle fournit à l'homme une quantité d'éléments qui lui sont nécessaires.

N'est-ce pas elle, en effet, qui déroule et nous montre les nombreuses perturbations, ainsi que les créations successives dont notre globe a été le théâtre ?

N'est-ce pas elle, qui fournit constamment d'importantes notions relativement à l'apparition et à la dispersion de l'espèce humaine sur la terre ?

N'est-ce pas elle encore, qui tous les jours découvre de nouvelles espèces organiques ?

N'est-ce pas elle enfin, qui, à tout instant, éclaire les recherches des mineurs, des carriers, des cantonniers, des draineurs, des fontainiers, des agriculteurs, des industriels, des architectes, des ingénieurs ?

En présence de ces résultats, il ne faut pas s'étonner de voir cette science cultivée avec faveur dans tous les pays civilisés, et on s'explique facilement l'importance qu'attache chaque gouvernement à posséder sa monographie géologique. Aussi n'y a-t-il plus guère de pays qui n'ait été l'objet de quelques travaux de ce genre. Le Jura n'a pas été négligé, puisque sa littérature géologique est devenue classique.

MM. J. Marcou et J. Thurmann, le premier dans son excellent ouvrage intitulé : *Recherches géologiques sur le Jura salinois, 1845*, le second dans son livre, qui devrait être entre les mains de tous les Jurassiens, ayant pour titre : *Abraham Gagnebin, Porrentruy, 1851*, montrent le nombreux contingent d'hommes distingués qui se sont occupés des chaînes jurassiques, tout en faisant ressortir leur mérite particulier. Parmi ces savants nous remarquons surtout : MM. Scheuchzer, Gessner, Bourguet, Knorr, Andrae, Bruckner, de Saussure, Deluc, P. Merian, Alex. Brongniart, Voltz, Thirria, Elie de Beaumont, Bronn, Goldfuss, de Münster, Zieten, de Buch, Agassiz, E. Desor, Thurmann, Marcou, A. Gressly, Alcide d'Orbigny, B. Studer, Escher, C. Nicolet, Hugi, A. Favre, Pictet, Lyell, Murchison, &c., &c.

Nous n'avons pas à revenir sur les travaux de ces savants ; mais qu'il nous soit permis de consacrer quelques lignes à ceux qui ont plus particulièrement voué leur temps et leurs talents à notre rayon, savoir : le Jura bernois, une partie du Jura bâlois, soleurois, neuchâtelois, et de la Suisse centrale. Parmi ceux-ci nous remarquons: M. P. Merian, qui, déjà en 1821, traçait d'une main hardie et habile l'orographie jurassique, et jetait la base de la division de nos terrains.[1]

Plus tard, par les soins qu'il mit à l'organisation du musée de Bâle, par son influence politique, par ses encouragements aussi larges que multipliés, par ses publications toujours marquées au coin du génie, cette ville est devenue un centre européen d'instruction pour les amis de la géologie.

Les travaux de M. Merian n'ont pas tardé à porter leurs fruits.

J. Thurmann, avec un talent pour vulgariser la science qui n'a pas encore été atteint dans le Jura, les développe, les mûrit, les coordonne en une méthode extraordinairement claire et les publie sous le titre d'*Essai sur les soulèvements jurassiques*. *Paris, 1832, et Porrentruy, 1836.*

La réputation de cet ouvrage franchit bientôt nos frontières pour se populariser en Europe, en Amérique et dans les autres parties du globe.

Encouragé par ce succès, Thurmann va plus loin. Il continue à consacrer une grande partie de son temps et de ses talents à l'orographie et à la paléontologie du Jura.

La mort l'arrête brusquement; mais il avait considérablement reculé les limites de ces deux branches de la géologie. Il est facile de s'en convaincre par l'examen des ouvrages suivants :

a) *Esquisse orographique de la chaîne du Jura*. Porrentruy, 1852.

b) *Essai d'orographie jurassique*. Porrentruy, 1856.

c) *Abraham Gagnebin, de la Ferrière*. Porrentruy, 1851.

d) *Lethea Bruntrutana*. M. Etalon, enlevé si jeune à la science, a été collaborateur de ce dernier ouvrage.

A. Gressly a également élargi notre horizon géologique.

Ses *Observations géologiques sur le Jura soleurois*, publiées en 1841 dans le Ve vol. des *Mémoires de la Société helvétique des sciences naturelles*, auxquelles on a fait le reproche d'être plutôt des spéculations d'esprit qu'une constatation de faits bien observés, doivent cependant être classées parmi les plus importantes publications de ce siècle.

Ce savant de Laufon n'aurait-il que démoli les idées que certains géologues attachaient encore, avec la théologie orthodoxe, aux mots de déluge et de révolutions terrestres, que notre opinion, émise du reste avant nous par M. Elie de Beaumont, se trouverait déjà justifiée.

Gressly nous a enseigné qu'il ne fallait plus voir dans nos dépôts sédimentaires des matériaux brusquement amoncelés sans ordre, comme le ferait un cataclysme appelé *déluge*, mais des dépôts marins, saumâtres, lacustres, fluvio-terrestres, de longue durée, en tout semblables à ceux qui se forment dans les mers et sur les continents actuels.

[1] Uebersicht der Beschaffenheit der Gebirgsbildungen in den Umgebungen von Basel. *Basel, 1821.*

Appliquant à la géologie les connaissances acquises sur les flores et faunes de notre époque et agissant ainsi par voie d'analogie, il lui a été facile de retrouver dans les terrains sédimentaires des divers âges géologiques les mêmes lois qui président encore de nos jours aux règnes organiques. En partant de ce principe, il a reconnu dans le même terrain ou *étage,* ici un *facies marin,* là, un *facies continental.* Dans le premier de ces facies, il démontrera sur une certaine étendue l'existence des zones *côtière, subpélagique* et *pélagique;* dans le second, il trouvera les altitudes, les longitudes, la faune et la flore, en précisant leur physionomie. En suivant cette marche, il a réussi à identifier à synthétiser des dépôts qu'on avait eu le tort de diviser.

Il a donc amené la géologie sur un terrain naturel et vrai, neuf et surtout riche en résultats.

Les investigations de Gressly n'en sont pas restées là. Elles ont bientôt trouvé une application générale. En effet, qui ne connaît aujourd'hui les études géologiques de ce savant, appliquées à la construction des chemins de fer?

Avons-nous besoin de rappeler ses *Coupes* remarquables du Hauenstein, ou son magnifique ouvrage sur le Jura Neuchâtelois, fait en commun avec M. le professeur Desor? (¹)

On sait avec quelle justesse étonnante ces deux savants ont établi pied par pied les couches à traverser par le tunnel de la Chaux-de-Fonds à Neuchâtel.

Gressly était encore à l'œuvre, il préparait un travail géologique sur les chemins de fer du Jura bernois, lorsque la mort est venue briser cette intelligente d'élite.

Un de nos compatriotes allemands, M. le prof. B. Studer, pendant sa longue carrière géologique, a souvent quitté les Alpes, sujet de prédilection de ses recherches, pour s'occuper aussi de notre rayon.

Déjà en 1825, il publiait sa « *Monographie de la Mollasse* », ouvrage qu'on consulte encore avec avantage.

« *Die Geologie der Schweiz,* » Berne 1853, du même auteur, est à juste titre appréciée. Elle réunit en un faisceau une grande partie de nos données sur les chaînes et les vals jurassiques; c'est l'ouvrage le plus étendu que nous possédions sur la géologie du Jura.

M. le professeur J. Ducret à Porrentruy, géologue très-expérimenté, incorpore avec beaucoup de zèle et de talent à la riche collection géologique de cette ville les nombreux fossiles laissés par J. Thurmann.

M. F. Mathey, tout en étudiant à fond nos chaînes jurassiques, a réuni la collection de fossiles jurassiques la plus complète et la plus intéressante que possède le Jura bernois.

MM. F.-J. Verdat, Dr en médecine à Delémont, J.-A. Watt, Carabinier, Pagnard, Grosjean, A. Quiquerez, Bonanomi, Bron, notaire, les uns par des travaux publiés

¹ *Etudes géol. sur le Jura neuchâtelois,* Neuchâtel, 1859.

dans nos recueils scientifiques, les autres par la création de jolies séries de fossiles, ont rendu des services importants à la géologie du pays.

J. Thurmann a aussi publiquement reconnu le mérite géologique de M. Buchwalder, auteur de l'admirable carte de l'Evêché de Bâle.

Les limites de notre rayon ont été habilement étudiées.

C'est ainsi que M. Alb. Müller a publié dernièrement une intéressante description des terrains des environs de Bâle.

M. F. Lang continue à faire connaître à la science les environs de Soleure. En 1863 la littérature géologique du Jura s'est enrichie de sa « Geologische Skizze der Umgebung von Solothurn. »

Le temps et les soins qu'il met à l'organisation du musée de Soleure ne l'a pas empêché de s'associer au célèbre professeur de Bâle, M.L. Rütimeyer, pour publier la curieuse et intéressante faune des carrières de cette ville sous le titre : « Die fossilen Schildkröten von Solothurn. »

En préparant cette étude, les savantes recherches de MM. Agassiz, Desor, Gressly, C. Nicolet, J. Jaccard, de Loriol, Gilliéron, Hisely, sur le Jura neuchâtelois, ont souvent éclairé nos pas.

MM. Fischer-Ooster et J. Bachmann continuent à jeter une vive lumière sur notre frontière méridionale.

Nous avons souvent eu l'occasion de voir à l'œuvre nos honorables collègues de la frontière nord de la Suisse, d'utiliser leurs travaux ; c'est ainsi que nous avons consulté avec fruit les œuvres bien remarquables de MM. Köchlin-Schlumberger, enlevé trop tôt à la science, Delbos, Contejean, Sandberger, Schill et Quenstedt.

Cependant les géologues du Jura, bien loin d'avoir épuisé la matière, nous ont encore laissé un vaste et fertile champ d'observations dans la formation tertiaire.

De 1850 à 1860, dans des Notes géologiques, publiées dans les Mémoires de la Société helvétique des sciences naturelles et dans les Actes de cette même société, nous arrivions à la division suivante des terrains tertiaires. [1]

Ier	Etage :	Œningien, ou mollasse d'eau douce supérieure.
IIe	»	Falunien, ou Helvétien, mollasse marine supérieure.
IIIe	»	Delémontien, ou mollasse d'eau douce inférieure.
IVe	»	Tongrien, ou mollasse marine inférieure.
Ve	»	Parisien, ou terrain sidérolithique.

Jusque là ces dépôts, peu connus en partie, étaient généralement confondus. L'un était même classé parmi les terrains diluviens, un autre, le terrain sidérolithique, dans la formation crétacée. [2]

En étudiant cette division, nous apportions des matériaux pour fixer l'âge des sou-

[1] Voir Bulletin de la Société géologique de France, Tom XI, page 602 et Tom XII, page 760.

[2] Cette classification tertiaire a été admise pour le sud de l'Allemagne par MM. Schill, Sandberger ; tandis qu'en Suisse, c'est à peine si elle est connue. On préfère se débattre dans des données souvent incertaines avec des termes vagues, quelquefois équivoque. — Nous devons cependant ajouter que MM. J. Thurmann et A. Gressly, qui en connaissaient la valeur, l'avaient adoptée.

lèvements jurassiques et rétablir l'aspect de notre pays notamment pendant les formations jurassique, crétacée, tertiaire et quaternaire.

Enfin, avec notre ami, M. Matthey, nous arrivions à compléter, à reconstituer des faunes intéressantes au triple point de vue de la richesse, de la conservation et de la sûreté du gisement des espèces.

Munis de ce bagage scientifique, nous comprenions avec Gressly, l'étude de la géologie à un point de vue plus général, plus étendu que ne le fait la jeune école d'Allemagne, qui, selon nous, accorde souvent trop de valeur aux *horizons paléontologiques* pour méconnaître quelquefois le véritable caractère, la physionomie d'une époque comme l'entendent MM. Gressly, Alc. d'Orbigny et un grand nombre d'autres géologues.

Nos connaissances et le temps ne nous auraient pas permis d'aller plus loin et de publier cette étude, si nous n'avions pas eu pour guides et collaborateurs des savants bienveillants.

Ainsi, nous devons, en particulier, à l'obligeance de M. le professeur Desor la détermination des Echinides ; à M. le professeur Heer la connaissance de nos plantes fossiles ; à MM. P. Merian, P.-J. Pictet, M. de Meyer, Hébert, Deshayes, Sandberger, L. Rütimeyer, Oppel, Mathey, Mœsch et Ducret une partie assez notable de l'étude de nos faunes.

Les amis de la géologie du Jura bernois doivent à tous ces hommes de science, d'études et de recherches leur entière gratitude et leurs plus sincères remercîments.

Bâle, le 3 mai 1867.

INTRODUCTION

Le relief actuel du Jura ne remonte pas à un âge géologique bien éloigné; il se rattache à la fin de l'époque tertiaire, soit au commencement de la formation diluvienne.

Jusque-là, le Jura, plus ou moins plat, participant au mouvement gigantesque des Alpes principales, prend les formes variées et pittoresques qui sont devenues *classiques* en géologie. — Des élévations, des dépressions, des déchirures profondes avec écartements considérables, des éboulements, des ablations, et mille autres changements d'aspect ont lieu, et ces modifications grandioses reçoivent des noms dont nous mentionnerons les plus importants, en nous attachant plutôt aux définitions des géologues qu'à celles des géographes. L'intelligence de notre travail exige que le sens qu'on attache à ces noms soit bien arrêté.

Le *val* ou *vallon*, *vallée longitudinale* des géographes, *Längenthal* des Allemands, est une simple dépression du sol existant entre deux montagnes, collines ou plateaux voisins ; c'est un bassin à fond plus ou moins accidenté, à bords plus ou moins ouverts, formé de couches restées en place ou simplement redressées, mais point rupturées ni écartées. — Pourtant la physionomie primitive de nos vals a été singulièrement modifiée par les eaux diluviennes et par les grands éboulements qui se sont effectués des bords, c'est-à-dire des flancs de nos montagnes ; les premières en creusant, ravivant le fond et quelquefois les bords, les seconds en recouvrant de leurs matériaux le fond des bassins et en lui donnant un aspect tout bosselé.

La *vallée*, *vallée transversale*, *Querthal*, est le couloir d'une rivière ou d'un torrent à travers un pays de montagnes.

Les dépressions ou excavations du sol dans les plaines, creusées par les eaux torrentielles ou diluviennes, sont appelées *vallées d'érosion*.

Ainsi, nous disons le val de Delémont pour désigner la dépression du sol existant entre la chaîne de Mouton-Vellerat-Mont-Frénois, et celle de Courroux-Haute-Borne. Nous appelons la vallée de la Birse le couloir que parcourt cette rivière à travers les *vals*, *combes*, *cluses*, depuis Pierre-Pertuis jusqu'au Rhin.

Les *combes*, *Tobel*, sont des dépressions longitudinales du sol, formées par la rupture, l'écartement des couches et la mise à jour d'assises marneuses ou marnocalcaires. Ces marnes par leur friabilité cèdent à l'action des agents atmosphériques et se laissent enlever en formant des dépressions. Comme nos montagnes, dont elles ne sont qu'une partie constituante, elles affectent ordinairement une forme longitudinale, quelques fois circulaire ; dans ce dernier cas, on les désigne sous les noms de *cirques, ou de creux, Wanne.* Ex. : Combe oxfordienne de Châtillon, combe liaso-keupérienne de Bœrschwyler, du Creux du Vorbourg.

On donne le nom de *crêt, Kamm,* à la ceinture de rochers ordinairement redressés, ou coupés à pic, qui entourent les combes.

Les *cluses, gorges* ou *Klus,* sont les déchirures transversales des chaînes de montagnes. Elles relient les vals et les vallées.

Ces coupures s'appellent *ruz* ou *séro, Runse,* lorsqu'elles n'entament la montagne que sur l'un des flancs. — Lorsque ces espèces de gorges ont été creusées par les eaux, M. Desor, pour les désigner, propose le nom de *rofla.*

Les dislocations longitudinales ont déterminé les *chaînes, Kette,* avec leurs *voûtes, Kuppe,* leurs *plateaux, Platte,* les *crêts,* les *combes* et les *vals ;* tandis que les dislocations transversales ont occasionné les *cluses,* les *ruz* et en partie les *vallées.* La coupe ci-contre donne une idée de ces diverses phénomènes.

J. Thurmann, partant du point de vue de l'effet du soulèvement, classe les chaînes jurassico-triasiques en quatre ordres principaux.

Disons-le dès l'abord, cette classification est arbitraire. L'action dislocante était *une* et *continue ;* elle a donc produit un seul et unique phénomène qu'on ne peut diviser que d'une manière abstraite. Cependant, la division de Thurmann ayant un côté pratique incontestable, ce qui lui a valu des sympathies si générales, nous la relaterons ici.

Voici cette classification, telle que nous la trouvons dans les ouvrages du célèbre géologue de Porrentruy :

Chaînes du premier ordre : la dislocation n'a pas fait affleurer de groupe inférieur au portlando-corallien. Il en résulte des voûtes entières ou brisées, des redressements, avec faille intérieure, terminés par des *crêts* diversèment inclinés, verticaux ou rabattus.

Chaînes du deuxième ordre. La dislocation a fait affleurer les groupes oxfordiens et oolithiques. Il en est résulté une montagne formée d'une *voûte oolithique* entière ou avec faille, flanquée de deux massifs portlandico-coralliens, terminés par des *crêts coralliens,* et interceptant *deux combes oxfordiennes.*

Chaînes du troisième ordre. La dislocation a fait affleurer le groupe liaso-keupérien, sans amener au jour le conchylien. On a dès lors les mêmes accidents symétriques latéraux que dans l'ordre précédent ; mais la voûte oolithique y est rupturée, ouvrant une combe *liaso-keupérienne* dominée par deux crêts oolithiques. Sur Mouton, Raimeux et Bellerive sont des chaînes de premier, deuxième et troisième ordre.

Chaînes du quatrième ordre. Du fond de la combe liaso-keupérienne de l'ordre précédent surgit le conchylien formant voûte conchylienne entière ou avec faille. Tous les accidents du troisième ordre, plus le relief conchylien intérieur, longé dès lors de deux *combes latérales liaso-keupériennes.* Voir la coupe ci-jointe.

2

A ce quatrième ordre de dislocation se bornent les affleurements de nos terrains. Encore l'étage conchylien n'apparaît-il pas dans le Jura bernois. Pour l'étudier en place, il faut passer la frontière et aller dans le canton de Soleure , à Meltingen , à Günsperg, dans celui de Bâle-Campagne , ou dans le Grand-Duché de Baden , où les affleurements sont nombreux et très-étendus

La cause qui a produit cet effet majesteux, savoir le relief actuel du Jura, nous est aussi inconnue que celles qui dans les temps antérieurs ont si souvent et si profondément modifié l'état de la terre. Devons-nous attribuer ces grandes perturbations à la solidification du globe, aux retraits, aux vides et aux enfoncements qui en sont le résultat (théorie d'Alc. d'Orbigny, Cours élémentaire de Paléont. et de Géol., première partie, page 127); ou au changement qui s'opère dans le centre de gravité de la terre par l'accumulation inégale des glaces aux pôles (théorie de M. Adhémar) ; ou aux variations de l'axe de la terre (Fréd. Klée) , amenées par l'action des comètes; ou enfin à toutes ces causes réunies ?

Comme nous ne voulons pas nous écarter du cadre modeste que nous nous sommes tracé, nous abandonnons aux savants ces questions si vastes et si complexes. Toutefois nos lecteurs verront plus loin que nous donnerons la préférence à la première de ces théories.

Pour mieux saisir la richesse respective de nos terrains, leur ensemble, les diverses péripéties subies par notre sol, et pour ouvrir la voie à des recherches qui doivent encore être faites dans des assises à peine connues, nous donnerons un aperçu très-court de tous les étages qui nous manquent.

Nous commencerons par les terrains les plus anciens.

I

STRATIGRAPHIE ET PALÉONTOLOGIE

Les géologues divisent les terrains de l'écorce terrestre en deux grandes séries ou classes : la *série plutonique* et la *série neptunienne*.

A. SÉRIE PLUTONIQUE.

La SÉRIE PLUTONIQUE, *terrains primitifs, terrains cristallisés, roches ignées* ou *pyrogènes, roches azoïques,* comprend :

I. Les *roches plutoniques*.

II. Les *roches volcaniques*. Il faut adjoindre à ces deux classes de terrains :

III. Les *roches métamorphiques*, qui tiennent en quelque sorte le milieu entre la série d'origine ignée et la série sédimentaire.

Ces trois groupes de roches peuvent avoir été formés contemporainement à chaque époque géologique, et être actuellement encore en voie de formation (Lyell).

Les *terrains primitifs* les plus importants sont des roches stratifiées et souvent schisteuses : les *Gneiss*, les *Micacites*, les *Talcites*, le *Marbre statuaire*, de belles espèces d'*Ardoises*; des roches non stratifiées : des *Granits*, certains *Porphyres*, qui, sous plus d'un rapport, peuvent être considérés comme alliés aux formations volcaniques et métamorphiques.

Au-dessous des gneiss se trouvent des dépôts inaccessibles que le refroidissement planétaire a graduellement formés pendant la durée des périodes sédimentaires ; enfin, la masse incandescente et liquide.

Ces roches primitives stratifiées ont une grande puissance et occupent une vaste étendue.

Le gneiss, dans les Vosges, a une épaisseur de 660 mètres, et en Norwége de 700 mètres. (Al. d'Orbigny.) M. Cordier évalue l'épaisseur des Micacites à 2,000 mètres.

Les *roches métamorphiques*, comme la serpentine, l'euphodite, la mélaphyre, la diorite, le porphyre, le granite, formées soit par la voie sèche, soit par la voie humide, soit par une action électro-chimique, même dynamique, contiennent quelquefois des matières organiques. Ces matières accompagnaient certainement l'humidité ou l'eau souterraine d'imbibition en présence de laquelle les roches plutoniques se sont formées. (M. Delesse, Bul. de la Soc. géol. T. xix, p. 400.)

Cependant **M. J.** Kœchlin a reconnu qu'à une certaine phase de l'action métamorphique, c'est-à-dire quand le mica et les cristaux de feldspath devenaient visibles à l'œil nu, les fossiles s'effaçaient.

Les *roches volcaniques* sont presque toutes composées de feldspath et d'amphibole. Les plus remarquables sont : le basalte, le grünstein, le grünstein syénitique, la phonolite. l'argilotite, le trachyte, certains porphyres, l'amygdaloïde, la lave, le tuf, la ponce et les scories.

Elles se présentent en amas, en filons ou en colonnades, comme les basaltes. Elles sont très-répandues sur le globe.

La chaleur étant très-intense, détruit complètement les matières organiques ; c'est ce qui explique leur absence dans la plupart des laves bien caractérisées. Mais lorsqu'elle n'est pas suffisante pour dégager complètement l'eau et pour détruire les matières organiques, ces dernières se trouvent dans les roches éruptives, lors même qu'elles sont volcaniques : tel est le cas pour le basalte, le trapp, la rétinite, l'obsidienne.

La série plutonique ne se présente pas naturellement dans le Jura bernois ; cependant un assez grand nombre peuvent y être recueillies à l'état erratique.

Pour les étudier en place, il faut franchir l'Evêché et arriver sur la rive gauche du Rhin, à Laufenbourg, où les *granits,* les *gneiss* sont à jour, et dans le duché de Baden, où les *roches métamorphiques* et *plutoniques* sont bien représentées.

Il est nécessaire de rappeler que les groupes granitiques et porphyriques jouent orographiquement parlant un grand rôle dans notre voisinage, la Forêt-Noire et les Vosges, et qu'ils se distinguent généralement des roches analogues dans les Alpes par leur couleur plus foncée, souvent brunâtre ou rougeâtre ; car nous retrouverons plus tard les roches de ces groupes *remaniées* ou *erratiques* jusque dans nos vals et chaînes jurassiques. Il n'est donc pas oiseux, comme on l'a prétendu, de les signaler en place.

Les affleurements *volcaniques* les plus rapprochés se trouvent au Kaiserstuhl.

B. SÉRIE NEPTUNIENNE.

La série *neptunienne, roches sédimentaires, roches aqueuses,* se compose de terrains formés par la voie humide, parmi lesquels il se trouve cependant des roches qui ont été plus ou moins modifiées par le feu.

Cette série, ordinairement stratifiée, est, en général, caractérisée par la présence de débris organiques. Elle est aussi imposante par son étendue que par sa puissance. Elle recouvre une grande partie de la terre, et l'on connaît des terrains, y compris sans doute les terrains primitifs, qui, dans un même pays, ont une plus grande épaisseur que les 37,000 pieds assignés par M. de Humboldt à la portion connue de l'écorce terrestre. Cette puissance énorme des dépôts anciens, surtout dans l'Amérique du Nord, est le critérium le plus frappant que nous puissions trouver de l'ancienneté des âges géologiques et de celle de notre planète elle-même. (D'Archiac, *Hist. des progrès de la géologie,* Tom. I, p. 141.) Ces immenses dépôts sont les pages éloquentes qui nous tracent ce qu'a été la terre avant l'apparition de l'homme à sa surface; ils forment le grand livre de l'histoire primitive de notre globe, le livre qui nous déroule l'étendue, la durée, la richesse des mers et des continents anciens avec leurs flores et faunes déjà si belles et si variées, leurs déplacements mutuels si souvent répétés. Nous y voyons les espèces, même les flores et les faunes, naître, vivre, mourir, et être immédiatement remplacées par d'autres, comme le sont les individus d'une espèce de notre époque.

Cette étude de terrains nous fait assister aux grandes révolutions qui ont successivement donné à la terre le relief qu'on lui connaît, depuis les plus humbles collines jusqu'aux plus hautes montagnes, depuis les plus belles plaines jusqu'aux gouffres incommensurables.

La vaste contenance de la série neptunienne justifie les divisions suivantes :

    I. *Terrains paléozoïques;*
    II. *Terrains triasiques;*
    III. *Terrains jurassiques;*
    IV. *Terrains crétacés;*
    V. *Terrains tertiaires,* et
    IV. *Terrains diluviens et modernes.*

Ces terrains ou *formations* se subdivisent en *étages,* et ceux-ci en *assises* et en *couches.*

Selon M. Alc. d'Orbigny *un étage* est une époque complètement identique à l'époque actuelle. C'est un état de repos de la nature passée, pendant lequel il existait, comme dans la nature actuelle, des continents et des mers, des plantes et des animaux terrestres, des plantes et des animaux marins, et, dans les mers, des animaux pélagiques et des animaux côtiers à toutes les zones de profondeur. Pour qu'un étage soit complet, il doit montrer un ensemble d'êtres terrestres ou marins, qui puissent représenter une époque tout entière, analogue au développement que nous voyons actuellement sur la terre.

En parcourant notre petit champ d'études, il nous sera bien difficile de nous conformer à l'idée grandiose que nous donne l'éminent paléontologiste français du mot étage. Tout en adoptant cette expression, il nous sera quelquefois impossible de lui maintenir une aussi vaste signification; nous entendrons souvent par ce mot un ensemble de couches ou d'assises, considérable toutefois dans le sens vertical et dans le sens horizontal, présentant des caractères pétrographiques et paléontologiques particuliers, et rappelant des phases géognostiques importantes.

Quant aux *noms* à donner à ces étages, les géologues sont assez partagés. Les uns veulent des noms *géographiques*, d'autres des noms *paléontologiques* : ceux-ci préfèrent les noms *minéralogiques*, ceux-là sont pour des noms *éclectiques*. A l'exemple de M. d'Orbigny, nous nous rangerons dans la 4e catégorie, et nous choisirons dans les trois systèmes, en donnant cependant la préférence aux dénominations géographiques. Nous commencerons par les terrains paléozoïques.

I. TERRAINS PALÉOZOÏQUES.

Les *terrains paléozoïques* d'Orb., *série paléozoïque* de Phillips, Murchison, *terrains de transition* et une partie des *terrains secondaires* de Werner, ont été le premier berceau de la vie animale. Ils ont pour base les terrains azoïques et pour limite supérieure la formation triasique. Ils sont très-développés sur tous les continents. Les géologues y reconnaissent cinq *étages*, qui sont, du bas en haut :

      1. L'étage *Cambrien ;*
      2.   »   *Silurien ;*
      3.   »   *Devonien ;*
      4.   »   *Carboniférien*, et
      5.   »   *Permien* [1].

Les caractères minéralogiques de ces *étages* sont très-variables. En effet, si des grès peuvent servir à faire reconnaître un étage sur un point, sur d'autres ce seront des calcaires ou des schistes.

Cette formation a la puissance énorme de 13,150 mètres (d'Orbigny), qui sont ainsi répartis : Pour les étages cambrien et silurien 5,200, pour l'étage dévonien 3,050, pour l'étage carbonifèrien 3,000, pour l'étage permien 1,000 mètres. — Non-seulement l'étage carbonifèrien fournit de la houille : mais en Espagne les mines les plus riches dépendent de l'étage dévonien, en Portugal de l'étage silurien : en Saxe, on a également signalé le charbon de terre dans l'étage permien.

Déjà en 1852, M. Al. d'Orbigny attribuait aux terrains paléozoïques 3,180 espèces d'animaux mollusques et rayonnés, non compris les animaux vertébrés et annelés, ainsi qu'un millier d'espèces de plantes. Ces seuls chiffres suffisent pour nous donner une idée de la richesse organique de cette période. Qu'il nous soit permis d'en transcrire le tableau fait par le savant que nous venons de citer:

« Les mers s'étendaient aussi bien sous la zône torride que sous les pôles. Elles nourrissaient, sur leurs bords, des plantes marines, et déjà quelques reptiles sauriens respirant l'air en nature ; un grand nombre de poissons généralement cuirassés et de forme souvent bizarre, parcourant les rivages et les hautes mers, où vivaient un grand nombre de Crustacés trilobites, des Cirrhipèdes, des Annelides et autres animaux respirant par des bronchies. Les mollusques céphalopodes les plus parfaits de cet embranchement d'animaux

---

[1] Ces étages sont actuellement envisagés par plusieurs géologues comme de *véritables formations.*

étaient à leur maximum de développement, de même que les Brachiopodes et les Echinodermes crinoïdes.

» Il n'y avait pas moins d'animation sur les continents : des Insectes nombreux respirant l'air en nature par des trachées, des Arachnides respirant par des poumons, animaient de leurs brillantes couleurs des sites où se déployait tout le luxe de la végétation. Ici des Fougères les plus variées, d'une taille gigantesque ; là des Sigillariées de grande taille formaient des forêts, tandis que le sol était couvert, sur des points, de Lycopodiacées parmi lesquelles dominaient les Cryptogames acrogènes.

» Les mêmes êtres, les mêmes plantes s'étendaient pendant cette période depuis la zone torride jusqu'aux deux pôles, puisqu'on trouve les mêmes espèces à l'île Melville et au Spitzberg, aussi bien que sous les Tropiques. On doit en conclure qu'alors la température était uniforme sur le globe par suite de la chaleur propre à la terre, et que les lignes isothermes actuelles n'existaient pas encore. »

1er Etage : Cambrien, *Murchison.*

SYNONYMIE : *Terrains de transition inférieur et moyen,* de MM. Elie de Beaumont et Dufresnoy ; *Terrains schisteux,* de M. Huot ; *Groupe de la Grauwacke,* de M. de la Bêche ; *Silurien inférieur.*

Il a été étudié en France, en Angleterre, en Bohême, en Russie, dans les deux Amériques, où il repose sur les roches stratifiées azoïques, quelquefois sur les roches granitiques. — Cette division inférieure existe isolée en Norwége ; ce qui indique une perturbation géologique entre ces deux premiers étages.

L'étage cambrien, tourmenté par toutes les révolutions du globe, est incontestablement le plus disloqué de tous. Cependant partout où il occupe de grandes surfaces, les strates sont presque horizontales : elles sont restées pour ainsi dire telles qu'elles se sont déposées dans les océans de cette époque.

Les caractères minéralogiques seuls ne peuvent en aucune manière servir à faire reconnaître l'âge de cet étage, parce qu'ils sont trop variables. Les roches les plus communes sont des schistes, des psammites, des calcaires, des schistes, des calcaires, des grès, et enfin des calcaires. Dans l'Amérique septentrionale et en Bohême, ces couches renferment quelquefois des lits puissants de galets roulés.

Généralement l'étage cambrien a une grande puissance ; en Bohême, elle dépasse 2,000 mètres.

La Grauwacke des Vosges joue à l'état remanié un rôle important dans le Jura bernois. Elle contribue avec des granits et des porphyres, à la formation des sables à Dinotherium et à celle du Muschelsandstein.

La faune en est très-riche.

Les espèces les plus répandues et les plus caractéristiques sont :

CRUSTACÉS.

Calimene Fischeri.
» *punctata.*
Illœnus crassicauda.

Lichas laciniata.
Trinucleus caractaci.
Phacops Dalmani.

MOLLUSQUES

Melia communis, d'Orb.
» *trochlearis,* d'Orb.
Pleurotomaria lenticularis, d'Orb.
Lingula longissima, Pandor.
» *attenuata,* Sow.
Leptœna deltoïdea, Vern.
» *sericea,* J. Sow.

Strophomena alternata, Conrad.
» *tenuistriata,* d'Orb.
Orthisina Verneuili, d'Orb.
Orthis lynx, d'Orb.
» *testudinaria,* Dalm.
» *œquivalvis,* Hall.

Les continents de cette époque sont peu connus. A Vallony, en Portugal, on exploite de la houille qui ne peut provenir que de l'amoncellement des végétaux cambriens.

2e Etage : Silurien, *Murchison.*

Le nom de *Silurien* dérive d'une petite peuplade, les *Silures,* du pays de Galles.

SYNONYME : *Silurien inférieur.*

Comme le Silurien inférieur, il est très-répandu en Europe et en Amérique. On le rencontre en France à Saint-Sauveur, en Angleterre dans les districts de Radnor et de Montgommery, aux environs de Prague, dans le Canada à Gaspe, dans les Andes boliviennes. Sur ces points, il succède d'une manière régulière à l'étage cambrien.

Sa composition minéralogique n'a rien de caractéristique : dans une localité ce sont des argiles schisteuses, des calcaires ; dans une autre des grès, des psammites et des calcaires quelquefois oolithiques.

D'après M. Buranda cette assise supérieure atteint en Bohême une puissance de 1,200 mètres.

M. Al. d'Orbigny cite 418 espèces caractéristiques de cette division. Les plus communes et les plus répandues sont les suivantes :

CRUSTACÉS.

Calymene Blumenbachii.
Phacops limulurus.

Cephalotis, Burr.
Bumastus Burriensis.

MOLLUSQUES.

Orthoceratites ibex, Sow.
Orthis elegantula, Dalm.
» *biloba,* Davidson.
» *hybrida,* Sow.
Hemithiris Wisloni, d'Orb.
» *crispata,* d'Orb.
Pentamerus galeatus, Hall.

Pentamerus oblongus, Sow.
Spirifer crispus, Sow.
» *sulcatus,* Vern.
Spirigerina affinis, d'Orb.
» *aspera,* d'Orb.
Spirigera tumida, d'Orb.

ECHINODERMES.

Eucalyptocrinus decoratus, d'Orb.
Ichthyocrinus pyriformis, d'Orb.

Les continents de cette assise sont peu connus. Les traces charbonneuses de Saint-Sauveur dénotent une flore terrestre.

La dislocation du *système du Westmoreland et du Hundsruck,* de M. Elie de Beaumont correspondrait à la fin de cet étage.

3e Etage : **Devonien**, *Murchison.*

M. Murchison a fait dériver ce nom de celui de Devonshire, en Angleterre.

SYNONYMIE : *Terrains de transition supérieurs*, de MM. Elie de Beaumont et Dufrénoy. *Vieux grès rouge*, de M. de la Bêche. *Grauwackgebirge*, des Allemands.

Il affleure sur plusieurs points en France : en Bretagne, à Ferques (Pas-de-Calais) ; en Espagne, dans les Asturies ; en Angleterre, à l'extrémité nord du Devonshire, dans les districts de Glamorgan, de Worcester, etc. ; en Prusse, en Bavière, en Silésie, en Russie, en Amérique.

Comme les étages précédents, il paraît manquer à notre frontière nord, dans le duché de Baden. Ses roches ont cependant été recueillies à l'état erratique, dans le Jura bernois.

Il repose sur l'étage silurien et il est recouvert par l'étage carboniférien.

En Angleterre, cet étage est formé de conglomérats, de schistes grenus ; dans les Etats-Unis, de vieux grès rouge, d'argile, de sable, de schistes, de calcaires et de grès. Les fameux marbres rouges et verts de Campan, en France, appartiennent à cette division. Les caractères minéralogiques ne sont donc pas d'une grande importance pour déterminer l'âge de cet étage.

La puissance de l'étage devonien, en Angleterre, a été estimée par M. Murchison à 3,050 mètres ; dans l'Amérique septentrionale, à 2,500 mètres.

D'après M. Alc. d'Orbigny, 1,198 espèces caractérisent cette époque. Les plus importantes sont :

POISSONS.

Holoptichus nobilissimus.

CRUSTACÉS.

Phacops macrophthalmus, Emmer. | *Cryphæus calliteles.*

MOLLUSQUES.

Murchisonia bilineata, d'Arch. et Vern.	*Orthis striatula*, d'Orb.
Cardinia Hamiltonensis, d'Orb.	» *interlineata*, Hall.
Lucina proavia, Gf.	*Spirifer Verneuili*, Murch.
» *rugosa*, Gf.	» *disjunctus*, J. Sow.
Mytilus dimidiatus, d'Orb.	» *comprimatus*, Schloth.
Avicula fasciculata, Vern.	*Rhynchonella Schnuii*, Vern.

ZOOPHYTES.

Cyathophyllum turbinatum, Gf. | *Alveolites fibrosus*, d'Orb.

Ces espèces et plusieurs autres se rencontrent dans l'Ancien et dans le Nouveau-Monde.

Des terres fermes de cette époque sont indiquées par les riches dépôts de houille de Sabero, en Espagne. Les plantes fossiles les plus communes sont :

Sigillaria Chemungensis, Hall. | *Sphenopteris laxus*, Hall.

Suivant M. Elie de Beaumont, c'est à la fin de cette époque qu'aurait eu lieu le relief du du *système des Ballons* (Vosges) et *des collines* du Bocage (Calvados).

4e Etage : Carboniférien, *d'Orbigny*.

Le nom de cet étage lui vient de ce qu'il est le plus riche en combustible.

SYNONYMIE : *Calcaire carbonifère* et *terrain houiller*, de MM. Elie de Beaumont et Dufrénoy. *Groupe carbonifère*, de M. de la Bêche ; *Terrain houiller*, de M. Beudant.

Il est très-bien représenté en Europe. Il a été reconnu à notre frontière N., dans le duché de Baden, où il repose directement sur les roches crystallines, sur le gneiss ou le granit.

La houille a même été exploitée, mais avec peu de succès, entre Oberweiler et Schweighof. Près de cette dernière localité, M. le professeur Sandberger a recueilli des plantes qui démontrent que ce terrain houiller est le même que celui des Vosges, de Thann par exemple. Ces plantes sont :

Calamites transitionis. | *Sphenopteris.*
Sagenaria Veltheimiana.

Il existe en Suisse, dans le Valais, en France, sur de nombreux points, de même qu'en Allemagne, en Russie, en Espagne, en Amérique et dans les autres continents. Il est partout la fortune de l'industrie. Il a naturellement succédé à l'étage devonien et précédé l'étage permien.

La composition minéralogique en est très-variable. Dans le duché de Baden, le terrain houiller est représenté par un conglomérat assez grossier formé de détritus des roches cristallines de la Forêt-Noire même, et par de l'anthracite argileuse ou siliceuse peu propre à la combustion. Ces conglomérats et ces anthracites argileuses ne sont pas rares dans nos sables à Dinotherium. En Angleterre, il constitue une alternance souvent répétée d'argiles schisteuses, de grès houiller, de grès, de calcaire ; aux Etats-Unis ce sont parfois des silex meulières exploités, des roches oolithiques. Les dépôts marins alternent quelquefois avec les dépôts terrestres.

Puissance. En Angleterre, elle atteint 1,200 à 3,200 mètres ; en Espagne, d'après M. de Verneuil, 4,000 mètres.

M. A. d'Orbigny explique ces intercalations fréquentes et nombreuses de couches marines et de couches terrestres par le fait des oscillations du sol qui, en élevant ou en abaissant le terrain, l'ont tantôt inondé, tantôt émergé, et l'ont ainsi placé dans des conditions telles qu'il devait recevoir soit une faune marine, soit une flore terrestre.

Quant aux amas de houille, ce savant en attribue la formation plutôt à des détritus de plantes qu'aux tourbières, et il démontre qu'ils peuvent exister dans toutes les parties de l'étage.

En dehors de tous les animaux vertébrés, de tous les animaux annelés et de ces nombreux végétaux qui présentent quelques centaines d'espèces caractéristiques, M. d'Orbigny trouve (seulement pour les animaux mollusques et rayonnés) le nombre considérable de 1,047 espèces. On voit plusieurs de ces espèces, à la fois, sous la zone torride et des deux côtés du globe, jusque près des pôles. Ces espèces sont les suivantes :

CRUSTACÉS.

Phillipsia seminifera.

MOLLUSQUES.

Nautilus tuberculatus, Sow.

Orthoceratites calamus, de Kon.

Productus Cora, d'Orb.

　» 　*Boliviensis*, d'Orb.

　» 　*semireticulatus*, Flem.

Productus Humboldtii, d'Orb.

Orthis Michelini, de Kon.

Spirifer striatus, Sow.

Spirigera Roissyi, d'Orb.

ECHINODERMES.

Echinocrinus Nerei, d'Orb.

ZOOPHYTES.

Cyathaxonia spinosa, Michelin.

| *Cyathaxonia mitrata*, d'Orb.

FORAMINIFÈRES.

Fusulina cylindrica, Fischer.

M. d'Orbigny, se basant sur le fait que plusieurs de ces espèces occupent les régions tropicales et les régions tempérées et froides de l'ancien et du nouveau continent, arrive à ces importantes conclusions : Que les mers de l'époque carboniférienne devaient s'étendre sans interruption depuis l'Europe jusqu'à l'Amérique septentrionale et méridionale, et qu'il régnait, sur ces points, aujourd'hui si disparates, une température presque uniforme.

Les continents étaient nombreux et remarquables, surtout par leurs flores très-riches et très-importantes. M. d'Orbigny fait le tableau suivant de cet âge géologique :

« Avec cette animation toujours croissante des mers, les continents de l'étage carboniférien n'étaient pas moins bien partagés. On y voit, pour la première fois, apparaître de nombreux insectes coléoptères, orthoptères et névroptères, et des Arachnides pulmonaires, voisines des scorpions. En même temps que ces insectes ailés viennent animer la campagne de leurs couleurs diaprées, la végétation s'y développe à proportion. C'est alors que se montre ce luxe exubérant de végétaux, ces élégantes fougères arborescentes, au feuillage léger comme la plus riche dentelle ; ces lépidodendrons élancés ; ces feuilles si variées de fougères, des lycopodiacées, dont la terre devait être couverte ; ces sigillariées gigantesques luttant de hauteur avec les conifères de l'époque. Rien, sans doute, aujourd'hui, n'égalerait le pittoresque d'une telle richesse végétale, dont néanmoins nous donnent une idée quelques-unes des parties montueuses privilégiées de la zone torride. Cette magnifique végétation, couvrant alors les régions tropicales, les régions tempérées, et jusqu'aux régions de l'île Melville, où, depuis, les frimas sont éternels ; cette végétation, croissant partout, sous une température uniformément chaude, déterminée par la chaleur centrale propre à la terre, était pourtant destinée, après quelques milliers de siècles, après tant de révolutions terrestres, à devenir, pour la race humaine, une nouvelle providence ! N'est-il pas merveilleux qu'elle se soit conservée, comme pour donner à l'homme, sur tous ces points, maintenant refroidis et souvent glacés, une chaleur factice que la nature ne produit plus ? N'est-il pas merveilleux de voir, après un laps de temps aussi considérable, cette végétation primitive rivaliser et même dépasser la végétation moderne pour les services qu'elle rend à l'humanité ? On lui doit, en effet, ces magasins souterrains, ces inépuisables dépôts devenus, en ce moment, des sources incessantes de prospérité et les plus puissants moteurs du développement de l'industrie et du commerce. »

M. A. Brongniart compte dans la flore carbonifèrienne environ 500 espèces, dont 250 Fougères, 85 Lycopodiacées, 13 Equisétacées, 44 Astérophyllitées, 60 Sigillariées, 16 Conifères. Les espèces les plus communes sont :

Pecopteris muricata, Br.	Lepidodendron Sternbergii.
» dentata, Br.	Calamites cannæformis.
Neuropteris heterophylla.	Sigillaria Grœseri.
» flexuosa, Stbg.	

La fin de la grande période carbonifèrienne, l'anéantissement de sa flore et de sa faune nous sont annoncés par la dislocation de la chaîne de l'Oural. C'est encore à la fin de cette époque que M. E. de Beaumont place son *système du nord de l'Angleterre*, et M. d'Orbigny son *système Chiquitéen*.

5e Etage : Permien, *Murchison*.

Ce nom provient de la ville et gouvernement de Perm, en Russie, où se trouve le type de cet étage.

SYNONYMIE : *Grès rouge, Zechstein*, de MM. Dufrénoy et Elie de Beaumont; *Dyas*, Marcou; *Terrain pénéen*, de M. Beudant.

Il est très-répandu en Europe : il affleure à notre frontière, dans le duché de Baden, et un peu plus loin à Säckingen, et près de Laufenbourg. Il forme une bande de chaque côté des Vosges ; il apparaît sur plusieurs autres points en France, en Allemagne, en Angleterre, en Russie, tandis qu'il n'a point encore été rencontré d'une manière certaine en Amérique.

Il repose sur l'étage carbonifèrien et il est recouvert par le grès bigarré.

Dans notre voisinage, à Raitbach, vis-à-vis Hausen (duché de Baden), à Säckingen et près de Laufenbourg, où le terrain houiller semble manquer, il repose sur des granits ou des gneiss. Là, sa partie inférieure est une roche porphyroïde ou granitoïde renfermant le feldspath rosé des porphyres de la Forêt-Noire. Cette roche est recouverte par un conglomérat rouge qu'on a comparé au *Rothliegende* ou *Todtliegende* du nord de l'Allemagne. Ce conglomérat, puissamment stratifié, est formé de détritus anguleux ou arrondis de granit, de gneiss, de porphyre, liés par un ciment rouge-ferrugineux. Il passe insensiblement à un grès rouge sur lequel repose enfin un grès fin sans mica, constitué par un grain quartzeux cristallisé, qu'on envisage comme la base du grès bigarré. Ces espèces de roches remaniées peuvent être recueillies dans le dépôt tertiaire à Dinotherium.

En Angleterre, il est composé de calcaires magnésiens, de marnes rougeâtres et jaunes ou de grès rougeâtres, contenant souvent des galets à la base ; en Allemagne, de poudingues à gros grains, ou de grès qui passent à une argile rouge, souvent avec de la houille; en Thuringe, de grès cuivreux.

Dans le duché de Baden, il montre une puissance de 650 mètres, dans les Vosges, à Raon l'Etape, de 540 m., et de 1000 m. dans le Hartz.

Sous le rapport technique cet étage a aussi son utilité. Partout où il affleure à notre frontière, il est exploité comme pierre de construction, comme meulière. Les grès réfractaires sont même recherchés pour la confection des hauts-fourneaux. C'est peut-être ce terrain qui fournit le plus de cuivre. Le cuivre argentifère du permien a été exploité dans le canton de Glaris.

Si la flore et la faune de l'étage permien de nos environs ne sont point encore connues, il n'en est pas ainsi ailleurs. Car, indépendamment des animaux vertébrés et annelés, et des plantes, on connaît dans cet étage, pour les mollusques et les rayonnés seulement, 91 espèces. Parmi ces espèces, les plus répandues, en Angleterre, en Allemagne et en Russie, ainsi qu'au Spitzberg, sont les suivantes :

Panopœa lunula, Geinitz.
Mytilus Hausmanni, Gf.
Avicula speluncaria, de Keys.
Productus horridus, Sow.
Pecten pusillus, Schl.

Arca antiqua, Münst.
Rhynchonella Schlotheimii, d'Orb.
Cyrthia cristata, d'Orb.
Spirigera pectinifera, d'Orb.

A cette époque, les continents se sont accrus sur beaucoup de points, les plantes terrestres de Lodève, de Mansfeld, en Thüringe, nous font connaître la physionomie de la végétation. 46 espèces, étudiées par M. Brongniart, se présentent comme intermédiaires entre les formes carbonifériennes et les formes triasiques. — Les espèces les plus communes sont :

FOUGÈRES.

Tœniopteris Eckardii, Germ.
Sphenopteris dichotoma, Alth.
» *Gœpperti*, Geinitz.

Pecopteris crenulata, Brong.
« *dentata*.
Nevropteris salicifolia, Fisch.
» *tenuifolia*, Brong.

ÉQUISÉTACÉES.
Calamites gigas, Brong.

LYCOPODIACÉES.
Lepidodendron elongatum, Brong.

CONIFÈRES.
Walchia piniformis, Sternb.
Walchia Sternbergii, Brong.

Cette époque se serait terminée, comme toutes les autres, par une perturbation géologique, peut-être dans la dislocation du *système des Pays-Bas*, ou *du système du Rhin* de M. Elie de Beaumont.

II. TERRAINS TRIASIQUES
de M. Omalius d'Halloy.

SYN. *Terrains du trias*, de MM. Dufrénoy et Elie de Beaumont ; *Trias*, de M. d'Alberti.

La plupart des géologues pensent que cette période s'est superposée immédiatement à la suite de l'étage permien, avec les grès bigarrés, et qu'elle s'est terminée par les marnes irisées ou par les calcaires de Saint-Cassian. Pendant cette formation, la surface du globe a été souvent profondément modifiée.

Rien n'est aussi intéressant à voir que cet antagonisme continuel entre les mers et les continents : les mers deviennent continents, les continents deviennent mers ; le littoral des terres fermes, qui aura servi d'asile aux reptiles sauriens, aux tortues, aux oiseaux et à des plantes dicotylédones gymnospermes, sera occupé par une faune purement pélagique.

Cependant les faunes et les flores sont si peu modifiées dans leurs espèces, qu'on a de la peine à partager l'opinion de M. d'Archiac *(Hist. des progrès de la Géol.,* Tom. 8, p. 9), qui considère le trias comme une formation géologique du même ordre que les formations jurassique et crétacée. En effet, prenant pour base de l'étude du trias les travaux de M. d'Alberti, il nous montre dans le tableau des terrains qui la constituent, tableau qu'il emprunte à ce savant, des espèces qui sont à la base de la formation et qui apparaissent encore à la limite supérieure. On serait donc disposé à réunir dans un même étage ces alternances de sédiments marins et continentaux, d'une puissance énorme de 266 à 720 mètres, renfermant, d'après M. d'Orbigny, 872 espèces, non compris les plantes ni les animaux d'ordres élevés, et cette unité triasique ne présenterait plus que des sous-divisions qui, d'après la plupart des auteurs, sont : le *Grès bigarré ;* le *Muschelkalk* et les *marnes irisées.*

Cependant M. Alc. d'Orbigny divise les terrains triasiques en deux étages : l'étage *conchylien* et l'étage *siliférien ;* le premier renferme le grès bigarré et le muschelkalk, le second les marnes irisées, le keuper et les calcaires de Saint-Cassian.

Ces terrains affleurent dans nos environs, comme dans la plupart des Etats de l'Europe et dans les deux Amériques. Ils sont aussi variables, dit M. Alc. d'Orbigny, dans leurs caractères minéralogiques que les terrains paléozoïques, et vouloir se servir de ces caractères pour les distinguer, c'est prendre le plus sûr moyen de se tromper, surtout pour l'assimilation de contrées lointaines. Dans le Jura, les caractères pétrographiques, assez uniformes et bien observés, seront fort utiles à l'orientation du géologue, surtout en présence de ce défaut si fréquent de fossiles.

Le trias ayant été très-peu étudié dans le Jura bernois, nous suivrons la bonne direction des géologues nos voisins, en faisant ressortir l'intérêt si grand qu'on lui porte ailleurs, l'utilité si incontestable qu'on lui reconnaît partout, et l'abandon dont il a presque été l'objet de la part de nos observateurs. Comment expliquer l'abandon de ce terrain, alors qu'il renferme de si riches dépôts de sel, de gypse, de marnes, d'argiles, de chaux hydrauliques, et qu'il donne le jour à des sources minérales, même thermales ?

La première division des terrains triasiques que nous montrent les géologues est l'étage du grès bigarré.

6ᵉ Etage : **Le grès bigarré** *de MM. Dufrénoy et Elie de Beaumont.*

SYN. : *Bunter Sandstein,* de M. Merian.

Le grès bigarré apparaît à la limite nord du Jura, à Riehen, Rheinfelden, Säckingen, Waldshut, et se prolonge dans le duché de Baden, dans les Vosges sur les deux versants de cette chaîne de montagnes, et ailleurs sur de grandes surfaces en Europe et en Amérique. Il a été étudié avec beaucoup de soin par MM. Rengger, P. Merian.

Caractères minéralogiques : grès stratifié, rouge, brun-jaune, grisâtre ou violet, différemment tacheté ; conglomérat assez grossier, dans lequel on reconnaît des galets, des débris de granit, de porphyre, de gneiss, des grains fins de feldspath et de quartz. Ce conglomérat forme quelquefois des bancs puissants.

En général, vers la base de l'assise, les bancs, formés souvent d'un véritable conglomérat, ont plus d'un mètre d'épaisseur ; la couleur de la roche est rouge ou blanchâtre et les grains de quartz sont cristallisés.

Vers le haut, les couches deviennent schisteuses, plus micacées, plus bariolées, et la pâte plus fine.

Enfin, des marnes dolomitiques brun-clair ou violettes, d'une puissance de trois mètres, forment le passage au Muschelkalk.

A Waldshut, ce grès, lié par un ciment de kaolin très-dur, est exploité comme pierre meulière ; les tours gothiques des cathédrales de Bâle, de Fribourg en Brisgau, de Strasbourg, sont bâties de pierres du grès rouge.

Il n'est pas rare de rencontrer dans le grès bigarré des veines minces de spath pesant, de malachite, de galène, de cargnieule, des cristaux de flusspath et d'oxyde de fer hydraté. Il est quelquefois en contact avec les gneiss, les granits, certains porphyres, et il a subi des métamorphoses très-variables.

Sa puissance est, d'après M. Mœsch, de 14 mètres à Rheinfelden, de 30 à Mumpf, et de 40 près de Zeiningen.

Le grès bigarré a dû subir une forte dénudation dans les Vosges et dans la Forêt-Noire. Les sables à Dinotherium du Jura bernois, le nagelfluh de la mollasse marine supérieure de la Suisse en sont formés en grande partie.

A Riehen, près Bâle, on a recueilli dans le grès bigarré l'empreinte d'un *Labyrinthodon* et celle d'un autre saurien plus petit, le *Basileosaurus Freyi,* Mer. On les conserve au musée de Bâle.

Le grès bigarré se présente comme suit dans les carrières de Mayenbühl et de Riehen.

Au nord de Inzlingen on voit les dernières couches du Muschelkalk recouvrir le grès bigarré. Dans les deux grandes carrières de Mayenbühl, en commençant par le haut, on voit successivement les assises suivantes :

```
1. Calcaire dolomitique, gréziforme, jaunâtre, stratifié . . . . . . . . . . .  10m,00
2. Marnes jaunes, brunes, rouges, violettes . . . . . . . . . . . . . . . .   1  00
3. Argiles rouge-tuiles avec des bandes grises.
        »       »   dures, compactes, tombant en poussière sous l'influence atmosphérique  5  00
4. Grès bigarré exploité, rouge, gris, bariolé, micacé, alternant avec de minces bandes de
   marnes . . . . . . . . . . . . . . . . . . . . . . . . . . . . .  4  00
5. Grès jaune, exploité. . . . . . . . . . . . . . . . . . . . . .  2  00
6. Argiles rouges, grises, jaunes, bariolées . . . . . . . . . . . . . . .  5  00
7. Grès rouge friable exploité : violacé, très-quartzeux, peu ou point micacé, renfermant
   des brèches, des galets et des restes de reptiles : Labyrinthodon . . . . . . .  5  00
                                              Hauteur totale  . .  32m,00
```

Au-dessous se trouve le grès rouge de l'étage permien.

D'après les affleurements des carrières d'Inzlingen et de Riehen, le grès bigarré peut avoir une puissance de 30 à 40 mètres en prenant pour sa limite inférieure les couches à grès quartzeux et les brèches à *Labyrinthodon*.

Les plantes les plus communes du grès bigarré sont :

FOUGÈRES :

Neuropteris grandifolia, Schimp. | *Neuropteris elegans*, Brg.
»   *imbricata*, Schimp. | *Pecopteris Sultziana*, Brg.
»   *Voltzii*, Brg. | *Protopteris Mongeotis*, Brg.

ÉQUISÉTACÉES.

Calamites Schimperi, recueilli à Rheinfelden par M. P. Merian.

CONIFÈRES.

Voltzia heterophyllia, Schimp. | *Haidingera latifolia*, Endl.
»   *acutifolia*, Brg. | »   *speciosa*, Endl.

CYCADÉES.

Zamites Vogesianus, Schimp. | *Ctenis Hogardi*, Brg.

La faune et la flore du grès bigarré suisse assigneraient donc à ce dernier une origine continentale.

7ᵉ Etage : Conchylien, *d'Orbigny.*

SYN. : *Calcaire conchylien*, de M. Brongniart ; *Muschelkalk*, des Allemands ; *Calcaire à Cératite*, de M. Cordier.

MM. Merian et Mœsch reconnaissent dans le Muschelkalk plusieurs assises, dont les plus importantes sont :

a) *La dolomie ondulée, Wellendolomit;* c'est une roche tendre, d'un gris jaunâtre ou bleuâtre, même noirâtre, alternant avec des marnes dolomitiques stratifiées ou schisteuses; elle repose immédiatement sur les marnes dolomitiques violettes du grès rouge. Elle est souvent tellement riche en fossiles qu'elle constitue une véritable lumachelle. Puissance : 12 mètres.

M. Mœsch cite comme localité intéressante de ce dépôt les bords du Rhin : Dogern, Schwaderloch, Augst, les environs de Laufenbourg. Il y a recueilli près de 50 espèces d'animaux marins, dont la plupart se retrouvent plus haut dans le calcaire conchylien proprement dit. Il est rarement pur.

b) *Le calcaire compacte ondulé.* Le passage de la dolomie ondulée au calcaire compacte ondulé est assez confus. Les fossiles paraissent être les mêmes pour les deux assises, seulement ils sont plus rares dans la dernière. Des dalles schisteuses très-dures, siliceuses, les séparent. Ce calcaire, d'un gris de fumée, est comparé par M. Mœsch aux schistes ardoisiers de Glaris.

Il affleure à Schwaderloch, entre Dogern et Waldshut, entre Laufenbourg et Rheinsulz.

c) *Argile salifère inférieure avec gypse fibreux et anhydre.* C'est une argile bleue salifère, renfermant des cristaux de chaux sulfatée anhydre, et des strates ou veines de gypse fibreux ; au-dessus se trouve :

d) *Un calcaire dolomitique jaune*, désagrégé, puissamment stratifié, traversé par des bancs de pétrosilex, et recouvert par :

e) *Une argile salifère supérieure avec chaux sulfatée anhydre, gypse et sel gemme.* Ce dépôt s'étend, sans de grandes interruptions, de l'embouchure de l'Aar jusque vers Bâle. Il alimente les salines de Schwejzerhall, de Rheinfelden et de Rybourg ; il est le membre le plus important du Muschelkalk.

A Schweizerhall, entre Bâle et Augst, un sondage pratiqué en 1836 sur la rive gauche du Rhin, a, d'après M. Merian, constaté, sous une série de couches horizontales

1. De marnes dolomitiques, de calcaires conchyliens et de gypse, d'une puissance de	42m,00
2. Sel gemme et gypse salifère	1 00
3o Sel gemme et gypse anhydre, salifère	1 50
5o Sel gemme	1 50
Total . . .	46m,00

On retire de cette saline plus de 145,000 quintaux de sel.

La saline de Ryburg est de 480 pieds plus profonde que le Rhin, et elle fournit annuellement, avec celle de Rheinfelden, environ 250,000 quintaux de sel.

Les salines de la Suisse produisent annuellement à peu près un demi-million de quintaux de sel ; quantité insuffisante à la Suisse, puisqu'elle en dépense 700,000 quintaux.

Le sel gemme alterne plusieurs fois avec des couches d'argile bleue, de chaux sulfatée anhydre et de gypse fibreux. Les gisements de sel gemme de Rybourg et de Rheinfelden ont une épaisseur de 16 à 18 mètres.

f) *Dolomie jaunâtre avec Hornstein.* Au-dessus de l'assise précédente se trouve une dolomie jaunâtre renfermant des cordons et de minces couches de Hornstein grisâtre ou blanchâtre.

Puissance : 20 mètres.

Cette dolomie est recouverte par :

g) *Le calcaire conchylien proprement dit.* — Ce calcaire commence par des bancs puissants, réguliers, d'un gris de fumée. Plus on monte, et plus les calcaires deviennent riches en mollusques et en tiges d'*Encrinus liliiformis.* Vers le milieu, les strates s'amincissent et les débris organiques deviennent plus rares. Les calcaires alternent souvent avec de minces couches marneuses sans fossiles. Le plus souvent ils sont compactes; ils deviennent quelquefois oolithiques.

Les calcaires conchyliens affleurent non-seulement où nous avons vu le grès bigarré, mais plus vers l'ouest, à Meltingen, à Günsberg. — Cette série d'assises se termine par :

h) *Les calcaires dolomitiques* supérieures avec silex ou Hornstein, d'une puissance de 20 mètres.

M. Merian porte la puissance de cet étage à 240 mètres; Gressly pense que cette estimation est trop basse, et M. Mœsch l'évalue à 450 mètres.

Les gisements salifères et gypsifères semblent dépourvus de fossiles, tandis que les assises *a, g, h* renferment une faune marine aussi riche qu'intéressante, dont les espèces les plus communes sont :

Nothosaurus mirabilis, Mü. Rheinsulz, Schambelen.
Ichthyosaurus atavus, Qu. Schwaderloch, sur le Rhin.
Hybodus plicatilis, Ag. Près de Rheinsulz.
Acrodus Gaillardoti, Br.
Nautilus arietis, Blin. *(N. bidorsatus).* Commun.

Pemphix Sueurii, Br. Grenzacherhorn, Rheinfelden.
Ceratites nodosus, Haan. *(Am. nodosus*, Brug.) Meltingen. Augst.
Dentalium lœve, Schloth. Schwaderloch.
Panopaea ventricosa, d'Orb. »
» *elegantissima*, d'Orb. »
» *musculoïdes*, d'Orb. »

4

Arcomya inæquivalvis, Ag. Schwarderloch
Venus nuda, Br. Duché.de Baden. Augst.
Hinnites comta, Gf. Riehen.
Myophoria cardissoïdes, d'Orb. Augst.
  »   curvirostris, Alb. »
  »   lævigata, Br. Oberdorf. »
Avicula Bronni, Alb. »
Lima lineata, Desh. Grenzacherh. »
  » striata, Desh. » »

Pecten discites, Hehl. Grenzacherh. Augst.
Ostrea difformis, Schloth. Rheinfelden.
  » subspondyloïdes, d'Orb.
Spirifer fragilis, de Buch. »
Terebratula communis, Bosc. Grenzacherh.
Cidaris grandaevus, Gf. Schwaderloch.
Encrinus liliiformis, Miller. Commune.
SYN. E. entrocha, d'Orb.

8° Etage : Marnes irisées, *de MM. Dufrénoy et Elie de Beaumont.*

SYN. : *Terrain keupérien*, de MM. Thirria et Gressly. *Le keuper*, ou *bunter Mergel et Lettenkohle*, de M. Alberti. *Etage siliférien*, de M. d'Orbigny.

Cet étage présente, dans nos environs, des affleurements beaucoup plus étendus que ceux des étages précédents. Formé en grande partie de marnes très-fissiles et éminemment favorables à la végétation, il est presque partout recouvert d'un tapis de verdure luxuriant et de riches forêts, qui en rendent l'étude très-difficile. Il constitue une partie des combes de Bellerive, Monterri, Vaufrey, Bärschwyler, d'Envelier et de Roche, et des étendues beaucoup plus considérables dans les cantons de Soleure, de Bâle-Campagne et d'Argovie. Il apparaît largement et fréquemment en Allemagne et en France. Sa composition minéralogique est très-variable : elle se reconnaît surtout par de minces couches argileuses ou marneuses, colorées diversement en rouge, en jaune, en bleu ou en vert, entre lesquelles sont des grès très-argileux, des dolomies, des calcaires hydrauliques, des couches minces de lignites, des amas de gypses, des traces de sulfate de soude, de magnésie et du chlorure de sodium.

Dans le Wurtemberg, comme à Vic, à Dieuse (Meurthe), à Salins, le sel gemme ne se trouve pas dans le calcaire conchylien, mais dans les couches inférieures du keuper correspondant aux *couches charbonneuses* de la Souabe. Ces couches salifères, souvent de 7 jusqu'à 10 mètres de puissance, alternent avec des couches d'argile, et l'ensemble de ces alternances, atteignant quelquefois une épaisseur de 150 mètres, offre une exploitation très-importante.

Dans le Jura salinois, M. Marcou sépare le keuper en trois sous-divisions.

La *sous-division inférieure* est formée par un grand développement de sel gemme, de marnes salifères, de gypses rouges et blancs en cristaux rhomboïdaux, par des argiles plastiques, de la houille et des gypses gris-noirâtres, mais sans gypse-saccharoïde.

La *sous-division moyenne* renferme une grande masse de marnes gypseuses, couleur lie de vin, de nombreux bancs de gypse blanc saccharoïde et de dolomie, sans sel, ni houille, et un très-petit nombre de cristaux de chaux sulfatée.

Enfin, *la sous-division supérieure* ne contient ni gyse ni sel gemme. Les couches qui y dominent sont des marnes argileuses, irisées, disposées par bandes parallèles, des grès, des schistes marneux, ardoisiers, des macignos et des quadersandsteins. Ce sont ces dernières assises, notamment les grès, qui renferment les genres Calamites et Equisetum.

M. Marcou pense que les gypses, les dolomies et les sels gemmes sont dus à des sources minérales très-abondantes.

Voici la coupe du keuper, recueillie à Schambelen, au-dessous de Müllingen.

Sur les bancs du Muschelkalk reposent :

a) Une dolomie compacte, siliceuse et sablonneuse	5ᵐ,00
b) Grès à *Calamites arenaceus*	0 50
c) Calcaire à *Modiola minuta*, Gf., et *Myophoria Goldfussi*	0 30
d) Schistes fragiles, bleus, noirs, blancs, jaunes	1 00
e) Bone-bed, avec restes de poissons et de sauriens, etc.	0 40
f) Dolomie sableuse, gris-jaunâtre, avec *Bactryllium caniculatum*, Heer	0 25
g) Dolomie sableuse, désagrégée	0 75
h) Gypse et marnes grises avec sources chargées de sulfate de chaux, de soude et de magnésie	100 00
i) Bancs de dolomie compacte	8 00
Total . .	116ᵐ,20

Au-dessus doivent se trouver les marnes liasiques à insectes, dont nous parlerons plus tard, et les calcaires à gryphées.

M. Gressly nous a laissé la coupe du keupérien des carrières de Cornol que voici :

1. Marnes noirâtres	2ᵐ,10
2. Grès	90
3. Marnes vertes	6 00
4. » bigarrées et dolomies	16 50
5. Dolomies poreuses	1 50
6. Marnes vertes et lignites	6 00
7. » irisées et cargneules, marnes rouge tuiles, rognons de gypse blanc	17 40
8. Marnes schistoïdes	1 80
9. Dolomies	9 60
10. Grès et Marnes violacés avec traces de lignites	17 40
11. Marnes et grès	1 50
12. Gypse rose, bancs de gypse blanc et gris	33 00
13. Marnes, gypse bigarré, marnes, gypse noir	12 00
14. Dolomies	1 20
15. Gypse	3 00
16. Dolomies compactes, dolomies poreuses et cristallines	6 00
Hauteur totale du keuper . .	129ᵐ,90

Conchylien.

Les carrières de gypses keupériens de Cornol, de Neue Welt, de Bärschwyl, les albâtres de Monterri, sont connus dans l'Evêché. — L'industrie n'a que fort peu utilisé les assises d'argiles réfractaires, ni les calcaires hydrauliques de cet étage. Cependant, M. le conseiller national Kaiser vient d'obtenir de ces calcaires une bonne chaux hydraulique, qu'il a utilisée dans ses nouvelles constructions à Bellerive.

Le charbon de terre keupérien qui affleure dans le Jura bernois à la seconde métairie du Vorbourg, à Cornol, à Bärschwyl et ailleurs, n'a pas encore été le sujet d'une exploitation lucrative.

Les eaux de Cornol, de Bellerive, de Bärschwyl, de Meltingen, et surtout celle de Birmensdorf, doivent leurs propriétés salines aux assises keupériennes.

Le keuper peut atteindre une puissance de 260 à 360 mètres. — M. C. Mœsch ne l'évalue qu'à 178 mètres.

Au point de vue paléontologique, les marnes irisées n'ont pas été étudiées dans le Jura bernois. Cependant les assises du Vorbourg nous ont offert des traces d'animaux et de plantes qui mériteraient des recherches particulières.

Dans les pays voisins du Jura, le Keuper a été beaucoup moins négligé, puisque M. Alc. d'Orbigny lui assignait déjà, il y a 17 ans, 737 espèces d'animaux mollusques et rayonnés, dont les plus répandus sont :

Nautilus Sauperi, Hauer.	*Avicula subcostata*, Goldf.
Ammonites Gaytani, Klipstein.	» *salinaria*, d'Orb.
» *cymbiformis*, d'Orb.	» *iris*, d'Orb.
Myophoria decussata, d'Orb.	*Posidomya minuta*, Alberti.
» *lineata*, Münst.	*Plicatula obliqua*, d'Orb., etc.

Les continents n'ont pas fait défaut en Europe pendant l'époque keupérienne ; nous en avons des preuves chez nous dans les couches de lignites de Bellerive, surtout dans l'intéressante découverte de M. Gressly au bord de l'Ergolz, dans le Schönthal, près de Liestal, du monstre appelé par M. le prof. Rutimeyer *Gresslyosaurus ingens;* par l'apparition fréquente dans le Wurtemberg de sauriens du nom de *Belodon Plieningeri*, Myr., qui, par leur forme, leur grandeur, rappellent les gavials de l'Amérique méridionale, enfin, dans les belles plantes et les insectes recueillies dans les cantons de Bâle, de Soleure et d'Argovie.

M. Brongniart mentionne 55 espèces de plantes propres à cet étage, et dont un bon nombre ont été trouvées en Suisse. — Les plus communes sont :

FOUGÈRES.

Pecopteris Meriani, Brg. Neue Welt, près Bâle.	» *Steinmülleri*, H.
	Neuropteris Rutimeyeri, H.
» *taxiformis*, Stb.	*Tœniopteris marantacea*, Brg. N. Welt.
» *angusta*, H. »	» *Münsteri*, Gp. »

CYCADÉES.

Pterophyllum longifolium, Brg. Neue Welt	*Pterophyllum Jaegeri*, Brg. Neue Welt.
» *Meriani*, Brg. »	» *brevipenne*, Kurr. »

EQUISETACÉES.

Equisetum arenaceum, Jæg. Neue Welt et dans les grès de la Steingrube, près Neuhäusli.	*E. Meriani*, Brg. Neue Welt.
	» *Munsteri*, Stb. »

CONIFÈRES.

Taxodites Münsterianus, Stb.	*Taxodites tenuifolius*, Stb.

M. E. de Beaumont fait arriver à la fin de cette époque son système du Thüringerwald, du Böhmerwaldgebirge, du Morvan, et M. d'Orbigny la surélévation de toute la partie orientale des Andes ; ce sont là les causes puissantes qui ont déterminé la fin des terrains triasiques.

Nous n'avons fait que jeter sur la formation triasique du Jura bernois quelques jalons, qui peuvent néanmoins guider nos jeunes géologues ; il ne nous est donc pas permis d'entrer sur ce domaine en qualité de réformateur ; cependant, en voyant ce nombre d'espèces apparaître avec le commencement de l'époque, et s'y maintenir jusqu'à la fin, il faut bien avoir peur d'être taxé d'hérésie pour traiter cette formation, comme nous l'avons fait, c'est-à-dire en trois étages, plutôt qu'en un seul !

Nous arrivons à la formation jurassique.

III. TERRAINS JURASSIQUES.

SYN. *Terrain jurassique*, de MM. Dufrénoy et Elie de Beaumont.; *groupe oolithique*, de MM. Roset et Huot; *Juraformation*, de M. Oppel.

Ces terrains sont bien représentés dans le Jura, auquel ils empruntent leur nom; ils embrassent tous les étages depuis et y compris la zone à *Avicula contorta*, les grès inférieurs du lias, les marnes à insectes de Schambelen jusqu'aux étages portlandien et purbeckien inclusivement,

Le Jura suisse, la France, l'Allemagne, l'Angleterre donnent un bel ensemble de ces terrains; c'est ce que M. le professeur Oppel a très-bien fait ressortir dans un remarquable travail écrit de 1856 à 1858 [1].

Les chaînes de montagnes qui s'étendent depuis Pontarlier en traversant le Jura neuchâtelois, bernois, soleurois, bâlois et argovien, pour arriver jusqu'auprès de Schaffhouse, sont constituées, en grande partie, par les étages jurassiques. Ces mêmes terrains ont été constatés en Russie, dans l'Asie mineure, dans les deux Amériques et dans les Indes orientales. Ainsi, cette troisième grande époque géologique s'est manifestée sur toute notre planète à la fois.

En prenant des noms tirés des lieux où l'étage se trouve le mieux développé, où les caractères minéralogiques sont le plus saillants, nous avons les divisions suivantes :

9e Etage :	*Rhaetien.*
10e	»	*Sinémurien,*
11e	»	*Liasien.*
12e	»	*Toarcien.*
13e	»	*Bajocien.*
14e	»	*Bathonien.*
15e	»	*Callovien.*
16e	»	*Oxfordien.*
17e	»	*Rauracien.*
18e	»	*Séquanien.*
19e	»	*Kimméridgien.*
20e	»	*Portlandien.*
21e	»	*Purbeckien.*

M. d'Orbigny fait observer que la disparité complète, suivant les lieux, qu'on trouve dans la nature minéralogique des différents étages des terrains jurassiques, en fait le plus mauvais moyen de parallélisme; aussi recommande-t-il, afin d'éviter cet écueil, de ne jamais se servir des seuls caractères minéralogiques, qui peuvent, le plus souvent, induire en erreur. — Cette maxime largement appliquée est très-juste, cependant dans nos recherches nous avons souvent eu le plaisir de constater certaines assises pétrographiques dans le Jura bernois, et de les retrouver exactement les mêmes dans le Jura soleurois à une distance de plus de 20 lieues. — Ainsi, à défaut de fossiles, les caractères minéralogiques, pour des études locales, ont une grande importance, et ils ne peuvent être négligés.

La puissance approximative de la formation jurassique est de 1530 mètres. Dans le Jura, elle ne serait, d'après A. Gressly, que de 1,000 mètres.

[1] *Die Juraformation Englands, Frankreichs, etc.,* Stuttgart, 1858.

Les terrains jurassiques se distinguent des périodes inférieures et supérieures par le nombre énorme de 3,717 espèces d'animaux mollusques et rayonnés (d'Orbigny), indépendamment de près de 600 espèces d'animaux vertébrés ou annelés.

Sur les restes des mers et terres fermes triasiques, nous trouvons non-seulement des renouvellements de flore et de faune, mais de grands changements dans le régime des dépôts. Nous ne reverrons plus ces grands amas de combustibles, de sels, de gypses ; la formation jurassique ne nous montrera guère que des assises marneuses, calcaires et des lumachelles, résultant de débris d'animaux.

Cette gigantesque accumulation de cadavres nous donne une idée de la durée de cette formation.

9e Etage : Rhætien, *J. Martin.*

Syn. : *Zone à Avicula contorta.*

Localité-type : Alpes rhétiques.

Cet étage, étudié en Suisse, en Allemagne, en France, en Belgique et en Angleterre, par MM. Moore, Gümbel, Renevier, Dowkins, Jules Martin et Pellat [1], n'a pas encore été observé dans le Jura occidental.

Il est constitué par des assises gréseuses ou marno-calcaires, plus rarement dolomitiques et marneuses, reposant sur les marnes irisées et recouvertes par des couches d'un grès jaune et des calcaires dans lesquels abondent les fossiles de l'infra-lias, tels que les Cardinies. Puissance : 8 à 12 m.

Il renferme 535 espèces d'animaux, dont 16 seulement se trouvent aussi dans le keuper et 58 dans le lias, plus 50 espèces de plantes, dont 5 ont été rencontrées dans le lias, et dans des couches à ossements, connues sous le nom de « *bone-bed* ».

Il établit donc un trait d'union entre le lias et le trias.

La zone à Avicula contorta est bien représentée dans les environs de Bâle. M. le prof. Merian l'a découverte près de Beinwyl et de Langenbruck.

Les espèces les plus fréquentes de cet étage sont, dans le *bone-bed :*

Saurichthys acuminatus, Ag.
Sargodon tornicus, Plien.
Sphaerodus minutus.
Gyrolepis tenuistriatus.
Natica Rhaetica, Winkl.
» alpina, Mer.
Anatina praecursor, Qu., Niederschönthal.
Schizodus cloacinus, Qu., Wartenberg, près Muttenz.
Myophonia Emmerichi, Winkl.

Cardium cloacinum, Qu.
» Rhaeticum, Mer.
Mytilus minutus, Goldf.
Lima praecursor, Qu.
Avicula contorta, Portl.
» Dunkeri, Terg.
Gervillia praecursor, Qu.
Pecten Valoniensis, Defr.
Ostrea irregularis, Münst.

Les plantes les plus communes sont :

Clathropteris meniscoïdes, Brg.
Equisetites platyodon, Schenk.
» arenaceus, Brg.

Calamites Gümbeli, Schenk.
» Schœnleinii, Schenk.
Danacopsis marantacea, Schenk.

[1] *Bulletin de la Soc. géol. de France,* Tom. 22, p. 369.

10e Etage, Sinémurien, *d'Orb.*

SYN. *Lias inférieur,* de plusieurs géologues; *calcaire à Gryphée arquée,* de MM. Dufrénoy et Elie de Beaumont.; *Gryphitenkalk,* de MM. Merian et Rœmer; *Unterer Lias,* de M. Oppel.

Il affleure sur quelques points dans le Jura bernois. Dans les combes liaso-keupériennes de Bellerive, de Cornol, de Bärschwyler, de Roche, d'Envelier, de Soyhière.

Bien que présentant, à peu de chose près, les mêmes caractères minéralogiques et paléontologiques que chez nous, il est mieux à découvert dans les cantons de Soleure, de Bâle-Campagne, d'Argovie, de Neuchâtel et de Glaris, dans les Alpes, sur la chaîne du Stockhorn, du Luckmanier, dans l'Engadine. [1] — Il présente des affleurements étendus en France, en Allemagne, en Italie, en Espagne, dans l'Amérique méridionale.

Dans le Jura suisse, il forme deux assises assez distinctes : *Les marnes de Schambelen* et *les calcaires à gryphées.*

a) L'assise inférieure, c'est-à-dire *les marnes de Schambelen,* n'a pas encore été observée dans le Jura bernois ; vu son importance toute particulière sous le rapport paléontologique, nous allons, d'après M. le prof. Heer, donner quelques détails sur cet intéressant dépôt, afin d'attirer sur lui l'attention de nos géologues.

Schambelen, localité au nord de Mülligen, canton d'Argovie, possède des marnes qui, depuis longtemps, sont exploitées comme amendement. — Ces marnes, d'une puissance de 12 mètres environ, intercalées entre les calcaires dolomitiques du keuper, et le calcaire à gryphée, ont été le sujet d'une étude marquante dans l'histoire de la géologie de la Suisse. Voici la coupe que nous en a donnée le savant professeur de Zurich.

1. Un banc de 6 pieds d'épaisseur, reposant immédiatement sur les dolomies du keuper, renfermant du fer sulfuré, quelques chailles et la *Rhynchonella costellata.*
2. Une couche de 5 pouces avec *Ophioderma Escheri,* Hr., *Diademopsis Heerii,* Mer., *Lima pectinoides, Lucina problematica* et *Ammonites angulatus.*
3. Une couche d'un pied avec *Ammonites angulatus, A. longipontinus, Glyphæa Heerii.*
4. Une couche d'un pouce, plus dure et plus sableuse, avec *Lima pectinoides.*
5. Une couche tendre avec de nombreux *Diademopsis Heerii,* Mer.
6. Une couche de 5 lignes, plus dure, avec des écailles de poissons et des lignites.
7. Une couche d'un pied avec *Ammonites planorbis, A. angulatus, longipontinus* et quelques insectes : *Gyrinus troglodytes* et *Byrrhidium troglodytes.*
8. Une conche de 7 pouces avec de nombreux restes de *Pentacrinites angulatus,* Opp., quelques échinides et crustacés et des restes de poissons : *Pholidophorus lacertoides.* Beaucoup de pyrites.
9. Une couche de marne très-tendre, de 1 pied de puissance, avec beaucoup de crustacés, quelques ammonites et poissons *(Pholidophorus Renggeri),* de rares insectes : *Gyrinus atavus, Hydrophilites interpunctatus.*
10. Couche de 2 pouces, semblable à la couche no 8.
11. C'est la couche à insectes : marne de 1 1/2 pied, tendre, d'un noir grisâtre, possédant un richesse remarquable d'espèces, en partie aquatiques, en partie terrestres. Point d'animaux marins, mais bien des restes de végétaux terrestres.
12. Une couche dure, de 1 pouce, avec beaucoup de pyrites.
13. Une couche de marne tendre, de 7 pieds, très-déliquescente, avec beaucoup d'ammonites : *A. longipontinus, planorbis* ; des insectes, des poissons et des fougères : *Camptopteris Nilssoni.*
14. Une couche, de 1 pouce, de marne schisteuse, avec de petites écailles et quelques crustacés.
15. Un banc de 3 pieds avec : *Inoceramus Weissmanni, Lucina problematica, Ammonites angulatus, Pholidophorus lacertoides* et quelques insectes.
16. Une marne noire, de 8 pouces de puissance : mollusques marins, crustacés, insectes.
17. Une conche de 1 pouce avec *Lima pectinoides,* avec pyrites rognoneuses.
18. Marne tendre, 5 pouces : lignites, fougères, insectes, mollusques, crustacés, poissons.

[1] Isid. Bachmann « *Ueber die Juraformation im Canton Glaris* », dans les *Mittheilungen* de Berne, 1863, p. 145.

19. Marnes rudes, sablonneuses, de 4 pouces, renferment beaucoup de grandes limes : *Lima gigantea*
20. Marne plus claire, 5 pouces, avec Ophiodermes, Echinides, des amas de petites limes, etc.
21. Enfin, une marne grise, de 9 pieds d'épaisseur, servant d'assise au calcaire à gryphée.

Ces flores et faunes, tantôt marines, tantôt terrestres, tantôt mélangées, et le plus souvent d'une belle conservation, comme nous avons pu nous en convaincre au musée de Zurich, annoncent, dans cette classique localité, un continent et une mer tranquille, comme le serait une baie, où les animaux tant terrestres que marins étaient déposés tranquillement dans la vase. Une rivière, débouchant dans une baie abritée, a pu charrier ces animaux et ces plantes terrestres et en faire des dépôts dans l'ordre décrit par M. Heer.

M. Heer a recueilli à Schambelen 22 espèces de plantes et 32 espèces d'animaux.

Ce nombre limité de végétaux nous donne cependant une image assez nette de la végétation à cette époque.

Les Fougères recouvraient les endroits frais et ombragés. Les plus fréquentes sont :

Pecopteris debilis, H.   *Camptopteris polypodioides*.
»   *deperdita*.   *Sagenopteris gracilis*, H.
»   *osmondoïdes*, H.   *Sphenopteris Renggeri*

Les Equisétacées, les Joncs, les Cypéracées peuplaient les marécages, le bord des cours d'eau. — Les espèces les plus remarquables sont :

Equisetum liasinum, H.   *Cyperites protogaeus*, H.
Bambusium liasinum, H.

Les Cycadées, les Conifères ornaient les hauteurs, telles sont :

Cycadites procerus, H.   *Thuites fallax*, H. — Cette espèce a été
Araucarites peregrinus, Lindl.   recueillie au-dessus de Blumenstein, canton de Berne.

La faune se compose de 4 animaux radiaires, de 17 mollusques, 6 crustacés, 143 insectes, 11 poissons et 1 reptile.

En donnant la coupe de cette intéressante série, nous avons cité les espèces les plus caractéristiques. Pour plus de détails, nous renvoyons au bel ouvrage de M. Heer, et nous arrivons à l'assise supérieure du lias inférieur, au

b) Calcaire à Gryphées.

Formé de bancs de calcaires, ordinairement de 5 décimètres d'épaisseur, séparés par de très-minces couches de marnes, ce petit massif varie quant à la couleur et à la composition minéralogique : gris-claire, noirâtre, même rougeâtre ; roches calcaires compactes, souvent sablonneuses, dolomitiques, bitumineuses, renfermant quelquefois des pyrites ferrugineuses, de la galène. Certains bancs sont un véritable lumachelle formé de cardinées, de gryphées, d'ammonites, de limes et de grands nautiles.

Les géologues allemands, MM. Quenstedt, Oppel, Schlönbach, qui ont étudié le lias avec le plus grand soin, distinguent dans cet étage plusieurs couches, qui sont de bas en haut :

a) Couche à *Ammonites planorbis*, — et pour le nord de l'Allemagne l'*A. Johnstoni*.
b) » à » *angulatus*.
c) » à » *Bucklandi*, *A. bisulcatus*, Brug., à *Gryphæa arcuata*, Arieten-Kalk.
d) » à » *geometricus*, Oppel, et *A. Sauzeanus*, d'Orb. ; *A. lævigatus*, Sow. ; *Spirifer Walcotti*, Sow. ; *Avicula sinemuriensis*, d'Orb.
e) » à *Pentacrinus tuberculatus*, Mill.
f) » à *Ammonites obtusus*, Sow.
g) » à » *oxynotus*, Qu.
h) » à » *raricostatus*, Ziet.

Dans le Jura bernois, il dépasse rarement 6 mètres en puissance, tandis que dans les Alpes et ailleurs il atteint 100 mètres.

Ces couches marines renferment 174 espèces d'animaux mollusques et rayonnés, sans compter les animaux vertébrés et annelés. — Les espèces les plus communes sont :

Belemnites acutus, Mill., Bellerive, Pratteln	*C. concinna*, Ag.	Pratteln, Bellerive.
Nautilus intermedius, Sow. » »	Laufenbourg.	
Ammonites Bucklandi, Sow. » »	» *amygdala*, Ag.	» »
(Syn. *A. Sinemuriensis*, d'Orb.)	» *craciuscula*, Ag.	» »
» *bisulcatus*, Brug., Bellerive, Pratteln,	» *similis*, Ag.	» »
et Cornol.	*Lima antiquata*, Gf.	» »
» *Conybeari*, Sow. » »	» *gigantea*, Desh.	» »
» *Kridion*, » »	Cornol.	
» *obtusus*, Sow. » »	» *punctata*, Desh.	» »
» *catenatus*, Sow. » »	» *Hermanni*, Gf.	» »
» *planorbis*, Sow. » »	*Avicula sinemuriensis*, d'Orb., Pratteln.	
Pholadomya glabra, Ag. » »	Syn. *A. inæquivalvis*, Gf. Bellerive	
Pleurotomaria anglica, Defr. »	*Pecten corneus*, Sow., »
» *expansa*, d'Orb. »	*Gryphæa arcuata*, Sow. »
Pinna Hartmanni, Ziet. » »	*Spirifer Walcotti*, Sow. »
Panopæa liasina, d'Orb. » »	*Rhynchonella variabilis*, d'Orb. »
Cardinia sulcata, Ag., Bärschwyl.	» *vicinalis arietis*, Qu. »
» *securiformis*, » »	» *Rhemanni*, v. B. »
	Pentacrinus tuberculatus, Mill. »

11° Etage : Liasien, *de M. d'Orbigny,*

SYN. *Lias moyen*, de plusieurs géologues ; *Marnes à Bélemnites* et à *Gryphée cymbium*, de M. Cotteau ; *Belemniten-Mergel*, de M. Merian ; *Amaltheenthone, de* M. Quenstedt ; *mittlerer Lias*, de M. Oppel.

Cet étage repose sur la *zone à Gryphæa arcuata*, et il sert d'assise aux *Schistes à Posidomyes.*

Il n'a pas encore été étudié d'une manière particulière dans le Jura bernois. Il y forme cependant des affleurements assez importants au creux du Vorbourg, où nous avons remarqué le calcaire à Bélemnites avec ses fossiles habituels ; dans la combe liaso-keupérienne, au N. de Soyhière ; dans celles de Bärschwyl-Grindel, de Cornol-Monterri, de Roche, d'Envelier, du Passwand. Il a été l'objet de recherches très-minutieuses dans les cantons de Bâle, Soleure, Argovie et de Zurich, en France, en Allemagne et en Angleterre.

La base en est ordinairement formée de bancs de calcaires grisâtres remplis de *Gryphæa obliqua*, de *Rhynchonella tetraedra*, de *Spirifer Munsteri* et de *Pholadomya ambigua*, Sow. Puissance : 1 mètre.

Ces calcaires sont recouverts de marnes schisteuses noires avec des bancs minces de calcaires bleuâtres, où l'on trouve *Ammonites armatus, A. Ibex, Terebratula numismalis.* Puissance : 7 mètres.

5

Enfin l'étage se termine par des marnes calcaires alternant avec des argiles bleuâtres ou jaunâtres, subschisteuses, micacées, qui renferment les *Belemnites umbilicatus*, *Ammonites Davoei*, *Inoceramus ventricosus*, *Pentacrinus subangularis*. Puiss. 3 mètres.

M. Marcou, qui nous a laissé une description très-remarquable du lias, reconnaît dans cet étage quatre sous-divisions, qui sont de bas en haut :

a) Marnes à *Gryphœa cymbium*.

b) Calcaire à *Bélemnites*.

c) Marnes à *Ammonites margaritatus*,

d) Marnes à *Plicatules*.

Les géologues d'Allemagne, dont nous avons donné les noms ci-dessus, distinguent dans le lias moyen les zones suivantes, prises de bas en haut :

a) Couches à *Ammonites Jamesoni*, Sow., *A. armatus*, Sow., *Gryphœa obliqua*, *Rhynchonella tetraedra*, Qu., *Terebratula numismalis*, Lom.

b) Couches à *Ammonites ibex*, *Rhynchonella rimosa*, v. Buch.

c) Couches à *Ammonites Dawoi*, Sow., *A. capricornus*, *Belemnites umbilicatus*, *Pentacrinus subangularis*, Mill., *P. basaltiformis*, Mill.

d) Couches à *Ammonites margaritatus*, Montf., *A. fimbriatus*, Sow., *A. capricornus*, Schl., *A. Loscombi*, Sow., *Belemnites umbilicatus*, Blainv., *B. breviformis*, Ziet., *Turbo paludinæformis*, Ziet., *Inoceramus ventricosus*, Sow., *Pentacrinus nudus*, *Millecrinus Hausmanni*. Rœm.

e) Couches à *Ammonites spinatus*, Brug., *Belemnites crassus*, Ziet., *B. breviformis*, Ziet., *Lima Hermanni*, *Spirifer rostratus*, *Rhynchonella quinqueplicata*, *Terebratula punctata*, *T. subdigona*.

Dans le canton de Soleure, M. le prof. Lang porte la puissance de ce terrain : Calc. marno-sableux, subocracés à *Terebr. numismalis*, *Gryphœa cymbium* et *Macullochii* Gf., etc., à 7 mètres, tandis que M. d'Orbigny évalue l'épaisseur des couches comprises entre les calcaires à Gryphées arquées et les marnes à Posidomyes à 150 mètres. Puiss. dans la Souabe : 30 m.

M. d'Orbigny a reconnu dans cet étage 299 espèces caractéristiques appartenant aux animaux mollusques et rayonnés, un grand nombre d'animaux vertébrés et annelés, et 65 espèces de plantes.

M. le prof. Oppel énumère comme propres au lias moyen 127 espèces, non compris les animaux d'ordres supérieurs. (Ouvrage cité p. 113).

Les espèces les plus intéressantes sont :

Ichthyosaurus communis.	*Ammonites armatus*, Sow. »
Plesiosaurus dolichodeirus.	» *spinatus*, Brug. »
Acrodus nobilis.	« *margaritatus*, Montf. »
Leptolepis Bronni, Ag. M. F. Mieg en a recueilli quelques beaux exemplaires à Reutehardt, près Münchenstein.	» *Henleyi*, Sow. »
	» *Dawoei*, Sow. »
	» *capricornus*, Schloth. »
Belemnites umbilicatus, Blainv. Roche.	*Pleurotomaria expansa*, d'Orb. Bellerive.
» *paxillosus*, Schloth. Pratteln.	*Trochus glaber*, Koch.
» *clavatus*, Schloth.	*Pholadomya ambigua*, Sow. Bellerive.
» *breviformis*, Ziet. Roche.	» *glabra*, Ag. »
Nautilus intermedius, Sow. Pratteln.	» *urania*, d'Orb. (*P. Voltzii, Ag.*) »

Pecten aequivalvis, Sow. Bellerive.
»   *priscus*, Schloth.   »
Gryphæa cymbium, Lam. Bien conservée et fréquente à Limmern, nord de Mümliswyl.
Ostrea irregularis, Münster. Bellerive.
Terebratula quadrifida, Lam.   »

T. numismalis, Lam. Limmern, Pratteln.
Rhynchonella rimosa, d'Orb. Vorbourg.
Spirifer rostratus, de Buch.   »
   Syn. *Spiriferina Hartmanni*, d'Orb.
Cidaris liasina, Ag.
Pentacrinus basaltiformis, Mill. Vbg.
        »   *subangularis*, Mill.   »

Les reptiles du lias étaient extrêmement remarquables. Les uns ressemblaient aux poissons, d'autres, avec leur long cou, pouvaient saisir au loin leur proie, tout en nageant à la surface de l'eau. Les Ptérodactyles avaient la faculté de voler au moyen de longues ailes semblables à celles des chauves-souris. Ils se disputaient le domaine des mers avec des poissons toujours cuirassés, avec les Ammonites, les Bélemnites et les Nautiles, tous de taille gigantesque.

Les continents étaient recouverts de magnifiques végétaux : Fougères, Cicadées et Conifères.

12ᵉ Etage : Toarcien, *de M. d'Orbigny.*

SYN. *Lias supérieur*, d'Orbigny, la partie inférieure *de l'étage toarcien*, du même auteur; les *marnes supérieures du lias*, de MM. Dufrénoy et Elie de Beaumont; les *marnes à Posidonies* de M. Mathéron; *Posidonienschiefer*, de Quenstedt; *zone des Ammonites jurensis* et *zone de Posidomyiæ Bronni*, ou *oberer Lias*, de M. Oppel.

On peut étudier cet étage au creux du Vorbourg, au nord de Soyhière, à Bärschwyl, au Creux, dans les fertiles combes liaso-keupériennes de Cornol-Monterri-Vaufrey, d'Envelier et de Roche.

MM. Merian, Gressly, Müller, Heer, Lang, Mœsch, A. Bachmann, l'ont décrit dans les cantons de Bâle, de Soleure, d'Argovie et de Glaris. Il se présente sur de grandes étendues en Allemagne, en France et en Angleterre.

Il peut avoir une puissance de 20 à 40 mètres dans le Jura, tandis qu'en France il atteint 150 mètres. M. le prof. Lang donne aux *schistes à Posidomyes* une puissance de 40 mètres, et autant aux *marnes liasiques avec chailles*.

Cet étage, longtemps négligé, occupe actuellement un rang très-remarquable dans la série des terrains sédimentaires. Il est surtout important par sa faune, qui renferme de nombreux et beaux restes d'animaux vertébrés. — On le divise ordinairement en deux assises.

1. L'*assise inférieure*, ou *les schistes bitumineux* à *Posidonomya Bronnii*, *Inoceramus gryphoïdes*, les *schistes à poissons*, *Leptæna Bett.*, *schistes de Boll*, est composée de marnes feuilletées, grises ou noires, friables, micacées, renfermant des bancs minces de calcaires noirâtres très-bitumineux, et des chailles ou géodes souvent creuses intérieurement. C'est dans ces cavités qu'on trouve de beaux cristaux de chaux carbonatée et de strontiane sulfatée.

. Ces schistes, d'une puissance de 10 mètres environ, reposent sur l'étage précédent, et ce passage se fait d'une manière graduelle au moyen de petits bancs calcaires qui viennent s'intercaler à la base des schistes.

2. *L'assise supérieure*, soit *les marnes et les calcaires à Ammonites jurensis* et *radians*, d'une puissance de 10 mètres, repose sur l'assise précédente, tout en conservant la physionomie minéralogique : couches marno-calcaires, argileuses, micacées, très-friables, alternant avec des bancs de calcaires ou des chailles, renfermant de nombreux restes d'*Ammonites radians* et des plantes marines : ce sont des tiges de Fucoïdes, associées à d'autres plantes marines que nous avons remarquées dans un grand nombre de localités tant en dehors du Jura que dans le Jura même. Ces plantes ont été appelées :

Caulerpites liasinus, Heer.
Chondrites Bollensis, Ziet.

Phymatoderma granulatum, Brg. —Voyez Quenstedt « Jura », Tab. 46. f. 1.

Au-dessus de ces marnes apparaissent des calcaires d'un brun foncé, alternant avec des marnes noires ou brunes, assez riches en *Belemnites* et en *Ammonites jurensis*.

Comme à Boll, dans le Wurtemberg, ces marnes offrent en Suisse non-seulement de précieux moyens d'amendement pour nos terres, mais aussi de très-beaux fossiles pour nos collections.

Dans le Wurtemberg, on en retire des huiles, du pétrole et des gaz. A Cornol, ces schistes, fortement imbibés de pétrole, sont pétris de Posidonomyes et de débris de poissons.

A Reutehardt, entre Neue Welt et Mönchenstein, l'assise inférieure de l'étage toarcien est représentée par des calcaires bruns, noirâtres, compacts ou grumeleux, très-riches en *Ammonites*, en *Belemnites* et en *Gryphaea cymbium*. Ils sont immédiatement suivis par les schistes bitumineux à *Poissons* et à *Inocerames*. L'ensemble de ces couches à découvert ne dépasse pas un mètre en puissance, et il relie le lias moyen au lias supérieur. Avec M. F. Mieg, pharmacien à Bâle, nous avons recueilli dans cette localité la faunule suivante :

Leptolepis Bronnii, Ag.
Nautilus Toarcensis, d'Orb.
Belemnites tripartitus, Schloth.
» *irregularis*, Schloth.
   Syn. : *B. digitalis*, Blainv.
» *clavatus*, Schloth et Qu. Tab. 17, f. 7-10.
» *compressus*, Stahl et Qu. Tab. 21, f. 10.
   Syn. : *B. Fourelianus*, d'Orb.
» *paxillosus*, Qu., Tab. 21, f. 16.
» *quadricanaliculatus*, Ziet.
   Syn. *B. acuarius quadricanaliculatus*, Qu. Tab. 41, f. 17.
» *tricanaliculatus*, Ziet. — Ces deux dernières espèces dans les couches plus marneuses.

Ammonites crassus, Phill.
» *spinatus*, Brug. et d'Orb.
   Syn. : *A. costatus*, Bein et Qu. T. 21 f. 1-3.
» *capricornus*, Schloth.
   Syn. : *A. capricornus nudus*, Qu. T. 12, f. 3.
Serpula tricristata, Gf.
Lima acuticosta, Gf. et Qu. T. 18, f. 22-25
Inoceramus gryphoïdes, Ziet.
Plicatula spinosa, Sow.
Gryphaea cymbium, Lam.
Rhynchonella jurensis, Qu. T. 42, f. 33.
Pentacrinites subangularis, Mill.
Chondrites Bollensis, Ziet.

La *Posidonomya Bronnii*, Voltz, la *Trigonia costellata*, Ag., ne sont pas rares à Cornol, à Soyhière, combe de la Résel, à Neuhäusli et dans les marnes du tunnel du Hauenstein.

13e Etage : **Bajocien**, *de M. d'Orbigny.*

Point-type : *Bayeux.*

Syn. : *Oolithe inférieure; l'Oolithe ferrugineuse,* de M. Thirria; *Dogger,* de Rœmer; *Unter-Oolith,* de MM. de Buch et Oppel; *Inferior* ou *under Oolithe,* des Anglais.

Il offre plusieurs beaux affleurements dans nos environs. Nous l'avons particulièrement remarqué à Choindez, à Roche, au Creux du Vorbourg, aux Orties, aux Forges d'Undervelier, dans la combe de Bollmann, à Grange-Guéron, à Envelier, au sud de Scheltenmühle, aux environs de Bâle, à Münchensteinbruch et près de Böckten. — Il a été étudié sur un grand nombre de localités en Suisse, en France, en Allemagne et en Angleterre.

1. Les couches inférieures de cet étage sont *les marnes, les argiles et les calcaires à Ammonites opalinus,* qu'il est très-difficile de distinguer des marnes et calcaires liasiques, lorsque la roche ne renferme pas de fossiles.

Les marnes à A. opalinus recouvrent les calcaires liasiques à *Ammonites jurensis,* et conservent encore un aspect liasique : ce sont des marnes argileuses, noires ou bleues, grisâtres, micacées, feuilletées, souvent dendritiques èt renfermant des zones de géodes calcaires, fortement chargées d'oxyde de fer hydraté, et des bancs arénacés jaunâtres et pyriteux. Ces géodes ou sphérites contiennent aussi intérieurement de beaux cristaux bleus ou roses de célestine.

On trouve intercalés dans ces marnes des bancs minces de calcaires siliceux, bleuâtres, pétris de petits Pecten et Nucula.

Dans ce massif marneux, M. Gressly a remarqué, notamment au tunnel du Hauenstein, un calcaire oolithique ferrugineux à *Ammonites Murchisonæ, Pecten personatus.* Ce fait fournit la preuve que ces marnes sont bien jurassiques, malgré leur aspect liasique. Leur puissance est de 30 à 40 mètres. D'après M. Gressly, elles atteindraient au Hauenstein 60 mètres.

Les argiles à A. opalinus, A. torulosus, Scholl., *Leda rostralis, Posidonomya Suessi,* ont été observées au tunnel des Loges, au Hauenstein, à Schambelen, dans le duché de Baden, près Erlenbad (V. *Beobachtungen im mittleren Jura des badischen Oberlandes* par F. Sandberger.)

Sur ces argiles reposent *des calcaires* aussi micacés, bleus, jaunes, souvent cristallins, souvent marneux avec *Am. opalinus* et *Trigonia navis,* d'une puissance de 5 à 8 mètres. Sur cette assise, se présentent :

2. *Les calcaires oolithiques ferrugineux à*

Ammonites Murchisonæ, Sow.
» *Sowerbyi,* Miller.
» *subradiatus,* Sow.
Belemnites spinatus, Qu.
Pholadomya fidicula, Sow.
Trigonia costata, Park.
Gresslya zonata, Ag.
Lima pectiniformis, Sch.

Pecten pumilus, Sam.
» *demissus,* Phil.
Inoceramus marlysandstonæ.
Avicula elegans, Munst.
Ostrea sublobata, Desch.
Rhynchonella quadriplicata, d'Orb.
Terebratula perovalis, Sow.
» *Phillipsii,* Davidson.

Ce sont des bancs de calcaires bruns, bleu-noirâtres, plus ou moins compactes, assez puissants, pétris d'oolithes miliaires de fer hydraté, se laissant facilement désagréger par les influences atmosphériques, avec de nombreuses couches calcaréo-marneuses de couleur bleu-jaunâtre. A Grange-Guéron cette assise présente trois couches ferrugineuses, qui sont de haut en bas :

1. Calcaire brun.	4^m,00
2. Couche ferrugineuse	50
3. Calcaire brun-foncé.	4 00
4. Couche ferrugineuse	50
5. Calcaire brun-foncé à *Cidaris Courteaudina*. . . .	5 00
6. Calcaire oolithique ferrugineux à *Ostrea sublobata*. .	1 00
Hauteur totale . .	15^m,00

Cette assise repose sur des marnes micacées avec géodes, stériles et recouvertes.

A l'est d'Envelier se présente aussi un affleurement intéressant de l'oolithe inférieure.

Dans le bas, on remarque les marnes liasiques supérieures avec les fossiles et les caractères minéralogiques qui leur sont habituels : marnes micacées bleuâtres avec de minces bancs de calcaires durs, ou marno-compactes, assez riches en petits bivalves, en polypiers et surtout en *Caulerpites liasinus*. — Elles sont couvertes par

a) des marnes schisteuses, micacées, renfermant des géodes ferrugineuses ; ce sont probablement les couches à *Ammonites opalinus*.

b) Le marlysandstone : calcaire grésiforme, stratifié, stérile ou avec de rares *Ammonites Murchisonæ*, enfin

c) L'oolithe ferrugineuse, avec de nombreuses *Ammonites Murchisonæ, Belemnites spinatus, Pecten pumilus, P. demissus, Ostrea sublobata*. La puissance est à peu de chose près celle de Grange-Guéron.

M. Oppel estime la puissance de cette assise à 36 mètres.

L'oolithe ferrugineuse a été exploitée comme minerai et comme castine aux Orties, à Undervelier et à Grange-Guéron.

3. La *zone à Ammonites Sowerbyi, jugosus, Sauzii* et *Gervillei* est représentée, d'après M. Waager, dans le canton de Soleure par des bancs de calcaires marneux renfermant beaucoup de petites oolithes.

Elle a aussi été observée au creux du Vorbourg, près Delémont. Cette zone du creux du Vorbourg, qui apparaît aussi à la combe de Bollmann et ailleurs, se retrouve avec ses Ammonites, ses Echinides et ses Polypiers, en Allemagne, à Giegen, Hohenzollern, Metzingen, en France et en Angleterre.

4. Les *couches à Ammonites Humphriesianus* sont aussi connues dans le Jura suisse que dans les pays voisins. Elles reposent immédiatement sur la zone précédente, et elles constituent, selon notre opinion, le dernier membre de l'étage bajocien.

Il est vrai que M. le prof. Oppel réunit encore dans cet étage la *zone à Ammonites Parkinsoni*. Comme la *zone à Am. Parkinsoni* embrasse à peu de chose près tout l'étage suivant, et que l'*oolithe subcompacte* qui recouvre les couches à *Am. Humphriesianus* possède une faune à cachet bathonien, nous ne nous rangerons pas à la manière de voir de ce savant et nous finissons le bajocien par les couches à *Am. Humphriesianus*.

Ces couches intercalées entre la *zone précédente* et l'*oolithe subcompacte* présentent des caractères minéralogiques très-variables. Ce sont tantôt des marnes noires ou grises, tantôt des bancs calcaires, compactes, marno-compactes ou oolithiques, d'une couleur généralement foncée. Ces marnes se durcissent parfois et forment un calcaire oolithique dur, noir, gris, jaune, déliquescent.

La puissance de ces couches ne dépasse guère 7 à 8 mètres.

Les espèces les plus caractéristiques de cette assise sont :

Serpula flaccida, Gf.
Nautilus lineatus, Sow.
Belemnites giganteus, Schl.
» *caniculatus*, Schl.
Ammonites Humphriesianus, Sow.
» *Blagdeni*, Sow.
Syn. : *A. coronatus*, Schloth.
Turbo ornatus, Sow.

Pleurotomaria Alduini, Br.
Ostrea Marshi, Sow.
Terebratula perovalis, Sow.
Cidaris Cottaldina, Cott.
» *Courtaudina*, Cott.
» *Zschokkei*, Des.
Rhabdocidaris horrida, Mer.

Les coupes les plus rapprochées que nous ayons de l'étage bajocien sont celles de Choindez, et du Creux du Vorbourg.

La dernière, sise dans un cirque liaso-oolithique, mérite d'être connue, malgré les imperfections amenées par le recouvrement partiel et périodique de ses couches. La voici :

BATHONIEN.
Oolithe subcompacte : Calc. oolithiques, miliaires subcompactes, blancs ou jaunâtres, schistoïdes à *Lima duplicata*, *Avicula echinata*, *Serpula socialis*, *Cidaris Zschokkei*, *Pentacrinus cristagalli*.
Les bancs inférieurs, plus foncés, plus marneux, plus puissamment stratifiés, empâtent de nombreuses tiges de fucoïdes et des galets, et ils sont perforés par les Lithodomes. Puissance 50m,00

BAJOCIEN.
1. Marnes sableuses, grises, alternant avec de minces bancs de calcaires marno-compactes, sableux, jaunes, gris, stériles ;
Marnes à *Belemnites giganteus*, *Ammonites Humphriesianus* ;
Calcaires à taches bleues stériles ;
» et marnes noires à *Ammonites Sowerbyi*, *Pecten tegularis*, *P. textorius*, *Ostrea flabelloides*, *Rhynchonella aculeata*, *Cidaris Zschokkei*, *Rhabdocidaris horrida*, *Montlivaltia cupuliformis*, *Thecosmilia gregaria*, *Thamnastrea Defranciana*, *Th. M'Coyi* 12m,00
2. Calcaires ferrugineux à *Belemnites spinatus*, *Terebratula perovalis*, *T. intermedia*.
» marno-compactes, schisteux, micacés, brun-foncés, noirâtres 10m,00
3. Marlysandstone ou calcaire grésiforme assez puissamment stratifié, brun-jaunâtre, micacé, spathique, dur ou marno-compacte, se désagrégeant facilement et renfermant de rares *Am. subradiatus*, *Murchisonæ* 10m,00
4. Marnes micacées, bleuâtres, alternant avec des bancs calcaires de même couleur.
» et calc. bleus, grisâtres, jaunâtres, micacés. 5m,00
5. Calcaire à Bélemnites 1m,00
6. Marnes micacées, schisteuses, bleuâtres ou jaunâtres, noirâtres, avec géodes à sulfate de strontiane et à carbonate de chaux, empâtant des tiges de fucoïdes. . . . 15m,00
Hauteur totale de l'étage bajocien . . 53m,00

Toarcien
Marnes grises . . . .
Minces bancs de calcaire très-durs, bleuâtres, recouverts de *Serpula tricristata*, *Avicula substriata*, *Pentacrinus subangularis*, et de *Caulerpites liasinus*, etc.

L'importance technique de l'étage bajocien est reconnue depuis longtemps. Partout où il affleure, on remarque une belle végétation. Les assises supérieures collectent très-bien les eaux, tandis que les assises inférieures, plus marneuses, les retiennent et produisent des sources. — L'utilité des marnes à *Am. opalinus* pour amender les terres est généralement appréciée. Ces marnes, souvent très-argileuses, pourraient sans doute servir à la fabrication de tuiles et de poterie commune ; les sphérites donneraient un ciment hydraulique excellent.

La faune de l'étage bajocien est très-remarquable dans nos environs, tant par la richesse que par la bonne conservation des espèces. Grange-Guéron, les Orties, le Vorbourg, Bökten, nous ont fourni les plus beaux types. Plusieurs espèces font acte de présence dans les quatre assises ; quelques-unes passeraient même dans l'étage suivant : ce sont les espèces suivantes : *Serpula socialis, Belemnites giganteus, Ammonites Gervillei, Lima gibbosa, Trigonia costata, Ostrea Knorri,* quelques céphalopodes, etc. Comme ces espèces inconstantes ou douteuses (il faudra les soumettre à un nouvel examen) se trouvent alors associées à une faune nouvelle, il sera toujours facile de distinguer nos divisions bajociennes.

Voici la liste de nos espèces bajociennes, dont la plus grande partie ont été recueillies par les soins de M. Matthey.

Serpula grandis, Gf. Vorbourg, Böckten.
» *socialis,* Gf. Pratteln.
» *flaccida,* Gf.
Belemnites giganteus, Schloth. Commune.
Syn. : *B. depressus,* Voltz.
» *Blainvillei,* Voltz. Scheulte ; n'est peut-être qu'une variété du
» *canaliculatus,* M. et L. Grange-Guéron. Scheulte, Schauenbourg. Cirque à lOuest de Roche.
» *spinatus,* Qu., Pratteln. Grange-Guéron.
Nautilus lineatus, Sow. Grange-Guéron. Böckten, Füllinsdorf..
» *Matheyi,* Grepp. Böckten.
Espèce atteignant la taille du *N. giganteus,* très-remarquable par les ornements du test. Elle est peut-être identique au *N. aratusjurensis,* Qu.
Ammonites subradiatus, Sow., Grange-Guéron, Böckten.
» *Sowerbyi,* Miller. Raimeux, Vorbourg, Pratteln, Tunnel des Loges.
» *Murchisonœ,* Sow. Roche, Grange-Guéron, Scheulte.
» *cycloïdes,* d'Orb. Scheulte, Füllinsdorf, Vorbourg.
» *Blagdeni,* Sow. Böckten.
» *linguiferus,* d'Orb. »
» *Brongniartii,* Sow. Füllinsdorf.
» *jugosus,* Sow. Scheulte.
» *discus,* Sow. Raimeux.
» *Gervillei,* Sow. Böckten, Füllinsdorf.
» *opalinus,* v. Mandelsloh. N. d'Envelier, sur la route.
Syn. : *A. primordialis,* Ziet. et d'Orb.
» *Aalensis,* Ziet. Grange-Guéron.

Turbo ornatus, Sow. Böckten.
Syn. : *Purpurina ornata,* d'Orb.
» *quadricinctus,* Ziet. Böckten.
Alaria lœvigata, Muttenz.
Pleurotomaria ornata, Ziet. Böckten, Muttenz.
» *armata,* Münst. Pratteln.
» *subplatyspira,* d'Orb. Vorbourg.
» *Blandina,* d'Orb. . »
Tornatella. Pratteln.
Cerithium granulato-costatum, Münst. Pratteln.
Trochus monilitectus, Qu. Hollstein.
Pleuromya tenuistria, d'Orb. Böckten.
» *Jurassi,* d'Orb. Füllinsdorf.
» *elongata,* Ag. »
(Pan. subelongata, d'Orb.)
» *arenacea,* Ag. Bökten.
Inoceramus marlysandstonae, Grange-Gu.
Pholadomya fabacea, Ag. Grange-Guéron, Böckten.
» *fidicula,* Sow. Grange-Guéron, Füllinsdorf.
» *texta,* Ag., Bökten.
» *Heraulti,* Ag. Grange-Guéron.
» *Allica,* d'Orb. Böckten.
Lyonisia abducta, d'Orb. Böckten, Muttenz
Anatina undulata, Opp. et Sow. Böckten, Muttenz.
Mactromya mactroides, Ag. »
Thracia, n. s., Schauenbourg.
Opis lunulata, Dfr.
Astarte elegans, »
» *excavata,* Sow. Füllinsdorf.
minima, Phillips. Pratteln.

Nucula Hammeri, Defr. Tunnel des Loges, Hauenstein, dans les marnes à *Am. opalinus*.

Trigonia costata, Park. Tunnel des Loges, Hauenstein, Böckten, Füllinsdorf.

» voisine de la *T. striata*, Sow. Böckten.

» *signata*, Ag. Füllinsdorf.

Arca. Scheulte.

Isocardia gibbosa, Münst. Böckten.

Mytilus elatior, Mer. Spitzbühl, Pratteln, Grange-Guéron.

» *cuneatus*, Sow. Böckten, Füllinsdorf, Schauenbourg.

» *plicatus*, Sow. (*M. Sowerbianus* d'Orb.) Scheulte.

Lima pectiniformis, Schloth. (*L. proboscidea*, Sow.) Muttenz, Grange-Guéron.

» *gibbosa*, Sow. Füllinsdorf.

» *tenuistriata, Münst.* » Vorbourg et Asuel.

» *aalensis*, Qu. Scheulte.

» *duplicata*, Munst. Füllinsdorf.

Avicula Münsteri, Gf. (*A. digitata*, Deslonch.) Vorbourg, Füllinsdorf.

» *echinata*, Sow. »

» *costata*, Sow. »

» *tegulata*, Gf. Rangiers, Envelier.

Plicatula perechinata, Grepp. Bökten.

Long. 18 millim., 16 millim.; excessivement recouverte d'épines et d'aspérités.

Perna isognomoïdes, Stahl. Böckten, Füllinsdorf.

» *Matheyi*, Grepp. Böckten.

Long. 48 millim.; larg. 27 mm.; épaisseur, 18 mm.; très-lisse.

Posidonomya Suessi, Oppel. Neuhäusli et au N. de Soyhière.

Pecten disciformis, Schbl. (*P. demissus*, Phill.). Partout.

» *personatus*, Ziet. (*P. pumilus*, Lam.) partout.

P. Saturnus, d'Orb. Böckten.

» *Dewalquei*, Opp. (*P. tegularis*, Mer.)

» *annulatus*, M. et L. Böckten.

» *undenarius*, Qu. Scheulte.

» *lens*, Sow. Füllinsdorf, Böckten.

» *Phillis*, d'Orb. Rangiers, Undervelier, Envelier, Frick, Vorbourg. (Syn. *P. textorius*, Gf.)

» *cinctus*, Sow. Grange-Guéron.

Ostrea flabelloïdes, Lam. (*O. subcrenata*, d'Orb.) Partout, mais bien conservée à Böckten et au Vorbourg.

On la distingue de l'*O. Marshii* de l'étage bathonien.

» *Knorri*, Voltz. Böckten, Füllinsdorf.

» *Kunkeli*, Ziet. » »

» *sublobata*, Desh., (*O. Bachmanni*, des Anglais). Partout.

» *acuminata*, Sow. Vorbourg.

Paraît s'en distinguer par sa forme plus droite, plus large et plus carrée.

» *Sowerbyi*, M. et L. Roche-dessus.

Hinnites tuberculosus, Gf. Raimeux, Böckten, Roche-dessus.

Lingula Beanii, Phill. Mietesheim, dans le Bas-Rhin.

Rhynchonella quadriplicata, Ziet. Böckten, Füllinsdorf.

» *angulata*, Sow. Raimeux, Orties, Grange-Guéron.

» *cynocephala*, Richard. Grange-Guéron.

» *intermedia*, Lam. Vorbourg, couche à Cidaris.

Hemithyris aculeata, Gressly. (*Rhynchonella spinosa*, Schloth.) Commune [1]

Terebratula perovalis, Sow. Grange-Guéron, Böckten, Raimeux, Vorbourg.

» *Meriani*, Opp. Grange-Guéron.

» *globata*, Sow. (*T. Kleinii*, Sam.) Scheulte, Orties.

[1] Si l'on veut prendre en considération les principes développés par M. Alc. d'Orbigny, dans son Prodrome de Paléont. I. Vol. p. xxxvii, savoir qu'il faut s'occuper, avant tout, de l'âge stratigraphique des espèces, et surtout ne pas faire passer les rapports de forme les premiers, on arrivera facilement à séparer l'*Hemithyris aculeata* de la *Rhynchonella spinosa*. Si par la forme ces deux espèces ont quelque ressemblance, des assises de plus de 100 mètres les séparent. La ressemblance est, du reste, assez éloignée. L'*H. aculeata* est plus petite, plus aplatie; les aiguillons sont plus longs, plus forts, mais plus rares, et les côtes plus saillantes et plus tranchantes.

T. Phillipsii, Davids. Grange-Guéron.
» *simplex*, Buckmann.
Elle ressemble beaucoup à la *T. intermedia*, figurée par M. Quenstedt. Grange-Guéron.
Cidaris Courteaudina, Cott. Vorbourg, N. de Monnat, Rosenberg, Füllinsdorf.
» *Cottaldina*, Cott. Vorbourg, Grange-Guéron, Combe de Bollmann.
» *Zschokkei*, Des. Vorbourg, Grange-Guéron, Combe de Bellerive.
Rhabdocidaris horrida, Mer. Vorbourg, Grange-Guéron, Combe de Bellerive.
Hypodiadema asperum, Des.
Trouvé la première fois dans nos environs par L. Greppin.
Diademopsis. Vorbourg.
Pygaster pappus, Des. Recueilli à Füllinsdorf par M. Mathey.
Cette espèce, associée au *Rhabdocidaris horrida*, est très-bien caractérisée par sa forme hémisphérique ; c'est le plus ancien galéride de la Suisse, c'est pourquoi M. Desor l'appelle *pappus*.
Collyrites. Füllinsdorf.
Asterias prisca, Gf. et Qu. Böckten, Füllinsdorf.
Syn : *Cremaster prisca*, d'Orb.

Montlivaltia cupuliformis, E. et H. Vorbourg, Combe de Bollmann.
Syn. : *Anthophyllum trochoïdes*, Qu.
Thecosmilia gregaria, E. et H.
Syn. : *Lithodendron Zollerianum*, Qu. Pl. 50. f. 3, 4 et 5.
Montlivaltia gregaria, M'Coy.
Thamnastrea Defranciana, E. et H.
Syn. : *Astrea Defranciana Mich.*
» *Zolleria*, Qu. Pl. 50, f. 10.
» *(Isastrea) tenuistriata*, Heime. Vorbourg Combe de Bollmann.
Syn. : *Isastrea tenuistriata*, Qu.
» *Quenstedti*, Grepp. Vorbourg, Combe de Bollmann.
Syn. : *Lithodendron Zollerianum*, Qu. Pl. 50, f. 6.
» *fungus*, Qu. Pl. 50, f. 8.
Nos individus de cette espèce, qui sont bien les mêmes que ceux de Quenstedt, n'ont pas des caractères assez solides pour les diviser en deux espèces ; ce ne sont pas des *Lithodendron*.
» *M'Coyi*, E. et H.
Pentacrinus cristagalli, Qu. E. d'Envelier, Muttenz, Pratteln et Füllinsdorf.
» *nodosus*, Qu. Les mêmes endroits.
Millepora staminea, d'Orb. Muttenz, Pratln

Si l'étage bajocien a été constaté en France et en Angleterre, il se présente au sud de l'Allemagne à peu de chose près avec les mêmes caractères que nous venons de lui reconnaître dans le Jura.

En prenant pour terme de comparaison les études classiques de M. Quenstedt sur la Souabe, nous trouvons que notre bajocien correspond au « *Brauner Jura, Alpha, Beta, Gamma, Delta*, de cet auteur.

Alpha est l'équivalent de la zone à *Ammonites opalinus*.

Beta renferme la faune de l'Oolithe ferrugineuse de Grange-Guéron.

Gamma celle des bancs à *Ammonites Sowerbyi*, à *Echinides* et Polypiers du creux du Vorbourg, de la combe de Bollmann ; mais il ne faudrait pas confondre les Polypiers avec ceux de la grande oolithe.

Delta possède la faunule de l'assise à *Ammonites Humphriesianus, Turbo ornatus, Ostrea flabelloïdes* du creux du Vorbourg, de la Klus et de Böckten.

Il suffirait d'établir la synonymie de la faune du bajocien commune à ces deux régions, pour parfaitement justifier notre manière de voir ; mais comme ce travail est en dehors de notre cadre, nous l'abandonnons à d'autres géologues et nous passons à l'étage bathonien.

14° **Etage : Bathonien**, *d'Omalius.*

Localité-type : La ville de Bath, en Angleterre.

SYN. : Pour la France : *Etage bathonien,* d'Omalius et d'Orbigny.
Pour l'Allemagne : *Bath-Oolith,* L. de Buch; *Bathgruppe,* Oppel.
Pour l'Angleterre : *Bathoolitheformation, Greatoolitheformation.*

Cet étage, d'une puissance de 100 à 160 mètres, présente des subdivisions très-importantes. Si l'on en examine les caractères minéralogiques, de même que les caractères
paléontologiques, on arrive à la conclusion qu'il a eu une bien longue durée, et qu'il a
subi de grandes perturbations. Les preuves ne manquent pas pour s'assurer que tel ou tel
point a été successivement côtier, subpélagique et pélagique. Tels bancs de rochers, après
avoir été longtemps la demeure de polypiers incrustants, d'échinides, de bivalves per-
forantes, sont enfin recouverts par les vases des hautes mers. Telle lagune, après avoir
nourri et abrité une quantité de petits coquillages, s'est trouvée envahie par des courants
charriant de gros cailloux. De tous les âges géologiques que nous avons étudiés, aucun ne
présente des révolutions aussi grandioses et aussi fréquentes, ce qui a réagi d'une manière
non moins sensible sur la faune. On voit, dans cet étage, non-seulement des espèces
naître, se développer et mourir, mais on en voit d'autres y apparaître à la base, disparaître
momentanément et reparaître plus tard.

C'est que, les conditions biologiques étant plus ou moins subordonnées à ces changements, les animaux ont dû émigrer et chercher ailleurs des éléments de vie. (V. les travaux
de M. Ebray, Bull. de la Soc. géol., Tom. 19, p. 30—43.)

Comme exemple, nous citerons l'*Holectypus depressus,* que nous avons recueilli dans
les marnes à Ostrea acuminata, et que nous n'avons plus retrouvé dans les fortes assises
qui les recouvrent, tandis que cette espèce devient, par sa fréquence, caractéristique du
calcaire roux sableux, dernière assise du bathonien.

Ces faits très-nombreux dans l'histoire de la géologie s'expliquent facilement et naturellement par des perturbations survenues pendant une époque : telles que des oscillations
du sol, un changement d'exposition, de température, de niveau des eaux, qui ont déterminé la migration des espèces.

Aussi l'étude des horizons géologiques basée sur les faunes, comme l'a fait avec tant de
talent M. le prof. Oppel, a-t-elle son utilité locale, mais il faut se garder de lui donner trop
d'étendue, de prendre des zones pour des facies, un âge pour un autre.

L'étage bathonien est composé d'une alternance d'assises calcaires et marneuses d'une
couleur foncée, généralement d'un jaune roux ou brun, qui contraste avec la couleur
des étages jurassiques supérieurs. Les calcaires sont aussi, dans la règle, moins homogènes, moins compactes, moins résistants, plus oolithiques, plus lumachelliques.

Cet étage joue, dans son ensemble, un rôle orographique très-important. Il forme des
affleurements aussi variés qu'étendus. Les plateaux, voûtes, cirques et crêts oolithiques
étant suffisamment connus, nous n'en parlerons pas.

Il donne des pâturages et des terres propres à la culture, excellents même, s'ils sont un peu secs. La roche, généralement perméable, absorbe parfaitement les eaux et alimente ainsi plusieurs de nos belles sources.

Le bathonien donne encore des marnes recherchées, de la chaux grasse et de bonnes pierres de construction. Les pierres de taille des églises et des beaux bâtiments de nos environs sont sorties des carrières bathoniennes de Bourrignon. Sur certains plateaux, les terres en culture sont entourées de murs secs dont les pierres proviennent également de cet étage. La dalle nacrée sert même de couverture aux toits.

Les subdivisions de cet étage sont au nombre de quatre :

1. L'*Oolithe subcompacte ;* 2. *les Marnes à* OSTREA ACUMINATA ; 3o la *grande oolithe* et le *Calcaire roux sableux.*

1. Oolithe subcompacte ; *calcaire Loedonien ,* de M. Marcou ; *Hauptrogenstein,* des Allemands.

Ce terrain , d'une puissance de 30 à 60 mètres, a un grand développement dans le Jura bernois, dans les cantons de Neuchâtel (40 m.), de Bâle-Campagne, d'Argovie, de Soleure (puiss. du Bajocien et du Bathonien, d'après M. Lang : 166 m.), ainsi que dans le duché de Baden : à Burgheim, près Lahr, Mühlheim, Badenweiler, Stetten, près Lörrach, et à Uffhausen, près de Fribourg.

Cependant près d'Arau il semble manquer, car les marnes à *Ostrea acuminata* reposent sur l'oolithe ferrugineuse ; il en est de même en Souabe et dans le Jura français. — Il est pourtant possible que le *calcaire à polypiers* de Salins, de Besançon jusqu'à Metz, ne soit qu'un facies de cette subdivision.

Dans le Jura bernois, il offre de beaux affleurements à la seconde métairie du Vorbourg, dans les cirques de Choindez, d'Undervelier et de Grellingen, de la Klus, de la chaîne du Passwang.

Limites. Il repose sur *les couches à Ammonites Humphriesianus ;* et il est recouvert par *les marnes à Ostrea acuminata.* Comme nous l'avons dit, il manquerait dans le canton d'Argovie, ou s'il y existe, il serait assez difficile d'en fixer les limites. Il nous semble que M. Mœsch l'aurait confondu avec les calcaires intercalés dans les *couches à Hemicidaris Luciensis* et le *calcaire roux sableux ;* car, dans le Jura bernois, le *Clypeus patella,* le *Nucleolites Renggeri,* n'ont pas élu leur domicile principal dans le *Hauptrogenstein,* mais bien dans les calcaires superposés aux *Marnes à Hemicidaris Luciensis.* Les caractères pétrographiques, même paléontologiques, prêteraient à ce genre de confusion, surtout si l'on n'avait pas pour s'orienter des points de repère, tels que les *marnes à Ostrea acuminata* ou celles à *Hemicidaris Luciensis.*

La coupe de l'étage bathonien, prise dans les gorges de Moutier, au N. de Choindez, fera voir la position relative de cette assise. Les couches presque verticales de cet étage bordent d'abord le côté Est de la route et s'inclinent ensuite insensiblement pour former la belle voûte liaso-oolithique de Choindez.

— 45 —

Etage Callovien, recouvert.

1. Les calcaires et les marnes à *Ammonites macrocephalus* sont peu développés ; la dalle nacrée manque.

2. Calc. roux sableux et marnes à *Holectypus depressus* et à *Ostrea Knorri ;*
   Marnes jaunes et grises à *Rhynchonella concinna, varians, spinosa ;*
   Calc. roux sableux à *Mytilus imbricatus ; Pholadomia texta ;*
   Calc. à taches bleues, alternant avec des marnes grises ;
   Marnes grises, noirâtres, avec concrétions calcaires et *Terebratula intermedia* et *Ostrea Knorri* 12ᵐ, 00

3. Calc. roux perforé de *Lithodomes* et recouvert d'*Ostrea Knorri planata* . . . 2 00

4. Marnes grises à *Anabacia orbulites* ;
   Calcaire compacte gris ;
   »   »   oolithique, grisâtre, à taches bleues ;
   Marnes grises. 4 00

5. Calc. à taches bleues 3 00

6. Marnes jaunes, grises, bleues, stériles, sableuses à concrétions calcaires . . . 3 00

7. Calc. compacte, roux, brêchiforme, à taches bleues et à *Terebratula intermedia* 4 00

8. Marnes et calcaires gris, roux, bleus, noirs, schistoïdes à *Clypeus sinuatus* et à *Polypiers* ;
   Assise marneuse 10 00

9. »   calcaire à taches bleues perforée par les *Lithodomes* 6 00

10. Marnes et calcaires sablonneux, roussâtres ; marnes grises, bleues, noirâtres avec *Homomya gibbosa* 10 00

11. Marnes lumachelliques à *Ostrea acuminata, Terebratula maxillalata, Rhynchonella obsoleta* 2 00

12. Calc. et marnes à *Rhynchonella obsoleta ;*
    Banc marno-calcaire à *Pinnigena bathonica ;*
    »   »   »   *Holectypus depressus ;*
    Calc. oolithique ;
    Marnes bleuâtres
    Assise marno-calcaire, grisâtre, à taches bleues ;
    Calcaire grisâtre oolithique à *Serpula socialis ;*
    »   »   »   *Rhynchonella obsoleta,* Sow.
    »   compacte ; blanchâtre ;
    Dalles calcaires à *Encrinites* et à *Lima duplicata ;*
    Calc. et marnes plus foncés : bruns, noirâtres, à grands fucoïdes et à galets passant à l'étage bajocien 54 00

Hauteur totale . . . 110ᵐ, 00

Etage bajocien.

La puissance totale de l'étage bathonien s'élèverait à 110 mètres, dont près de la moitié appartiendrait à l'oolithe subcompacte.

Ce massif de l'oolithe subcompacte se compose donc, à la partie inférieure, d'une roche dure, marno-compacte, empâtant de nombreux galets, de calcaires et de marnes d'un brun foncé renfermant de grandes tiges de fucoïdes. Localités-types : Bébrunnen, à l'embranchement de la route de Liesberg, Creux du Vorbourg et Choindez. Il se compose ensuite de bancs calcaires oolithiques, miliaires, rarement canabins, subcompactes, généralement très-spathiques, variables en puissance, d'une dureté et cohésion assez grandes, d'une cassure rude et raboteuse, d'une couleur brune ou jaunâtre, quelquefois avec taches bleues ; enfin, il se termine par une assise marno-calcaire, grumeleuse, brun-grisâtre avec de petites taches bleues, d'une puissance de 6 mètres et renfermant des *Holectypus depressus,* ainsi qu'une couche de grandes *Trichites Bathonica (Pinnigena Bathonica* d'Orb), qui forme le passage aux marnes à *Ostrea acuminata.*

Les roches de l'oolithe subcompacte atteignent leur maximum de puissance dans la partie supérieure ; vers le milieu, elles s'amincissent, affectent la forme de dalles régulières, séparées par des lits de schistes marneux. Ces lits prennent du développement dans le bas, et l'emportent sur les calcaires, qui, de leur côté, perdent de leur consistance pour ne plus former que des couches onduleuses, composées d'une agglomération de rognons empâtés dans les marnes.

Quand les oolithes sont distinctes, et que la roche est tachetée de bleu, elle est difficile à distinguer de la *grande oolithe*. — Les oolithes sont quelquefois transformées en un calcaire compacte, homogène, gris-clair, à cassure conchoïdale, mais imparfaitement lisse, comme celle de l'étage kimméridgien.

Comme accidents, nous citerons des géodes, ou chailles calcaires ou semi-siliceuses, dont le milieu renferme souvent des restes organiques, des filons ou bancs de spath calcaire.

Certains bancs sont formés presque exclusivement de débris roulés d'Encrinites, d'Echinides et de Polypiers ; mais les fossiles y sont ordinairement mal conservés.

Ils sont souvent tellement liés à la roche, qu'ils forment avec elle une masse homogène. Ceux que nous avons pu y reconnaître sont :

Serpula socialis, Gf. — forme un banc à Choindez.
Ammonites Parkinsoni, Sow.
Pleurotomaria ornata, Dfr.
Turbo ornatus, Sow.
Mytilus elatior, Mer.
Pinnigena Bathonica, d'Orb.
Avicula tegulata, Gdf.
» *Münsteri*, Br.

» *echinata*, Sow.
« *modesta*, Mer.
Lima duplicata, Sow.
Pecten disciformis, Gf.
Rhynchonella obsoleta, Sow.
Cidaris Zschokkei, Des.
Isocrinus Andreæ, Des.
Pentacrinus crista galli, Qu.

2. Marnes à Ostrea acuminata, *de M. Thurmann.*

Marnes Vésuliennes, de M. Marcou ; *Marnes à foulons* ou *Fullers earth.*

Ces marnes, constantes dans le Jura bernois, offrent un horizon assez sûr. On peut les étudier à la Todtwog, au S. de Movelier, au N. des Rangiers, à l'E. de Saulcy, au Pichoux, à Choindez, sur la route de Cornol aux Rangiers.

Leur puissance dépasse rarement trois mètres ; elle est plus forte dans les cantons de Bâle et d'Argovie.

Ce sont des marnes gris-jaunâtres, bleuâtres, très-friables, alternant irrégulièrement avec des calcaires marneux, grumeleux, de même couleur, qui ne sont souvent qu'un lumachelle composé de tests et de moules de petites huîtres, de céphalopodes, de myes et d'échinides. — Ces marnes sont très-fossilifères. Les espèces les plus abondantes sont:

Nautilus, sp. Todtwog.
Ammonites Parkinsoni, Sow.
Belemnites giganteus, Schl.
Lima cordiformis, Gf.
» *impressa*, M. et L.
» *duplicata*, Sow.

Myacites jurassi, Brgn.
Mytilus compressus, Gf.
» *Sowerbianus*, d'Orb.
Pecten vagans, M. et L.
» *annulatus*, Sow.
» *lens*, Sow.

Perna rugosa, M. et L.

Ostrea acuminata, Sow.

» costata, Sow.

Rhynchonella obsoleta, Sow.

Terebratula maxillata, Sow.

» subbucculenta, Chap. et Dew.

Holectypus depressus, Des.

Pseudodiadema homostigma, Des.

Clypeopygus Hugii, Des.

Pygaster lagenoides, Ag.

C'est le premier pygaster oolithique de la Suisse, connu de M. Desor.

3. Grande oolithe, great Oolith,

Oberer Rogenstein, des géologues allemands.

Cette division bathonienne prend un grand développement géographique non-seulement dans le Jura bernois, où sa présence est constante, mais encore dans les pays voisins. MM. Desor et Gressly l'ont étudiée avec beaucoup de succès dans le canton de Neuchâtel, et lui attribuent une puissance de 36 à 38 mètres. Dans le Jura bernois, elle ne dépasse guère 26 mètres, et dans les cantons de Soleure et de Bâle-Campagne elle paraît même inférieure à ce dernier chiffre. Son importance comme pierre de construction a été reconnue déjà les siècles derniers, et elle est encore exploitée sur un grand nombre de points : Movelier, Bourrignon, Saulcy, Todtwog, Grellingen, Dorneck, Münchenstein, Wartenberg.

Les limites sont assez tranchées. Elle se trouve intercalée dans les Marnes à Ostrea acuminata et le calcaire roux sableux. Cependant la limite supérieure est souvent très-difficile à saisir, et elle tombe quelquefois dans le domaine de l'arbitraire.

Si nous prenons la route de Movelier comme localité-type pour l'étude de la grande oolithe, nous y remarquons trois assises qui sont de bas en haut:

a) Des calcaires stratifiés compactes, empâtant des oolithes miliaires ou canabines et de nombreux fragments de fossiles; parfois les oolithes diminuent dans la masse, d'autres fois elles y sont rares et même manquent complètement; alors elles se fondent dans la pâte calcaire qui devient lisse et de couleur blanc-grisâtre. La cassure est inégale, à relief oolithique. La couleur est grisâtre, jaunâtre, subrosâtre, bleue. Les grandes taches bleues n'ont rien de caractéristique; elles se trouvent à tous les niveaux de l'étage bathonien. Les bancs, de 2 à 8 décimètres, sont souvent fissurés et recouverts de spath calcaire. Puissance variable : 2 à 9 mètres.

La faune de ces calcaires n'est guère reconnaissable, et elle n'a rien, semble-t-il, de particulier.

A la base de l'assise, nous avons recueilli à Movelier :

Holectypus depressus.

Pseudodiadema homostigma, Des.

Cette espèce passe dans les bancs supérieurs.

Clypeopygus Hugii, Des., et un

Pygurus.

b) Marnes grises de Movelier à Hemicidaris Luciensis; Marnes à Homomyes, de MM. Desor et Gressly.

Ces marnes, que nous avons étudiées avec M. Mathey à Movelier, au droit de la Chaive, N. de Delémont, au S. de la tuilerie de Liesberg, au Pichoux; que L. Greppin a observées à Grellingen, établissent un bel horizon géologique encore peu connu. Elles ne dépassent pas trois mètres en puissance. Dans le canton de Neuchâtel, les *Marnes à Homomyes* de MM. Desor et Gressly atteignent 5 à 6 m.

Ce sont des marnes grises, blanchâtres ou légèrement jaunâtres, confusément stratifiées et intercalées dans les calcaires de la grande oolithe.

Le plus beau type de cette assise se trouve sur la route au S. de Movelier. Il vaut la peine d'être reproduit. Malheureusement, les *marnes oxfordiennes*, le *fer sous-oxfordien*, et une partie des couches à *Ammonites macrocephalus* sont recouvertes, et il ne nous reste que la série suivante, recueillie de haut en bas :

4. Calc. roux sableux à *Serpula arata*, Mer., *Ammonites triplex*, Ziet., *Ostrea Knorri*, *Pecten vagans*, *Rhynchonella varians*, *concinna*, *spinosa*, *Terebratula intermedia ;*
Marnes jaunes et grises avec les fossiles ci-dessus et les suivants : *Pholadomya Murchisonæ*, *Trigonia costata*, *Mytilus imbricatus*, *striatulus*, *Holectypus depressus.*
Calc. jaune à fucoïdes 15ᵐ, 00

2. Calc. jaune perforé par les *Lithodomes* et recouvert d'*Ostrea Knorri planata*, Qu.
   »   oolithique blanchâtre ou blanc ;
   »   »   roux à taches bleues à *Nerinea Basileensis*, Th., *Pecten subspinosus* et *Clypeus sinuatus* 3 00
3. Marnes à *Pholadomya Murchisonæ*, *Myacites gregarius*, *Collyrites analis*, *Anabacia orbulites* 1 00
4. Calc. blanchâtre, compacte, perforé par les *Lithodomes* 1 00
5. Calc. jaune clair, oolithique à *Echinobrissus clunicularis*, *Anabacia*, *Terebr.* et *Rhynch.* ci-dessus, *Clypeopygus Hugii*, *Hemicidaris texta* 1 00
6. Marnes grises, stériles
7. Calc. jaune perforé à *Nerinea Basileensis*, *funiculus ;*
   »   »   à taches bleues ;
   »   grisâtre à belles et fortes dalles ;
   »   jaune brèchiforme ;
   »   »   marno-compacte, oolithique et à taches bleues 5 00
8. Marnes grises à *Hemicidaris Luciensis*, *Ammonites Parkinsoni*, *Homomya gibbosa*, *Mytilus furcatus*, *Ostrea Marshi*, à nombreux Polypiers et Echinides. (V. la faune ci-après) 3 00
9. Calc. jaune grisâtre à fucoïdes ;
   »   »   à taches bleues ;
   »   compacte stratifié et utilisé comme pierre de construction et chaux grasse ;
   Calc. à taches bleues ;
   »   marno-compacte à *Pseudodiadema homostigma*, *Clypeopygus Hugii*. . . 10 00

10. Marnes à *Ostrea acuminata* 2 00

11. Oolithe subcompacte, en partie recouverte.

(marges gauches)
4. Calc. roux sableux. 15 m.
3. Grande Oolithe 24 m.
2. Marnes à Ostr. acumin. 9 m.
1. Oolithe subcompacto

Ces marnes grises à *Hemicidaris Luciensis* de Movelier possèdent une faune remarquable par la richesse de même que par la belle conservation des espèces. Comme elle est peu connue, nous allons l'énumérer, sans nous inquiéter du reproche qu'on pourra nous adresser, de tomber dans les répétitions.

Strophodus personati, Qu.
Serpula socialis, Gf.
   » *arata*, Mer.

Ammonites Parkinsoni, Sow. Grellingen, Pichoux.
   » *calvus*, Sow.

Phasianella Leymerici, M. et L.
Nerinea Basileensis, Th. Muttenz, Niederweiler.
Syn. : *N. Dufrenoyi*, d'Arch.
» *Eudosii*, M. et L.
» *funiculus*, Desl.
Alaria hamus, M. et L.
Natica globosa, M. et L.
» *Crithea*, M. et L. Grellingen.
Trochus spiratus, M. et L. »
» *bijugatus*, Qu. »
Pinnigena Bathonica, d'Orb.
Trichites minutus, Grepp.
Pholadomya Seemanni, M. et L.
» *Heraulti*, M. et L.
» *lyrata*, Sow.
» *ovulum*, Ag.
Homomya gibbosa, Ag.
　Espèce caractéristique de Bath et commune à Movelier, au Pichoux, à Choindez, à Grellingen, dans le canton de Neuchâtel.
Corimya plicata, Ag.
» *concentrica*, Sow.
Arcomya sinistra, Ag.
Unicardium varicosum, M. et L.
Cyprina Loveana, M. et L.
Avicula echinata, Sow.
Mytilus Leckenbyi, M. et L.
» *Binfieldi*, M. et L. Grellingen.
» *furcatus*, M. et L. Pichoux.
Lima cordiiformis, Sow.
» *pectiniformis*, Schloth.
Syn. : *proboscidea*, Sow.
» *ovalis*, M. et L.
» *bellula*, M. et L.
» *impressa*, M. et L. Grellingen.
» *duplicata*, Sow.

Pecten demissus, Gf.
» *vagans*, M. et L.
» *lens*, Gf.
» *clathratus*, M. et L.
Hinnites abjectus, M. et L. Pichoux.
Exogyra auriformis, Gf.
Plicatula fistulosa, M. et L.
Ostrea Knorri planata, Qu.
» *costata*, Sow.
» *Marshi*, Sow.
» *subrugulosa*, M. et L.
Terebratula maxillata, Sow.
Var. *ovalis*.
» *longicollis*, Grepp.
　Facile à reconnaître à sa forme ovale, aplatie, et à son rostre très-allongé. Elle a presque la taille de la précédente.
Rhynchonella obsoleta, Sow.
Cidaris Zschokkei, Des.
» *Desori*, Grepp.
Hemicidaris Luciensis, d'Orb.
» *texta*, Des.
» *granulosa*, Wright.
» *Mattheyi*, Des.
Pseudodiadema homostigma, Ag.
» *depressum*, Ag.
Stomechinus Michelini, Cott.
» *serratus*, Des.
Acrosalenia spinosa, Ag.
Echinobrissus Goldfussi, Ag.
Anabacia orbulites, E. et H.
Isastrea serialis, E. et H.
» *Bathonica*, Grepp.
» *explanulata*, E. et H.
» *Matheyi*, Grepp.
» *limitata*, E. et H.
Tragos torquiforme, Grepp., etc.

c) L'assise supérieure de la grande oolithe se compose d'une suite de bancs calcaires plus ou moins compactes, oolithiques, jaunâtres, blancs, très-semblables à ceux de l'oolithe astartienne, renfermant les espèces suivantes : *Nerinea Basileensis, N. funiculus, Pholadomya Heraulti, Ostrea Knorri planata, Clypeus sinuatus, Anabacia orbulites*, et des Polypiers : *Isastrea serialis, I. limitata, I. explanulata.*

Ces calcaires à Nérinées, à Echinides, et à Polypiers ont été remarqués près de Muttenz par M. Alb. Müller et dans le duché de Baden, à Niederweiler, par M. le prof. Sandberger. Il forme un horizon étendu et très-précieux, qui servira probablement de limite au bathonien, si un jour on le divise en deux étages.

Puissance : 6 à 10 mètres.　　　　　　　　　　7

4. Calcaire roux sableux et dalle nacrée, *de M. Thurmann;*

Cornbrash; partie supérieure de l'oberer Rogenstein ou *de la grande Oolithe; Marnes à Dioscoïdées.*

Le calcaire roux sableux forme un horizon très-répandu. Dans le Jura il peut être étudié sur un très-grand nombre de points, par exemple au haut de la Chaive (N. de Delémont), à Movelier, à Ring, sur le chemin de Bebrunnen à Liesberg, aux Rangiers, à la Croix, à Saulcy, sur Graitery, dans les cirques du Vorbourg, de Choindez, d'Envelier, d'Undervelier, de Grellingen, du Passwang, de la Klus. Il est également bien représenté dans les pays voisins.

Il se compose de calcaires et de marnes à structure et à couleurs variables.

Les calcaires sont dans leur ensemble sableux, mal stratifiés, oolithiques, souvent plus compactes et mieux stratifiés, rarement hydrauliques; leur couleur est jaune-roussâtre, ochracée, gris-rougeâtre, gris-bleuâtre, bleuâtre par taches ou par places. Ils renferment souvent des nids de marnes bleuâtres durcies et accidentellement des géodes spathiques ou siliceuses.

Les marnes, généralement rudes au toucher, d'une désagrégation facile, souvent oolithiques, présentent la même diversité de couleurs que les calcaires.

Un facies (peut-être la partie supérieure) du calcaire roux sableux est un calcaire schistoïde, rocailleux, de couleur ochracée, avec de grandes taches bleues, alternant avec de petits lits de marne jaune. Les bancs tout à fait supérieurs de ces calcaires pétris de débris d'échinides, d'encrinites (*Pentacrinus Nicoleti*, Des.) se reconnaissent par leur cassure spathique et rhomboïdale, qui leur donne un aspect nacré assez caractéristique. Ils forment la *Dalle nacrée* de Thurmann.

Dans certaines chaînes la *Dalle nacrée* se transforme en une marne jaune dite « *Marne à Ostrea Knorri* » parce qu'elle renferme un nombre considérable de fossiles de cette espèce.

Ainsi, tandis que dans le Jura occidental, dans le canton de Neuchâtel, dans le Jura bernois, à Goumois-Suisse, elle prend une puissance de 20 à 30 mètres, elle diminue considérablement vers l'E. D'après MM. Desor et Gressly, elle n'est souvent plus que de 5 à 10 mètres dans le Jura soleurois. Elle manque fréquemment dans le canton d'Argovie.

Dans les massifs de Raimeux, de Vellerat, du Fringuelet, de Movelier et du Blauenberg, elle est remplacée par une marne jaune ou par un calcaire ochracé grumeleux, remplis d'*Ostrea Knorri*, d'*Ammonites macrocephalus*, de *Dysaster analis*.

La couche à *Ammonites macrocephalus*, d'une puissance de 1 à 2 mètres, présente ici les mêmes fossiles que dans les cantons et pays voisins : *Ammonites funatus, macrocephalus, tumidus, bullatus, microstoma, Herwei, Pleuromya gregarea, Terebratula.*

Ce facies marno-calcaire à *Am. macrocephalus* se rattache sans aucun doute à la partie supérieure de l'étage bathonien. Il n'est souvent même que local. MM. Desor et Gressly ont constaté qu'il manquait dans une partie du canton de Neuchâtel : au Val-de-Travers, à Pouillerel, près de la Chaux-de-Fonds. Le callovien repose alors immédiatement sur la dalle nacrée.

Voici la coupe de cette dernière division du Bathonien, telle que nous l'avons recueillie sur le chemin de Bebrunnen à Liesberg. En montant ce chemin, on peut voir successivement l'*Oolithe subcompacte*, avec *Rhynchonella obsoleta*; les *marnes à Ostrea acuminata*;

les calcaires de la *grande oolithe;* les *marnes à Hemicidaris Luciensis,* et les *calcaires à Nérinées et à Clypeus sinuatus.* Ensuite :

Calc. roux sableux 25 m.	1. Calcaire marneux à *Lima helvetica,* Oppel ; » » à Fucoïdes ; » » à *Anabacia orbulites, Rhynchonella varians, concinna;* Calcaire et marnes à taches bleues à *Terebratula intermedia, Holectypus depressus, Acrosalenia spinosa* . . . . 2. Calc. et marnes à *Trigonia costata, Rhynchonella spinosa, varians ;* » » à *Ostrea Knorri, Gresslya lunulata, Mytilus imbricatas, striatulus, Goniomya V-scripta, Serpula arata, Holectypus depressus, Lima pectiniformis, Collyrites analis*	9m, 00 15 00

La *dalle nacrée* et les *marnes à Am. macrocephalus,* à peine apparentes, passent à l'*étage callovien,* soit aux *marnes à Am. ornatus.*

Le calcaire roux sableux aurait donc une puissance de 30 à 35 mètres. MM. Desor et Gressly lui assignent dans le canton de Neuchâtel à peu de chose près les mêmes caractères qu'il a chez nous et une puissance de 30 m. Dans ce canton, la *dalle nacrée* renferme encore l'*Ammonites Parkinsoni.*

Le développement vertical du Calcaire roux sableux paraît diminuer vers l'Est. Dans le canton de Soleure, il atteint 5 à 12 mètres.

Après plus de 20 ans de recherches, voici la faune de l'Etage bathonien, telle que nous avons pu la reconstituer avec le concours aussi actif que persévérant de M. Mathey.

Nous désignerons par 1 les espèces de l'*Oolithe subcompacte,* par 2 celles des *Marnes à Ostrea acuminata,* par 3. celle de la *grande Oolithe* et par 4. celles du *Calcaire roux sableux.*

Saurien, une dent du Droit de la Chaive.
Sphærodus; deux espèces d'Ederschwyler et de Tramelan.
S. personati, Qu. 4.
S. tenuis, Qu. 4.
Pycnodus, quelques dents du calc. roux sableux de Movelier.
Eryma Greppini, Oppel. Vellerat, 4.
  Ce fossile-type est la propriété du progymnase de Delémont.
Serpula arata, Mer. ; très-fréquente. 3. 4.
  Syn.: *S. tetragona,* Qu. *S. tricarinata,* Gf.
» *heliciformis,* Gf. Hinter-Rohrberg, couche à *Am. macrocephalus.*
» *limax,* Gf. 4.
» *socialis,* Gf. 4. Hinter-Rohrberg, Droit de la Chaive. 1.-4.
» *vertebralis,* Sow. Commune. 4.
  Ne pas la confondre av. *S. capitata* Gf., qui est du Jura supérieur.
Belemnites Fleurianus, d'Orb. Muttenz, Pratteln.

B. canaliculatus, Schl. Envelier. 4.
» *giganteus,* Schl., Movelier, Choindez, Pichoux, Roche, Tramont. 2.
» *Wurtembergicus,* Oppel, Movelier. 4.
Nautilus, Sp.
  Assez grande espèce lisse, à dos arrondi, du S. d'Envelier, de Liesberg, dans les marnes et calcaires à *Rhynchonella spinosa.*
» *subbiangulatus,* d'Orb. Ring.
Ammonites Gervillei, Sow. et d'Orb. Movelier. 4.
» *tumidus bullatus,* Qu. (*A. bullatus,* d'Orb. Movelier. 4.
» *calvus,* Sow. Châtillon. 4.
» *fuscus,* Qu. Ederschwyler, Movelier. 4.
  Syn. *Am. caniculatus,* d'Orb.
» *funatus,* Oppel. Muttenz, Raimeux (Cornbrash).
» *Parkinsoni,* Sow. Vorbourg, Movelier, Pratteln, Schauenburg, canton de Neuchâtel. 1-4.

A. *triplex*, Ziet. Châtillon. 4.
Syn. : A. *Bakeriæ*, Sow. et d'Orb. A. *triplicatus*, Qu. A. *funatns*, Oppel.
Elle est commune dans les couches à *Am. macrocephalus* de Greyerlin, E. de Montsevelier.
» *macrocephalus*, Schloth. Châtillon, Envelier, Vellerat, Movelier. 4.
» *Herveyi*, Sow. Vellerat, derrière Château, Ederschwyler. 4.
» *microstoma*, d'Orb. Roggenbourg, Raimeux. 4.
» *anceps carinatus*, Qu. Ederschwyler, Raimeux. 4.
» *Moorei*, Opp. Schauenburg.
» *Waterhousi*, M. et L. Schauenburg.
» *Martinsi*, d'Orb. Büren.
» *biplex*, Sow. Movelier, Vellerat. 4.
» *aspidioïdes*, Opp. nov. Sp. Movelier, Schauenburg.
Nerinea Basileensis, Th. Movelier, ct. de Neuchâtel, dans la dalle nacrée. 3.
» *Eudosii*, M. et L. Movelier. 3.
» *funiculus*, Desl. 3.
Phasianella Leymerici, M. et L. et d'Arch. Movelier. 3.
Natica Verneuili, d'Arch. Raimeux.
» *crythæa*, M. et L. Vorbourg, Movelier. 3. 4.
» *obducta*, M. et L. Pratteln.
Trochus bijugatus, Qu. Movelier, Büren. 3.
» *spiratus*, M. et L. Movelier. 3.
Alaria herinacea, Piet., Wolfsberg. S. de Scheltenmühle. Couches supér. du bathonien.
Pleurotomaria dioscoïdea, M. et L. Vellerat, Graitery, Pichoux. 4.
» *ornata*, Gf. Droit de la Chaïve.
» *scalaris*, M. et L. Movelier.
» *Cotteana*, d'Orb. Ederschwyler, Hinter-Rohrberg. Couche à *Am. macrocephalus*.
» *actinomphala*, d'Orb. Roggenbourg.
Solarium varicosum, M. et L. Movelier. 3.
Alaria lævigata, M. et L. » 3.
» *humus*, M. et L. » 3.
» *atractoïdes*, M. et L. » 3.

Trochotoma (Ditremaria) dioscoidea, M. et L. Movelier. 3.
» *tabulata*, M. et L. Couche à Echinides de Grellingen. 3.
Purpuroidea nodulata, M. et L. Pratteln.
» *glabra*, M. et L. Movelier.
Rimula tricarinata, M. et L. »
Turbo monilitectus, Qu. Büren.
» *Cassius*, d'Orb. Höllstein.
Cerithium echinatum, M. et L. Pratteln.
Cylindrites subovalis, Grepp. Vorbourg. 4.
Espèce plus grande, plus ventrue et plus trapue que le C. *excavatus* de M. et L. ; elle a plutôt la forme du C. *Thoreati*, M. et L., mais elle est beaucoup plus petite.
Dimension de notre espèce : h. 16 mm., larg. 20 mm., long. 34 mm.
Pholadomya texta, Ag. Movelier, Petit-Lucelle, 3. 4.
» *Phillipsii*, Lycet. (P. *Murchisoni*, Phil.) Movelier. 4.
» *oblita*, M. et L. Movelier, Droit de la Chaïve, Graitery. 4.
» *lyrata*, Sow. » 3.
» *Heraulti*, M. et L. » 3.
» *Seemanni*, M. et L. » 3.
ovulum, Ag. » 4.
» *ovalis*, Sow. et M. (Pl. 15, f. 14. Pichoux. 3.
» *fabacea*, Ag. Petit-Lucelle.
» *acuticosta*, Sow. Movelier. 4.
Homomya gibbosa, Ag. 3.
Commune dans les couches de ce nom à Movelier, au Pichoux, à Grellingen.
Ceromya concentrica, Sow. Movelier. 3. 4.
» *plicata*, Ag. » 3. 4.
Syn. : C. *striata*, d'Orb.
Isocardia tenera, Sow. » 4.
» *nitida*, Phil. » 4.
Thracia curtansata, M. et L. Movelier. 4.
Quenstedtia (Psammobia) lævigata, M. et L. Movelier.
Anatina plicatella, M. et L. Movelier, Droit de la Chaïve.
» *pinguis*, d'Orb.
Collection du progymnase de Delémont.

Astarte depressa, Gf. Schauenbourg, Hinter-Rohrberg, dans la couche à *Am. macrocephalus,*
» *minima*, Sow. Movelier.
» *elegans*, Sow.   »
» *Leckenbyi*, Wright.
Cyprina depresciuscula, M. et L. Movelier.
» *Jurensis*, M. et L. Movelier. 4.
Syn. *Venus Jurensis*, Gf.
» *trapeziformis*, M. et L.   » 4. Esp. oxf.
Var. : *subrotunda.*
Lucina despecta, Phil.   » 4.
Syn. : *L. cardioides*, d'Arch.
» *Bellona*, d'Orb.   » 4.
Trigonia costata, Sow. Commune. 4.
» *Cassiope*, d'Orb. Movelier. 4.
» *pulchella*, M. et L. Pratteln.
» *interlœvigata*, Qu. Petit-Lucelle. 4.
» *clavellata*, Qu. (Pl. 67, f. 12. — Couche à *Am.macrocephalus* de Hinter-Rohrberg
» *Scarburgensis*, Lycet.
» *suprabathonica*, Grepp.
Voisine de la *T. clavellata*, Qu. ; mais elle s'en distingue par sa plus grande taille, par sa forme plus aplatie, par un plus grand nombre de côtes et de tubercules, et par sa lunule plus allongée et plus étroite.
Ces deux dernières espèces ont été recueillies à Sceut dans les couches supérieures du bathonien.
Arcomya sinistra, Ag. Movelier. 4.
Pleuromya gregarea, Mer. *(P. Alduini*, Ag., *Myacites recurvum*, Phil.) 4.
» *Beanii*, M. et L. Movelier. 4.
Gresslya ovata, Ag.   » 4.
» *lunulata*, Ag.   » 4.
Goniomya V-cripta, Sow. Movelier. 4.
» *litterata*, Sow.   » 4.
Corbis Bathonica, M. et L. Movelier. 4.
» *Neptuni*, Lycet   » 4.
Unicardium varicosum, M. et L. Movelier, très-commun partout. 4.
Cardium Stricklandi, M. et L. 4.
Nucula Bathonica, Grepp. Movelier 4.
Petite espèce assez semblable à la *N. medio-jurensis*, cependant plus arrondie.

Arca, sp. Movelier, couche à Echinides.
» *minuta*, Sow. »   id.
Cuculea concinna; Phil. Petit-Lucelle. 4.
» *Goldfussi*, Phil. Movelier. 4.
Pinna cuneata, Phil.   » 4.
» *Luciensis*, d'Orb.
» *triangularis*, Grepp. 4.
Grande et jolie espèce de la couche à *Rhynchonella spinosa* de Movelier, longue de 200 mm. large de 110 mm., épaisse de 90 mm. Coquille triangulaire, recouverte d'un grand nombre de côtes plates et sinueuses avec des côtes intermédiaires vers la région paléale. Sa forme seule suffit pour la distinguer de la *Pinna ampla* de M. et L.
Mytilus (Modiola) *hillanus*, Ziet. Movelier. 4.
» *plicatus*, Sow. (*M. Sowerbianus*, d'Orb.) Movelier. 4.
» *compressus*, Gf. Movelier. 4.
» *Binfieldi*, M. et L.   » 3.
» *Leckenbyi*, M. et L. »   3.
» *furcatus*, M. et L. Commune dans les couches à Echinides.
» *imbricatus*, Münster. Scheulte, Movelier. 4.
Syn. : *Mod. bipartita*, Sow.
» *Lonsdalei*, M. et L. 4
Les Anglais distinguent cette espèce du *M. imbricatus* par sa forme plus allongée et moins large à la partie inférieure.
» *striatulus*, Qu. et Gf. (*Myoconcha striatula*, d'Orb.) Commun. 2-4.
Lithodomus inclusus, d'Orb. Movelier, Pichoux, dans les couches à *Homomya.*
» *pygmœus*, Qu.
» *parasiticus*, Desl. Movelier, couche à Echinides.
Lima impressa, M. et L. Movelier. 3.
» *pectiniformis*, Schloth. Commune. 3. 4.
» *cordiiformis*, Sow. Movelier. 3.
» *subcordiiformis*, Grepp. Movelier, Muttenz, Todtwoog. 2.
Elle se distingue de la *L. cordiiformis* par ses côtes plus nombreuses et par sa forme plus voûtée et plus arrondie.
» *bellula*, M. et L. Movelier, Muttenz. 3.
Syn. : *L. modesta*, Mer.

L. *interstincta*, Phil. Schauenbourg.
» *ovalis*, d'Orb. Movelier. 3.
» *Helvetica*, Oppel. Commune. 4.
  Syn. : *L. gibbosa*, Sow.
» *tenuistriata*, Gf. Schauenbourg.
» *duplicata*, Sow. Commune. 1-4.
Avicula echinata, Sow. Commune. 1-4.
» *Münsteri*, Gf. Pratteln.
» *tegulata*, Gf. Commune 4.
» *affinis*, Mer.
  Voisine de l'*A. Münsteri* du Bajocien, provenant des marnes à *Ostrea acuminata*.
Gervillia acuta, Sow. Combe d'Eschert. 4.
» *subcylindrica*, M. et L. Vorbourg, Movelr
  Elle y est associée au *Cylindrites subovalis* et à l'*Alaria lœvigata*.
Hinnites abjectus, Phil. Malettes, Movelier. 3.
Perna rugosa, M. et L. Des couches à *Homomya* du Pichoux.
Trichites minutus, Grepp.
  Long. 57 mm., larg. 34 mm., h. 18 mm. — Cette petite espèce des couches à Echinides de Movelier prend avec ses côtes garnies d'écailles ou de pointes un faux air de la *Lima pectiniformis*.
Pecten vagans, M. et L. Partout et probablement syn. du *P. fibrosus*, d'Orb., et du *P. squammosus*, Mer.
» *hemicostatus*, M. et L. Pichoux.
» *Rhyphœus*, d'Orb. Movelier, Todtwoog, Grellingen.
» *lens*, Gf.   »   2. 3.
» *fibrosus*, M. et L.   »
» *demissus*. Movelier, Vorbourg. 4.
» *subspinosus*, Schloth. Movelier.
  Syn. : *P. Bouchardi*, Oppel. 4.
  Le *P. subspinosus*, Schloth. du Bathonien confondu avec le *P. subspinosus* du terrain à chailles que nous appelerons *P. Rauraciensis*, est une bonne espèce.
  Elle se distingue de celle du terrain à chailles par sa taille plus grande, par sa forme plus voûtée et surtout par les ornements du test. Les lignes d'accroissement ou côtes concentriques sont fortement dentelées et beaucoup plus nombreuses. Les côtes du *P. Rauraciensis* présentent de fortes imbrications, tandis que celles du *P. subspinosus* n'a que des granulations qui forment cinq lignes longitudinales sur chaque côte.
» *retiferus*, M. et L. Schauenbourg.
» *clathratus*, M. et L. Movelier.
» *annulatus*, M. et L.   »   2.
» *articulatus*, Schoth. et Lycet. Movelier. 4.
» *textorius*, Schloth. Canton de Neuchâtel.
» *anisopleurus*, Bav. Châtillon.
Ostrea Knorri costata, Qu. (*O. Knorri*, Voltz). Commune. 4.
» *Knorri planata*, Qu. Pl. 66, f. 45. Commune. 3. 4.
» *Sowerbyi*, M. et L. Movelier, rare. 3.
  Syn. : *O. Knorri obscura*, Qu.
» *acuminata*, Sow. Partout. 2.
» *Marshii*, Sow.   »   3. 4.
  Syn. : *O. crista galli*, Schloth.
» *costata*, Sow. Movelier.
  Voisine, mais différente de l'*O. Knorri* et de l'*O. Marshii*.
Exogyra auriformis, M. et L. Movelier. 4.
Plicatula Quenstedti, Grepp.
  Syn. : *Ostrea subserrata*, Qu. Pl. 66, f. 34.
  Des couches à *Am. macrocephalus* de Greyerlin, E. de Montsevelier. Moins de côtes, forme moins arrondie que la *Plicatula subserrata* de l'Oxfordien.
Rhynchonella spinosa, Phil., commune. 4.
» *varians*, Ziet.   id.   4.
» *concinna*, Sow. Movelier. 4.
» *Badensis*, Oppel. Movelier. 4.
» *obsoleta*, Sow.   »   2.
» *Cardium*, Lam..   »   4.
Waldheima cadomensis, Desl. Pratteln.
Terebratula lagenalis, Schloth. Châtillon. 4.
» *longicollis*, Grepp. 3.
» *bullata*, Sow. Graitery, Vellerat.
» *subbucculenta*, Dev. et Chap. Movelier. 4.
» *ornithocephala*, Sow. 4.
  Nous l'avons aussi recueillie près de Kandern, dans le duché de Baden.
» *intermedia*, Sow. 4. Très-commune.
  Syn. : *T. anserina*, Mer.

T. corvina, Mer. Movelier, Schauenbourg. Syn. *T. Phillipsi*, Sow.

» *maxillata*, Sow. Commune. 2.

Cidaris Guerangeri, Cott. Droit de la Chaîve, Tramelan.

» *Zschokkei*, Des. Movelier, Pratteln, Pichoux. 1-3.

» *Desori*, Grepp. » 3.

» *Schmidlini*, Des. Waldenbourg.

» *perplexa*, Des., nov. sp. Ederschwyler.

» sp. nov. Droit de la Chaîve.

» *longicollis*, Des. Ederschwyler.

Hemicidaris texta, Des. Movelier, Pichoux, Muttenz. 3.

» *Luciensis*, d'Orb. Movelier, Droit de la Chaîve, Pratteln, Waldenbourg. 3.

» *Matheyi*, Des. Movelier. 3.

» *granulosa*, Wright, Movelier. 3.

Pseudodiadema homostigma, Ag. Todtwog, Pratteln, Vellerat, Pichoux. 3.

» *depressum*, Ag. Movelier, Pichoux. 3.

Polycyphus Deslongchampsii, Wright. Tramelan.

Hemipedina elegans, Des. Movelier, Schauenbourg.

» *perforata*, Wright. Vorbourg. 4.

Stomechinus Michelini, Cott. Movelier. Droit de la Chaîve, S. de Grellingen.

» *Caumonti*, Des. Waldenbourg.

Acrosalenia granulata, Mer. Vellerat. 4.

» *spinosa*, Ag. Commun. 4.

» *hemicidarroïdes*, Wright. Droit de la Chaîve, Schauenbourg.

Holectypus depressus, Des. Commun. 1-4.

Pygaster lagenoïdes, Ag. Todtwog, 2, et Graitery, 3.

Collyrites analis, Desm. Commun. 4.

Echinobrissus clunicularis, Llhw. Commun. 4.

» *elongatus*, Ag. Ederschwyler.

» *Griesbachii*, Wright, Schauenbourg.

» *amplus*, Ag. Schauenbourg, Schönmatt.

Hyboclypus gibberulus, Ag. Schauenbourg. 4.

Clypeus sinuatus, Lesk. Commun. 3. 4.

C. solodorinus, Ag. Droit de la Chaîve. 3.

Pygurus Michelini, Cott. Vellerat, Schauenbourg, Graitery. 4.

Asterias prisca, Qu. Movelier, Pratteln. 4.

Pentacrinus Nicoleti, Des. Commune dans la dalle nacrée. 4.

» *Furstenbergensis*, Qu. Des couches à *Am. macrocephalus* de Greyerlin.

Mespilocrinites macrocephalus, Qu. Movelier. 4.

Petite espèce, dont le calice globuleux n'a que 9 mm. de diamètre.

Montlivaltia trochoïdes, E. et H. Très-commune. 4.

» *Delabechii*, E. et H. Movelier.

» *globosa*, sp. » 4.

» *subangulata*, sp. » 3.

Anabacia (Cyclolites) orbulites, E. et H. Movelier. 3. 4.

» *hemisphærica*, E. et H. Movelier. 4.

Isastrea agaricitoïdes, sp.

» *serialis*, E. et H.

» *limitata*, E. et H.

» *octogona*, sp.

Huit calices sur un pied d'un diamètre de 20 mm. sur 15 de h. Cloisons : 24 environ.

» *conica*, sp.

Cette espèce pyriforme ou globuleuse, au lieu d'être concave ou plate, a le sommet du calice relevé et conique. Les cloisons, larges et nombreuses vers le pied, diminuent vers le sommet et se terminent par un léger ombilic. Diamètre pour la h. et la l. : 35 mm.

Les cinq espèces se rencontrent au Bois du Treuil, près Soyhière, associées au *Clypeus sinuatus*.

» *explanulata*, E. et H. 3.

» *Matheyi*, sp.

Cloisons grosses, confluentes, au nombre de 20 environ.

Agaricia granulatoides, Grepp.

Assez difficile à distinguer de l'*A. granulata* du terrain à chailles, s'en distingue cependant par sa structure plus fine, ses calices plus petits, moins profonds. Couches à *Clypeus sinuatus*.

Cnemidium Bathonicum, sp. 3.

Assez semblable au *C. mammillare* du t. à

chailles. S'en distingue par sa forme conique, arquée, cannelée : 8 à 10 sillons bifurqués.

C. ramosum, sp. 3. — Espèce sociale. Nous en possédons deux exemplaires soudés l'un à l'autre dont chaque tronc porte 3 à 4 branches coniques plus grandes que le tronc.

Tragos torquiforme, sp. — Diamètre 5 mm.; étranglements imitant assez un collier.

» *subtorquiforme*, sp. 3 — La grandeur plus considérable, la tige plus rétrécie vers la base, les étranglements moins

nombreux et plus forts de cette espèce la distinguent de l'espèce précédente.

T. infundibiliforme, sp. — H. de la tige : 11 mm.; diamètre à la partie supérieure : 9 mm.; à la partie inférieure : 5 mm. — La forme d'un entonnoir la distingue suffisamment des espèces précédentes.

Heteropora, sp.

Ceriopora, sp.

Briozoaires, un assez grand nombre d'espèces, dont la plus commune est la *Diastopora compressa*, Qu. 4.

Nous avons voué une attention particulière à l'étude de l'étage bathonien. La forme qu'il a prise pendant le cours de cette étude est copiée sur nature. Nous avons cru d'abord qu'il constituait deux étages; mais après avoir recueilli un grand nombre de données sur des localités différentes, établi plusieurs points de comparaison, nous sommes arrivés à la réunion de ces diverses assises en un étage.

Sans nous en douter nous avons obtenu le même résultat que M. Quenstedt, qui range notre bathonien dans son « *Brauner Epsilon et Delta.* »

Il est vrai que l'une ou l'autre de nos subdivisions lui manquent; mais ces lacunes ne sont probablement qu'apparentes, car la puissante zone à *Ammonites Parkinsoni* de l'Alp de Souabe peut bien remplacer nos assises inférieures, puisque cette Ammonite avec ses espèces coassociées passe aussi dans le Jura dans un massif considérable, dans les marnes à *Ostrea acuminata* et dans la grande oolithe.

Quant au calcaire roux sableux à *Terebratula lagenalis*, à *Ammonites macrocephalus*, il est bien représenté dans le grand duché de Baden, ainsi qu'en Souabe.

Puissent les matériaux ci-dessus faciliter la tâche des géologues qui continueront les beaux travaux du célèbre professeur de Tubingen.

Nous arrivons naturellement à l'étage oxfordien.

15ᵉ **Etage : Callovien**, *de M. d'Orbigny.*

Limites, définition et *division.* Il commence par le fer sous-oxfordien à *Ammonites athleta, ornatus*, et il finit avec les *marnes sous-oxfordiennes pyriteuses*, ou leur équivalent probable, le *calcaire à Scyphies inférieur.*

Nous comprenons ainsi dans l'étage callovien deux assises :

1º *Le fer sous-oxfordien;*

2. *Les marnes sous-oxfordiennes pyriteuses*, y compris les couches marno-calcaires à *Cidaris lœviuscula* et à *Scyphies inférieures.* Ces marnes, pour ne pas les confondre avec les marnes oxfordiennes proprement dites, devront être appelées marnes *calloviennes* ou *sous-oxfordiennes.*

Cette dernière assise possède deux facies assez distincts, l'un vaseux, à fossiles pyriteux, recouvrant le Jura septentrional, l'autre coralligène plus sableux, à fossiles calcaires, prenant un grand développement horizontal dans le Jura méridional et oriental.

Ainsi défini, cet étage nous présentera les faunes et les horizons habituels aux mers d'une époque. Pour arriver à cet ensemble, nous avions besoin du rapprochement de ces deux assises ; rapprochement qui se justifie assez sur le champ de l'observation.

Dans le Jura bernois, comme dans le canton de Neuchâtel, les fossiles du fer sous-oxfordien sont associés à ceux des marnes sous-oxfordiennes pyriteuses. Aussi MM. Desor et Gressly réunissent-ils ces deux dépôts. Nous avons recueilli à Movelier, dans une station bien découverte de fer sous-oxfordien, la plupart des espèces sous-oxfordiennes pyriteuses. M. Gilliéron vient de mettre sous nos yeux les polypiers habituels au Calcaire à Scyphies inférieur associés à nos espèces des marnes calloviennes. Cette faune calcaire, recueillie dans la chaîne de Chasseral, se trouve dans une roche qui repose immédiatement sur l'assise inférieure du Callovien. Parmi les espèces réunies aux Scyphies nous avons remarqué les *Ammonites oculatus, hecticus, tortisulcatus, plicatilis,* etc. Dans le canton d'Argovie, les couches de Birmensdorf, soit les calcaires à Scyphies inférieurs, reposent immédiatement sur l'assise à *Ammonites ornatus* et ils renferment une partie de la faune callovienne. Pour le sud de l'Allemagne, M. Quenstedt réunit également le callovien aux marnes sous-oxfordiennes pyriteuses dans son « *Jura brun, zéta.* »

Si le Callovien, tel que nous l'entendons, présente un beau type comme étage, ses limites laissent encore beaucoup à désirer. La limite inférieure, quoique assez nette dans le Jura bernois, est très-vague, considérée à un point de vue plus étendu. Des géologues d'un grand mérite, tels que M. le prof. Oppel, rangent encore dans le Callovien les couches à *Am. macrocephalus ;* nous ne les imiterons pas, cette zone revêtant chez nous un caractère bathonien. De quelque point de départ que l'on sorte, il faudra bien se résigner, paraît-il, à voir quelques espèces passer du bathonien au callovien.

La limite supérieure nous paraît encore plus mal définie. Un certain nombre d'espèces des marnes sous-oxfordiennes pyriteuses de Châtillon, de Bourrignon, de Graitery, se maintiennent dans l'étage suivant. La faune à *Scyphies* inférieure s'y reproduit en partie. L'étage callovien se relie donc par ses deux facies à l'étage oxfordien.

En traçant cette limite dans le Wurtemberg, M. Quenstedt n'a pas été plus heureux que nous. Ce savant a aussi traité à part les couches que recouvrent les assises à espèces pyriteuses. Il les appelle :

a) *Jura blanc alpha ;*
b)   »   »   *beta ;*
c)   »   »   *gamma,* pars.

Il n'a pas réussi.

Au premier coup d'œil qu'on jette sur ses planches 73 à 77, on remarque l'embarras dans lequel il s'est trouvé ; il n'en est sorti que par des répétitions, par l'établissement de noms nouveaux et douteux. Il reproduit même plusieurs figures de son « *Jura brun zeta : Ammonites dentatus, perarmatus, tortisulcatus.* »

En présence de cet état de chose, nous nous sommes souvent demandé s'il ne conviendrait pas de réunir en un seul étage toutes les assises comprises entre le bathonien et le corallien proprement dit ?

Comme on peut également bien les traiter en admettant l'une ou l'autre manière de voir, nous n'attachons pas trop d'importance à cette question et nous maintenons notre division.

. Cependant le callovien, par sa faune particulière quoiqu'un peu vagabonde, par ses caractères minéralogiques aussi constants qu'étendus, possède un cachet particulier, facile à saisir dans la série des terrains jurassiques. Traité au point de vue orographique et réuni à l'étage suivant, soit à l'étage oxfordien proprement dit, il forme un contraste frappant avec les étages voisins.

En effet, tandis que ceux-ci, par leurs roches compactes, donnent lieu à des reliefs souvent grandioses et pittoresques, en constituant des falaises abruptes, des voûtes et des crêts, dont l'ensemble est recouvert d'une maigre végétation, les marnes et les calcaires du *Jura moyen*, soit du callovien et de l'oxfordien, se font remarquer par des dépressions connues sous le nom de « *Combes oxfordiennes* » et que recouvre un tapis de verdure très-riche.

Ces combes oxfordiennes sont suffisamment connues; aussi nous bornerons-nous à en citer quelques-unes, dont les noms sont déjà inscrits dans le plus grand nombre des musées de l'Europe : Châtillon, Graitery, Bourrignon, Fringuelet, les pâtures de la Croix.

Vers le sud-ouest du Jura, ces combes perdent beaucoup de leur développement; c'est ainsi qu'aux environs de la Chaux-de-Fonds, elles sont à peine accentuées. L'élément marneux ou vaseux y est remplacé par l'élément calcaire, les marnes à Ammonites pyriteuses de Châtillon deviennent Calcaire à Scyphies dans la chaîne de Chasseral. Cette observation s'applique aussi au canton d'Argovie.

Au sud, dans les Alpes, le Jura moyen est sensiblement plus schisteux et plus calcaire; il affecte un caractère pélagique. (V. le travail de M. Bachmann, p. 160.) Ce sont là des faits fréquents dans l'histoire de la géologie et qui se reproduisent dans les mers modernes.

Distribution géographique. Quoique sous des caractères minéralogiques un peu variables, l'étage callovien se présente sur toute l'étendue de notre champ d'observation ; inutile d'entrer ici dans des détails qui doivent plutôt figurer sur la carte.

Conformément aux idées les plus généralement admises, nous reconnaissons dans l'étage callovien deux subdivisions faciles à distinguer par leurs caractères pétrographiques. La subdivision inférieure est :

1. Le fer sous-oxfordien, *de* M. Marcou.

La partie inférieure de l'*Etage callovien*, *de* M. d'Orbigny; l'*Oberer Eisenoolith* ou *Ornatenthon*, des Allemands ; le *Kellovayrock*, des Anglais.

Cette assise est formée de marnes calcaires, grises ou jaunes, très-tendres, à cohésion faible, empâtant de nombreuses oolithes ferrugineuses, lenticulaires ou miliaires.

Ces marnes sont quelquefois représentées par une roche assez compacte ayant les mêmes caractères minéralogiques que les marnes.

Cette roche contient, dans de certains endroits, de 9 à 15 p. cent d'oxyde de fer hydraté; elle est exploitée et donne une bonne qualité de fer.

Cette assise est peu développée dans nos environs, où elle n'a qu'un à deux mètres de puissance. Elle est un peu plus puissante dans les cantons voisins : à Pouilleret, N. de la Chaux-de-Fonds, à Günsberg, canton de Soleure, à Bötzen, canton d'Argovie.

Le bord de la route au N. E. de Movelier est la localité la plus importante pour l'étude du fer sous-oxfordien. Là, la roche est d'une puissance de 2 mètres, et ses oolithes ferrugineuses la rendent exploitable ; elle est très-intéressante par ses beaux fossiles, mélangés avec ceux des marnes sous-oxfordiennes. Le pâturage dit Lesjoux, N. de Tramelan, la Schützenhof, Châtillon, les Enfers, la route de St-Braix, entre Sceuts, Pfeffingen, S. de Bâle, ont aussi fourni des exemplaires nombreux et bien conservés ; il est à regretter que ces affleurements ne soient pas plus développés.

Faune du fer soux-oxfordien. Les espèces les plus caractéristiques que nous y avons recueillies avec M. Mathey sont :

Serpula lumbricalis, Gf. Les Enfers.
» *planorbis*, Sow. Tramelan.
Aptychus hectici, Qu. » Les Enfers.
Belemnites canaliculatus, Schlott. »
   Tramelan.
» *Puzosianus*, d'Orb. Tramelan, »
» *Sauvanausus*, d'Orb. »
Nautilus aganiticus, Schloth. Schützenhof.
Ammonites anceps, d'Orb. Les Joux de Tramelan, Movelier.
» *Backeriæ*, Sow. Movelier, la Joux de Tr.
» *athleta*, Mill. » »
» *Lamberti*, Sow. » »
» *arduennensis*, d'Orb. »
» *Duncani*, Sow. »
   Syn. : *Am. ornatus*, Schloth.
» *hecticus*, Hartm. Movelier, »
» *biplex*, Sow. » »
» *Greppini*, Oppel. Pfeffingen, Hegiberg, près d'Olten, où elle a été recueillie par M. le prof. Oppel.
» *euryados*, Qu. Tramelan.
» *flexuosus macrocephalus*, Qu. Tramelan.
   Elle ressemble à l'*Am. Henrici*.
» *convolutus*, Schloth. Tramelan.
Turbo subpyramidalis, Qu. La Joux de Tramelan.
Pleurotomaria variabilis. Waldenbourg.
Pholadomya acuminata, Hartm. et Qu. T. 74, f. 18. Dans le fer sous-oxfordien de Movelier.

Syn. *Ph. clathrata*, Ziet.
MM. Desor et Gressly la citent dans l'Argovien ou Oxfordien calcaire du canton de Neuchâtel, et M. Mœsch dans les calcaires à Scyphies du canton d'Argovie.
Inoceramus calloviensis, nov. sp.
Nucula compressa, Mer.
   Syn. : *N. Palmæ*, Qu.
Pecten vagans, M. et L. Les Enfers.
Terebratula subcanaliculata, Oppel.
» *calloviensis*, d'Orb. Commune.
» *pala*, v. Buch. Châtillon.
» *dorsoplicata*, Suess. Tramelan.
» *Mandelslohi*, Oppel. Movelier, Pfeffingen
   Syn. : *T. impressa*, Ziet.
Rhynchonella triplicosa, Qu. Movelier.
Terebratulina mediojurensis, Grpp.
   Très-jolie espèce callovienne de Châtillon. Long. 10 mm., larg. 11 mm., épaiss. 4 mm. ; 100 côtes environ très-fixes, ponctuées, crénelées, dichotomes.
Rhabdocidaris cupeoides, var. étroite. Les Enfers.
Cidaris voisine de la *C. venusta*, Des. Les Enfers.
Holectypus Ormoisianus, d'Orb. Tramelan, Pfeffingen.
» *planus*, Des. Movelier.
Collyrites dorsalis, d'Orb. Tramelan.
Pentacrinus cingulatissimus, Qu. Les Enfers.
» *pentagonalis*, Gf. Movelier.

2. Marnès sous-oxfordiennes pyriteuses, ou marnes calloviennes.

SYN. *Marnes oxfordiennes*, de MM. Thurmann et Gressly ; *Couche marno-calcaire à Cidaris læviuscula* et *à Scyphies inférieure* ; *la partie supérieure* de l'étage callovien de M. d'Orbigny ; *Scyphienkalke, Jura blanc gamma*, avec les localités-types : Heuberg, Lochen, de M. Quenstedt.

   a) *Facies vaseux à fossiles pyriteux.*
Marnes bleues, plus ou moins foncées, quelquefois noires, onctueuses, très-effer-

vescentes, bitumineuses, se décomposant facilement à l'air et renfermant de nombreux fossiles pyriteux et souvent des cristaux de gypse.

Dans le haut, la stratification devient plus nette ; les couches sont moins marneuses, plus calcaires et d'une couleur plus claire ; c'est dans les couches supérieures de cette assise que se trouve une faunule que nous rapprochons de celle du *calcaire à Scyphies inférieur* que MM. Gressly, Marcou, Mousson, Merian, Desor, nous ont fait connaître depuis longtemps presque sur toute l'étendue du Jura suisse.

Ce facies trop vaseux du Jura bernois ne permettait sans doute pas aux grosses et lourdes espèces du canton d'Argovie de s'y implanter. Il faut nous attendre à y rencontrer des espèces beaucoup plus petites, qui permettent cependant de faire un rapprochement entre le facies argovien et celui du Jura bernois. Les espèces communes à l'un et à l'autre facies sont : *Serpula Deshayesi, S. delphinula, Belemnites hastatus, Ammonites crenatus, A. plicatilis, A. perarmatus, Cerithium Russense, Turbo Meriani, Nucula musculosa, Pecten rotundus, Avicula peralata, Plicatula subserrata, Rhynchonella Thurmanni, R. spinulosa, Terebratula impressa, Cidaris venusta,* Des., *C. oculata, C. coronata, Pseudodiadema superbum, Asterias jurensis, Pentacrinus cingulatissimus, Turbinolia Delemontana, Anthophyllum Erguelense, Scyphia Ferrarensis.*

Ce facies à Polypiers et à Echinides de petite taille du Jura bernois, beaucoup trop négligé comme horizon, occupe, comme nous l'avons déjà vu, le même niveau stratigraphique que le *calc. à Scyphies inférieur*, si bien étudié par MM. Marcou et Gressly, et comme ces terrains ont en commun un certain nombre d'espèces, nous ne craignons pas de les rapprocher.

b) *Le facies à Scyphies inférieur.*

Il a été étudié au sud de l'Allemagne. [1]

Le calcaire à Scyphies inférieur ayant été suffisamment décrit par un grand nombre de géologues suisses et étrangers : MM. Merian, Marcou, Gressly, Desor, Mousson, Mœsch, Quenstedt, Oppel, Gümbel, nous ne nous y arrêterons pas davantage ; nous passerons au rôle utilitaire de l'étage callovien.

L'utilité des roches calloviennes est très-grande. Où elles affleurent, elles constituent un sol fertile. Le fer sous-oxfordien a souvent alimenté les hauts-fourneaux ; le dépôt de Movelier sera sans doute utilisé un jour. Les marnes noires, bitumineuses et gypseuses sont très-recherchées pour amender les terres. Dans une de nos publications, nous avons fait connaître le rôle important qu'elles jouaient dans la production des sources. Par leur imperméabilité elles arrêtent parfaitement les eaux des terrains qui les recouvrent, et elles donnent ainsi lieu à un grand nombre de sources que nous avons appelées *oxfordiennes.*

Faune des marnes sous-oxfordiennes pyriteuses. — Comme la faune de tous les dépôts vaseux, celle des marnes sous-oxfordiennes pyriteuses se compose d'espèces de très-petite taille, mais d'une belle conservation. Ces espèces sont :

Crocodile, une dent, de Graitery.	*Clytia ventrosa*, Myr. Commune.
Sphærodus longidens, Myr. » Châtillon.	*Aptychus Berno-jurensis*, Th. Commune.
Notidamus Munsteri, Ag. Gentie-Prant,	» *lœvis rimosus*, Qu. Montfaucon.
N. de Delémont.	» *latus*, Qu. »

[1] Dans le Jura argovien, soleurois, bernois, neuchâtelois, français, et dans les Alpes. Il est représenté dans ces diverses régions par une roche assez uniforme : minces bancs de calcaire grisâtre, carié, alternant avec des marnes de même couleur, formant une assise qui ne dépasse guère 1 mètre de hauteur.

A. pulvinatus, Qu. Montfaucon. Graitery.
» *planulatus*,   »   »
Spirorbis Thirriai, Et. Vorbourg.
Serpula Deshayesi, Qu. Châtillon, Soyhière, Pleigne.
» *heliciformis*, Gf. Châtillon, Soyhière,
  Pleigne.
» *vertebralis*, Sow.
» *gordialis*, Schl.   »
» *limata*, Mü., commune sur le *Bel. hastatus.*
» *murænina*, Et. commune sur les *Penta-
  crinus pentagonalis.*
» *delphinula*, Gf.   »   »
» *Goldfussi*, Et. Châtillon. Couche à *Ter.
  impressa.*
» *prolifera*, Goldf. Fringuelet.
Belemnites hastatus, Blainv. Commune.
» *latesulcatus*, d'Orb. *(B. Beaumontianus)*
  Commune.
» *Puzosianus*, d'Orb. Châtillon.
» *Sauvanosus*, d'Orb.
Nautilus granulosus, d'Orb. Châtillon,
  Graitery, Soyhière.
Ammonites crenatus, Bruguière d'Orb.
  Très-commune.
  Syn. : *Am. dentatus*, Ziet. *Am. cristatus*
  Sow., *Am. Renggeri*, Oppel.
» *hecticus*, Hartm. Espèce callovienne et
  très-commune.
» *Hersilia*, d'Orb. Châtillon.
» *plicatilis*, Sow. et d'Orb. Commune.
  Syn. : *A. annularis*, Bein, *A. convolutus
  interruptus*, Qu.
» *Lamberti*, Sow. Commune.
» *ornatus*, Qu. *(Am. Duncani*, Sow. et
  d'Orb.) Graitery.
» *Mariæ*, d'Orb.
» *Goliathus*, d'Orb. Châtillon.
» *Sutherlandiæ*, Murchis. Commune.
  Ces trois dernières espèces se sont très-voisines.
» voisine de l'*A. punctatus*. Châtillon.
» *cordatus*, Sow. Sous-forme pyriteuse au
  Pré-Dame.
» *tumidus*, Ziet. Châtillon.
  Exempl. pyriteux du collége.

A. Babeanus, d'Orb. Commune et très-voisine de l'espèce suivante.
» *perarmatus*, Sow. et d'Orb. Châtillon.
  Syn. : *A. biarmatus*, Ziet.
» *oculatus*, Bean et d'Orb. c. (*A. denticu-
  latus*, Ziet.)
» *arduennensis*, d'Orb. cc.
» *Eugenii*, Raspail. Châtillon.
  Voisine de l'*A. athleta* et de l'*A. Constanti.*
» *tortisulcatus*, d'Orb. Châtillon. Bourrignon.
» *tatricus*, d'Orb. Lajoux, rare.
  Syn. : *Am. Puschi*, Opp.
» *Henrici*, d'Orb. Lajoux,   »
» *Eucharis*, d'Orb.   »   »
» *canaliculatus*, Münster. Reussilles.
Natica elongata, Grepp. Graitery.
  Long. 15 mm., larg. 12 mm., très-grands
  bourrelets d'accroissement. 4 tours de spires,
  forme rappelant celle du *Limnæus socialis.*
» *formosa*, Grepp. Graitery. Châtillon.
  Long. 6 mm., larg. 5 mm., lignes d'accroisse-
  ment moins fortes. Forme de l'esp. précédente.
» *nigra*, Grepp. Graitery, Châtillon.
  Long. 6 mm., larg. 4 mm., 4 tours de spires ;
  forme voisine de celle de la *N. hemisphærica.*
Melania Hoferi, Th. Graitery, Soyhière,
  Châtillon.
Phasianella Garcini, Th. Soyhière, Tra-
  melan.
Trochus Cartieri, Th. Châtillon, Graitery.
» *Ritteri*, Th.   »   »
» *Stalderi*, Th.
Turbo Magneti, Th. Tramelan, Graitery.
» *Bourgeti*, Th.,   Graitery, Châtillon.
Turritella Moschardi, Th. »   »
» *Bennoti*, Th.,   »   »
» *Ebersteini*, Th.,   »   »
» *vicinalis*, Th.   »   »
Cerithium Russense, d'Orb. Marnière de
  Pleigne.
  Syn. : *C. muricatum*, Sow.
Turbo Meriani, Goldf., Graitery, Les Cer-
  latez, près Saignelégier, St-Braix, Lies-
  berg.
Rostellaria Danielis, Th. Les Cerlatez.
  Syn. : *Muricida semicarinata alba*, Qu.

R. Gagnebini, Th. Cerlatez.

Syn. : *R. bicarinata*, Qu.

Pleurotomaria Münsteri, Rœm., Châtillon, Bourrignon.

» *Cypris*, d'Orb. Bourrignon.

» *clathrata*, Münst. Derrière Château.

Delphinula squamata, Qu.

Bulla Matheyi, Grepp.

Cucullea parvula, Ziet. Commune.

Nucula musculosa, Koch. Commune.

Syn. : *N. acuta*, Mer.

» *medio-jurensis*, Th.

» *lacryma*, Qu.

» *compressa*, Mer.

» *hordeum*, Mer.

Espèce commune et voisine de la *Leda Philippi*, Morris.

Astarte cordata, Münster.

» *nucleus*, Mer.

» *oxfordiana*, Grepp.

Facile à distinguer des espèces précédentes par ses côtes moins accentuées et plus nombreuses et par sa forme plus comprimée.

Pecten rotondus, Grepp. Bourrignon.

Forme globuleuse, arrondie; 14 côtes qui sont, surtout vers la partie supérieure, recouvertes de nombreuses aspérités ; long. 5 millim. larg. 6 millim., épaisseur 4 millim. Des couches oxfordiennes supérieures de Bourrignon.

P. vagans, M. et L.

Avicula peralata, Grepp. Bourrignon, Graitery.

Coquille très-oblique, avec 17 côtes; aile droite très-développée ; long. 9 millim. , larg. 8 mm., épaiss. 4 mm. ; lignes d'accroissement très-fines à la partie supérieure de la coquille et presque imperceptibles vers la partie moyenne et inférieure.

» *tenuicostata*, Grepp., Graitery.

Long. 14 mm., larg. 9 mm., épaisseur 4 mm.; facile à distinguer des deux espèces précédentes par ses ailes plus petites, par ses côtes beaucoup plus fines et plus nombreuses. On ne peut les compter à l'œil nu.

Posidonia tenuistriata, Grepp. Bourrignon et Pleigne.

Mytilus Matheyi, Grepp. Graitery.

Long. 14 mm., larg. 9 mm., épaisseur 6 mm., présentant, relativement à la taille, de grandes côtes d'accroissement.

Plicatula (Ostrea) subserrata, Gf.

Syn. : *Pl. subserrata impressæ*, Qu. Tab. 73, f. 45, 46.

Cette jolie petite coquille, que M. Quenstedt a raison de placer parmi les Plicatules, se trouve dans la plupart des affleurements des marnes oxfordiennes, associée à la *Terebr. impressa*.

Rhynchonella Thurmanni, Voltz. Très-commune.

» *acarus*, Mer. Thiergarten.

» *spinulosa*, Oppel.

Syn. : *Hemithiris senticosa*, d'Orb.

» *Terebratula senticosa*, Schloth et Qu. Pl. 90, f. 41.

Terebratula impressa, Br. Commune.

» *trilobata*, d'Orb. »

» *Calloviensis*, d'Orb. »

Cidaris Greppini, Des. Pleigne.

» *venusta*, Des. Graitery, Soyhière, Châtillon.

» *Lorioli*, Grepp. sp. nov. Bourrignon. Coll. de M. Mathey.

» *oculata*, Des. Bourrignon. Coll. de M. Mathey.

» *coronata*, Gf. » »

» *monasteriensis*, Th. Gagnebin, fig. 19. Soyhière et ailleurs dans le Jura.

» *læviuscula*, Ag. Bel exemplaire de Bourrignon, de la limite supérieure de l'étg?.

Pseudodiadema superbum, Ag. Pleigne, Bourrignon, Pré-Dame. Montvouhay.

J. Thurmann, dans son ouvrage « *A. Gagnebin* », p. 137. le cite encore des marnes pyriteuses de la Combe d'Eschert.

» *filograna*, Ag.

» *spathula*, Ag.

Dysaster propinquus, Ag.

» *granulosus*, Ag.

Nous avons aussi recueilli ces deux dernières espèces au Ring, à Movelier et ailleurs.

Asterias Jurensis, Gf. Châtillon, Thiergarten, Soyhière.

Pentacrinus pentagonalis, Gf. Partout.

» *subteres*, Gf. »

» *cingulatissimus*, Qu. »

Millecrinus, sp. Châtillon.

Turbinolia Delemontana, Th. « Gagnebin,
f. 24. » Très-commun partout.
Anthophyllum Erguelense, Th.　　»　f. 23
» *Calloviensis*, Grepp. Soyhière.
Scyphia Ferrariensis, Th. « Gagnebin, f. 22 »
　Combe d'Eschert. Espèce argovienne que nous
　avons aussi d'Oberbuchsiten du *calc.* à *Scyphies*
　inférieur.

Briozoaires nombreux, du genre des *Diastopora.*
Carpolithes Ivernoisi, Th. « Gagnebin,
f. 27. » Châtillon.
» *Halleri*, Th. « Gagneb. f. 28 »　　»
» *Rousseaui*, Th.　　»　　29 »
　M. le prof. O. Heer pense que ces *Carpolithes*
　sont des fruits de palmiers qui s'approchent du
　genre *Euterpe*, Gærtn.

La liste des fossiles du *calc.* à *Scyphies inférieur* : *Spongites cancellatus*, Gf., *Scyphia
obliqua*, Gf., *Eugeniacrinus nutans*, Gf., *compressus*, Gf., etc. — espèces qui traversent
le Jura wurtembergeois, suisse et français, ayant été publiée par MM. Quenstedt, Marcou,
Gressly, Desor, Mœsch, nous n'avons pas à la reproduire ici. En la comparant attentive-
ment avec la nôtre, on s'assurera que le rapprochement que nous essayons de faire plus
haut se justifie assez bien.

16e Etage : Oxfordien, *de M. d'Orbigny.*

SYN. : *Oxfordien supérieur ou terrain à chailles*, de MM. Thirria, Merian,
Thurmann et Gressly; *Calcaire à schistes*, de M. Nicolet; une parte de l'*Etage
argovien*, de M. Marcou; *les Calcaires hydrauliques*, et *le Calcaire à Scyphies
supérieur* des cantons d'Argovie, de Neuchâtel, de MM. Gressly et Desor; *oberer
Oxfordthon*, de M. Mandelsloh ; *Oxford clay; Calcareous grit, Coralline or Oxford
Oolithe*, des Anglais.

Limites. Il recouvre immédiatement l'étage précédent, et il sert d'assise à l'étage corallien. Nous en avons soustrait les couches à Ammonites pyriteuses, à *Cidaris coronata*,
C. lœviuscula, que nous avons assimilées au *calc.* à *Scyphies*, parce que leurs
caractères minéralogiques, stratigraphiques et paléontologiques les rapprochent davantage
du callovien. En outre, comme l'établissent MM. Gressly et Desor, ce *calcaire à Scyphies*,
se maintenant avec une rare constance depuis les bords du Rhin jusqu'au delà du Rhône,
offre un point de départ précieux pour l'étude de l'étage oxfordien. La limite supérieure
n'est pas moins nette. Dans les chaînes septentrionales, il finit avec le terrain à chailles
siliceux à *Agaricia granulata*, dans les chaînes centrales avec les calcaires à *Am. plicatilis*,
Gryphœa dilatata, *Pholadomya cor.* Il est donc recouvert par les puissants bancs à *Rhabdophyllia flabellum*, les calcaires à *Diceras* et à *Nérinées* de l'étage corallien. — Dans les
chaînes centrales : Raimeux, Graitery, où ce facies à Coraux, à Nérinées et à Dicéras
semble manquer, il sera alors subordonné au *calcaire à Pecten solidus* du corallien.

Division et caractères minéralogiques.

L'étage oxfordien ainsi défini présente deux assises :
1. *Le terrain à chailles marno-calcaire ;*
2. *Les calcaires hydrauliques* et *le terrain à chailles siliceux.*

1. Terrain à chailles marno-calcaire.

Cette assise inférieure est facile à saisir par ses couches marneuses, grisâtres, jaunâtres, et des bancs calcaires de même couleur, marno-compactes, durs, se désagrégeant ou s'exfoliant facilement à l'air, et renfermant des *sphérites* ou *chailles*.

Cet ensemble, d'une puissance de 15 à 20 mètres, se relie d'une manière intime aux marnes de l'étage précédent, comme on peut s'en assurer à Châtillon, au Pichoux, au Thiergarten, au Fringuelet et ailleurs.

Au point de vue de la faune, la Paturatte, N. de Tramelan, est la localité la plus intéressante de cette assise; M. Matthey y a recueilli, dans un calcaire bleuâtre, marno-compacte, un grand nombre d'espèces que nous allons bientôt examiner. Cette assise se retrouve plus à l'Ouest et s'étend dans le canton de Neuchâtel : à la Vue des Alpes, au Creux du Vent, à Furcil, dans le Val-de-Travers. Du côté de l'Est, elle est très-développée (100 m.) dans les cantons de Soleure et d'Argovie : Günsberg, Bärenwyl, Effingen, etc. M. Quenstedt l'a aussi décrite dans la Souabe.

La faune de cette subdivision, par ses *Belemnites hastatus*, *Ammonites plicatilis*, *perarmatus*, *dentatus*, *Rostellaria Gagnebini*, *Nucula mediojurensis*, *Rhynchomella Thurmanni*, etc., rappelle encore celle de l'étage callovien. Cependant, comme ces espèces sont constamment beaucoup plus grandes, et qu'elles sont associées à des espèces nouvelles, à ces grandes et nombreuses Pholadomyes, Gryphées, Myacées, il sera toujours possible de s'orienter. Sa faune nous paraît être celle des calcaires hydrauliques de l'assise suivante.

2. Calcaires hydrauliques; terrain à chailles siliceux.

La *partie supérieure de l'étage oxfordien* offre, comme la partie supérieure de l'étage callovien, deux facies bien caractérisés, l'un *pélagique*, l'autre *littoral*. Le premier est connu sous les noms de *calcaire hydraulique, Lettenkalk, Lettenmergel*, l'autre sous ceux de *terrain à chailles siliceux, calcaire à Scyphies supérieur*.

Déjà à cette époque, comme nous le verrons encore plus tard, le Jura septentrional, et peut-être quelques petites zones du Jura méridional, ont décidément pris une physionomie comme on en remarque si fréquemment dans les mers modernes : rivages ou îlots avec mer peu profonde, peuplée de Coraux, d'Echinides et d'innombrables Céphalopodes et Pectinées; tandis que la partie centrale a pris un caractère subpélagique ou pélagique, facile à saisir par sa roche marno-calcaire compacte et par sa faune.

Nous donnerons plus loin la coupe de ces deux facies, que nous allons examiner plus en détail ; mais disons d'abord qu'ils sont contemporains, parce que :

1. Ils occupent le même niveau géologique ;

2. Ils possèdent une faune commune, quoique à facies différent ; c'est ce que nous allons essayer de démontrer.

a) Facies pélagique de l'assise supérieure de l'Oxfordien : Calcaire hydraulique.

Nous ne l'envisageons que comme la continuation de l'assise oxfordienne inférieure.

Tandis que le Jura septentrional était baigné à cette époque par une mer littorale coralligène, dans laquelle se déposait une roche grumeleuse, oolithique, empâtant une foule de débris d'animaux habituels à ces zones marines, le Jura central et méridional , c'est-à-dire, la région occupée par les chaînes du Raimeux, de Graitery, Chasseral, et par leur prolongement dans les cantons de Soleure et d'Argovie, était encore recouverte par une mer plus profonde, dans laquelle se déposaient des matières plus fines et plus déliées et vivaient des animaux qui pouvaient supporter une pression plus forte, et que nous avons vus en partie dans l'assise précédente.

Ces matériaux, qu'on peut observer dans les gorges de Moutier à la scierie Gobat, dans celles du Pichoux et de Court, et plus loin jusque dans les cantons de Soleure et d'Argovie, sont des alternances de marnes schisteuses, grises, et de calcaires bleuâtres, gris-jaunâtres, schisteux ou stratifiés, subcompactes, compactes, souvent hydrauliques. Les Allemands les appellent : *Lettenmergel, Lettenkalk, Puissance :* 50 à 80 mètres.

Ce facies se relie en bas d'une manière intime au terrain à chailles marno-calcaire et en haut à l'étage corallien, comme on peut le voir au nord de la galerie inférieure du Pichoux et à la scierie Gobat à Moutier. Là, le terrain à chailles siliceux manquerait.

Au-dessous de la première galerie du Pichoux l'oxfordien est bien à découvert. A la partie inférieure, il présente ses marnes, ses chailles, ses calcaires avec ses fossiles habituels : *Am. plicatilis, Pholadomya paucicosta, Gryphœa dilatata*, ensuite ses massifs de calcaires plus compactes, enfin un calcaire blanchâtre, bréchiforme, très-fendillé, mesurant trois mètres et recouvert par le corallien.

Cette dernière couche, c'est-à-dire ce calcaire blanchâtre, possède une faune oxfordienne à horizon verticalement et horizontalement très-étendu. Elle est commune à tous nos facies et divisions oxfordiens. Elle se retrouve dans les cantons de Soleure, d'Argovie, de Neuchâtel, de Bâle, en Souabe. La voici :

Faune des calcaires hydrauliques du Pichoux.

Crustacés, de nombreuses pattes.
Ammonites plicatilis, Sow.
» *convolutus*, Qu.
Patella tenuistriata, Lonchamps.
Pholadomya cor, Ag.
» *paucicosta*, Ag.
» *pelagica*, Ag.
Corimya pinguis, Ag.
Goniomya constricta, Ag.
Pleurotomya recurva, Ag.
Anatina striata, Ag.
Ces 4 espèces fréquentes dans les couches de Geisberg.

Trigonia Greppini, Et.
Modiola tulipea, Lam. *(Mytilus imbricatus*, d'Orb.)
Isoarca texata, Gf.
» *transversata*, Gf.
Arca texata, Sow.
» *œmula*, Phill.
Hinnites velatus, Gf.
Ostrea dilatata, Desh.
Terebratula insignis, Ziet.

Le terrain à chailles siliceux, à Polypiers, à Echinides, a été vainement cherché au Pichoux, on ne l'a point trouvé ; cette roche calcaire passe directement au Corallien, qui, dans cette localité, revêt, comme l'Oxfordien, une forme pélagique, privée de Polypiers.

Au nord de la Bosse, M. Matthey a recueilli une association d'espèces calloviennes et oxfordiennes à cachet *pyriteux*. Ces espèces sont : *Ammonites crenatus, A. plicatilis, Rostellaria Gagnebini, Rhynchonella acarus, R. Thurmanni, Terebratula impressa.*

Cette observation tend à démontrer combien peu la théorie des étages tranchés se justifie sur le champ de l'observation.

A l'est de Montfaucon, sur la route, les *Pholadomya paucicosta* et *Trigonia monilifera*

9

sont siliceuses et associées aux espèces suivantes : *Lima Streitbergensis, Terebratula nutans, T. Galliennei, T. Delemontana, Echinus lineatus,* ce qui établit encore un trait d'union entre nos assises oxfordiennes.

Voici la coupe de l'étage oxfordien de Seewen, dont les parties supérieure et inférieure sont recouvertes :

1. Calc. siliceux stratifié alternant avec de minces bandes de marnes jaunâtres grumeleuses, très-fossilifères : *Ostrea gregarea, Pecten Verdati, Pholadomya paucicosta, Terebratula bisuffarcinata, Diplopodia Anonii, Stomechinus perlatus, Glypticus, Hemicidaris Blumenbachii, H. crenularis, Dysaster granulosus, Pedina sublœvis, Montlivaltia dispar, Agaricia granulata,* d'une puissance de . . . . 3^m,00

2. Calc. à *Am. plicatilis* ;
3. » puissamment stratifié et exploité 9 00
4. » et marnes à *Rhynchonella Thurmanni,* recouverts.

La coupe du Thiergarten, près de Vermes, est plus complète ; elle présente successivement du haut en bas :

1. Oolithe corallienne puissamment stratifiée ;
2. » » grumeleuse, à stratification confuse, légèrement siliceuse et brunâtre 15^m,00

1. Assise marno-compacte, grumeleuse, silicéo-calcédonieuse, à couches peu puissantes, passant du grès-jaune au noir foncé à *Pecten Verdati, P. vimineus, P. inæquicostatus, P. Ducreti, Lima Bernouilli, Terebratula Delemontana, Rhynchonella inconstans, Gryphæa dilatata, Glypticus hieroglyphicus, Cidaris cervicalis, Hemicidaris crenularis, Pseudodiadema placenta, Montlivaltia dispar, Agaricia granulata* 10 00
2. Banc à *Pinna fibrosa* ; 10 00
3. Assise comme n° 3 . . . . 10 00
4. Assise marno-calcaire à *Gervillia aviculoïdes, Mytilus tulipeus* mélangés aux espèces des n°s 4 et 3 . . . . 10 00
5. Alternances, au nombre de 6 à 7, de marnes et de chailles stériles 20 00
6. » de calcaires brun-jaunâtres, marneux ou compactes avec des marnes grisâtres ou noires à *Am. plicatilis, Pholadomya parvicosta, Gryphæa dilatata* . 14 00

Hauteur de l'étage oxfordien . . . . 64^m,00

Etage callovien.

La coupe du Thiergarten nous conduit naturellement au facies littoral de l'étage oxfordien.

b) Facies littoral de l'assise supérieure de l'étage oxfordien

SYN. : *Terrain à chailles siliceux, Calcaire à Scyphies supérieur,* de M. Gressly ; *Hypocorallien,* de MM. Thurmann et Etallon.

Ces dernières années, quelques géologues franc-comtois ont rattaché ce facies à l'étage corallien et ils l'ont décrit sous la dénomination d'*hypocorallien.*

Il nous est impossible de partager cette manière de voir, en fusionnant des terrains que distinguent les caractères minéralogiques, stratigraphiques et paléontologiques.

Les Polypiers même, qui semblent avoir amené ce rapprochement, ne le permettent pas. D'un autre côté les Dicéras, les Nérinées, les Mytilacées, les Ostreacées, appliquées à notre point de vue local, n'autoriseront jamais la réunion de l'étage corallien au terrain à chailles siliceux. Les étages oxfordien et corallien ont chacun leurs zones à coraux, comme les autres étages, et il serait peu pratique de confondre ces zones.

Caractères minéralogiques. Calcaires marno-compactes, souvent très-durs, sableux, silicéo-calcaires, grenus ; dans le haut de la série les calcaires sont très-oolithiques, jaunâtres, lamachelliques ; les marnes de la même couleur sont en plaquettes ou en masse grumeleuse.

Cet ensemble renferme des sphérites, des concrétions spathiques, souvent chalcédonieuses, et de nombreux fossiles à pâte siliceuse, saccharoïde. On y rencontre aussi plusieurs stations coralligènes, qui sont recouvertes d'innombrables Echinides, Polypiers, Pectinacées, Mytilacées, et de grands Gastéropodes : *Phasianella striata, Trochus Leopoldi.*

Les localités intéressantes de terrain à chailles siliceux sont :

Le *Fringuelet*, lieu classique, auquel on doit un si grand nombre d'observations, de coupes publiées, et un si honorable contingent de beaux fossiles.

Le *Thiergarten*, O. de Vermes, remarquable par le bel affleurement que nous venons de faire connaître.

Develier-dessus. Au nord de ce village, dans le haut du chemin des Sarasins, se trouve un calcaire à oolithes miliaires, jaune, se désagrégeant facilement. Ce calcaire nous a fourni plus de deux mille Echinides, se rattachant à 22 espèces. Cette belle colonie d'Oursins est associée aux espèces habituelles du terrain à chailles siliceux : *Malania striata, Pecten Verdati, octoplicatus, Ducreti, erinaceus, Terebr. Galiennei.*

Soyhière, Ring, Bourrignon, Châtillon, la Combe de Bonambé, Saignelégier, nous ont fourni de jolies espèces.

La partie E. du cirque de la *Reuchenette* offre un affleurement assez complet du terrain à chailles siliceux et de l'étage corallien proprement dit. Nous y avons recueilli les fossiles propres aux assises chailleuses : *Pholadomya pelagica, Lima Bernouilli, Ostrea dilatata, Rhynchonella inconstans, Stomechinus lineatus.*

Si cette subdivision oxfordienne a de nombreux et de beaux affleurements dans le Jura bernois, elle n'est pas moins remarquable dans le canton de Soleure.

Il y a plus de vingt ans que M. Gressly a reconnu au *Günsberg* le calcaire à Scyphies inférieur et supérieur, et qu'il avertissait les géologues de ne pas les confondre.

M. Matthey a recueilli à *Hobel* les espèces suivantes :

Ammonites plicatilis.	*R. pectunculus.*
Ostrea gregaria,	» *spinulosa.*
Pecten Rauraciensis.	*Cidaris cervicalis.*
» *Verdati.*	*Asterias jurensis.*
Terebratula delemontana.	*Pentacrinus pentagonalis.*
Rhynchonella reticulata.	*Apiocrinus echinatus.*

Au nord du village d'*Oberbuchsiten* se trouvent aussi nos espèces chailleuses qu'on peut voir dans la jolie et riche collection de M. le curé Cartier. On les retrouve encore plus loin dans le canton d'Argovie et au Sud de l'Allemagne.

L'UTILITÉ TECHNIQUE de l'oxfordien a été reconnue depuis très-longtemps. Les calcaires compacts sont employés comme pierres de construction ; les assises marno-calcaires sont utilisées comme chaux hydraulique, et les marnes comme amendement.

DISTRIBUTION GÉOGRAPHIQUE. Des indications ci-dessus, il résulte que l'étage oxfordien existe dans tout le Jura suisse : il se continue dans les pays voisins, les Alpes, l'Allemagne, la France et l'Angleterre.

FAUNE DE L'ÉTAGE OXFORDIEN. Les fossiles de l'assise inférieure seront désignés par le chiffre 1 ; ceux du facies pélagique par 2, et ceux du facies littoral par 3.

Apticus lœvis latus, Qu. Montfaucon, 3.
» *rimosus*, d'Orb. » 3.
Nautilus Gravesianus, d'Orb. Châtillon. 1.
» *hexagonus*, Sow. Paturatte. 1.
Serpula spiralis, Münst. Fringuelet. 1.
» *limata*, Münst. Fringuelet. 1.
» *filaria*, Gf. » 1.
» *subangulosa*, Qu. » 1.
» *gordialis*, Gf. » 1.3.
» *vertebralis*, Sow. » 1.2.3.
» *Deshayesi*, Qu. » 1.
» *heliciformis*, Gf. » 1.3.
Syn. : *S. quinquangularis*, Qu.
» *ilium*, Gf. Commune. 1-3.
» *delphinula*, Gf. » 1.
Belemnites hastatus, Rein. Commune 1.2.3.
» *Beaumontianus*, d'Orb. Montfaucon. 3.
Ammonites plicatilis, d'Orb. Comm. 1.2.3.
Syn. : *A. biplex*, Qu.
» *cordatus*, Sow. » 1.
» *perarmatus*, Sow. Paturatte et Montfaucon. 1.
Syn. : *A. Babeanus*, d'Orb.
» *Christollii*, Beaud. Paturatte. 1.
(Bull. de la Soc. géol. 1851. p. 596. Pl. X, f. 12.)
» *flexuosus*, Qu. Paturatte. 1.
» *Delemontanus*, Oppel. » 1.
» *Oegir*, Oppel. Bois du Treuil. E. de Soyhière. 3.
» *polyplocus*, Rein. Envelier. 1.
» *crenatus*, Brug. La Bosse. 1.
» *Henrici*, d'Orb. Paturatte. 1.
» *lingulatus*, Qu. » 1.
» *inflatus*, Rein. Provenance douteuse.
» *Goliathus*, d'Orb.
Un bel exemplaire recueilli par L. Greppin à la Roche, E. de St-Braix, dans l'assise 1. Nous le possédons aussi des couches pyriteuses de Châtillon.
Chemnitzia Heddingtonensis, d'Orb. Commune. 3.
Phasianella striata, d'Orb. Commune. 3.
Trochus sublineatus, Gf. et Qu. Pl. 77, f. 16. Thiergarten. 3.

T. Leopoldi, Grepp. Bois du Treuil. 3.
Espèce gigantesque, fortement ombiliquée, à tours arrondis, dégagés. 130 mm. d'épaisseur et 135 de hauteur.
Pleurotomaria Orion, d'Orb. Châtillon. 1.
» *Buchana*, d'Orb. Châtillon. Thiergarten.1
» *Münsteri*, Rœm. Châtillon, Thiergarten, Bourrignon. 1.
Rostellaria Gagnebini, Th. N. de la Bosse.1.
Turbo Meriani, Gf. Paturatte, Goumois. 1.
Delphinula funata clathrata, Qu. Montbovet. 1.
Pholadomya exaltata, Ag. Commune.1.2.3.
» *parcicosta*, Ag. Commune. 1. 2. 3.
» *pelagica*, Ag. » 1. 2. 3.
» *concinna*, Ag. Fringuelet.
Syn. : *P. similis*.
» *lœviuscula*, Ag. Commune. 1.
Syn. : *P. lineata*, Gf.
» *flabellata*, Ag. » 1.
» *hortulana*, d'Orb. »
» *pulchella*, Ag. Montfaucon. 1.
» *cingulata*, Fringuelet. 1.
Syn. : *P. hemicardia*, Rœm.
Pleuromya varians, Ag. Peturatte. 1.
Syn. : *Panopœa peregrina*, d'Orb.
» *recurva*, Ag. Montfaucon, Paturatte, Fringuelet. 1. 2. 3.
Syn. : *Panopœa subrecurva*, d'Orb.
» *donacina*, Gf. Fringuelet. 1.
Cercomya antica, Ag. Derrière Château, S. de Courfaivre. 1.
Gresslya sulcosa, Ag. Commune. 1.
Syn. : *Lyonisia sulcosa*, d'Orb.
Goniomya major, Ag. Paturatte, Pichoux, 1. 2. 3.
Syn. : *Thracia pinguis*, d'Orb.
Opis cardissoïdes, Qu. Fringuelet. 1. 3.
» *lunulata silicea*, Qu. Montfaucon. Wasserberg. 1.
» *Virdunensis*, Buv. In der Bæchle, sud d'Envelier.
Cardita ovalis, Qu. Tab. 93. f. 25. Thiergarten. 1.

C. tetragona, Qu. Thiergarten, Paturatte. 1
Anatina striata, Ag. Paturatte. Pichoux.
1. 2. 3.
Astarte subnucleus, Grepp. Moulin de Bollmann, Scheltenmühle. 3.
> Larg. 11 mm., long. 10 mm., épaiss. 8 mm.;
> 15 à 17 grandes stries transversales.
» *nucleus*, Mer. Etang de Bollmann, environs de Bâle. 3.
> Sa forme plus large et plus déprimée la dis-
> tingue de l'espèce précédente.
» *Rauracica*, Grepp. Scheltenmühle et
environs de Bâle. 3.
> Long. 6 mm., larg. 6 mm., épaiss. 3 1/2 mm.
> 7 à 9 grosses côtes transversales. Elle est beau-
> coup plus aplatie que l'*A. nucleus* et plus ar-
> rondie que l'*A. undata* du Callovien.
Nucula cordiformis, Qu. Châtillon.
» *variabilis silicea*, Qu. Tab. 93. f. 4. Vellerat. 1.
» *subacuta*, Grepp. Scheltenmühle. 3.
> Voisine de la *N. acuta* des marnes callovien-
> nes, cependant beaucoup plus arrondie.
Trigonia monilifera, Ag. Commune. 1.2.3.
» *costata silicea*, Qu. Tab. 93. f. 4. Vellerat.
» *Greppini*, Et. Pichoux. 2.
» *echinophila*, Grepp.
> Espèce de la tribu des *Costatæ*, associée aux
> Echinides de Develier-dessus.
Cardium intextum, Munst. Montfaucon.
» *integrum*, Buv. Combe du Moulin des
Seignes. 2.
Arca œmula, Phill. Paturatte, Thiergarten,
Pichoux. 1. 2. 3.
» *Helecita*, d'Orb. '» 1. 2. 3.
» *Meriani*, Grepp. Cras de Benesse, ouest
de Develier. 3.
> Long. 45 mm., larg. 75 mm., côtes d'ac-
> croissement très-prononcées.
Isoarca transversata, Münst. Fringuelet,
Pichoux, 1. 2. 3.
» *texata*, Gf. Pichoux. 1. 2. 3.
Monotis pulchella, Grepp. Cras de Be-
nesse. 3.
> Long. 13 mm., larg. 13 mm.; 40 à 50 côtes
> crénelées; forme subcirculaire rappelant le
> *M. similis*, Gf.

Avicula angularis, Grepp. Bonambé, S. de
Glovelier. 3.
> Long. 30 mm., larg. 22 mm., avec 15 à 20
> côtes principales, entre lesquelles il s'en trouve
> 1 à 3 plus fines. De la famille des *A. inæqui-
> valvæ*.
Mytilus subpectinatus, d'Orb. Fringuelet,
Montfaucon, 3.
> Syn. : *M. pectinatus*, Sow.
» *tulipeus*, Lam. *(Modiola.)* Commun. 2.3.
> Syn. : *M. imbricatus*, d'Orb.
» *carinatus*, Grepp. Vorbourg. 3.
> Long. 90 mm., larg. 45 mm.; test portant
> de fortes lignes d'accroissement et une carène
> qui commence près de la charnière et se ter-
> mine vers le milieu de la longueur de la co-
> quille.
Lithodomus siliceus, Qu. In der Bæchle. 3.
Gervillia aviculoïdes, Sow. Commun. 3.
Pinna fibrosa, Mer. » 3.
> Syn. : *Trichites giganteus*, Qu. Tab. 92. f. 2
> Cette espèce, présentant deux valves convexes,
> et non une valve aplatie et l'autre convexe,
> n'est point une *Pinnigena*, comme l'a d'abord
> cru M. le prof. Merian. Elle accompagne par-
> tout les bancs à *Agaricia*.
P. verrucosa, Grepp. Bavelier. 3.
> Long. 200 mm., larg. 15 mm., épaiss. 85 mm.
> épaiss. 85 mm. Très-jolie espèce, dont les côtes
> nombreuses, sinueuses et coupées par des lignes
> d'accroissement donnent à la coquille un aspect
> verruqueux.
Lima Streitbergensis, d'Orb. Partout. 3.
» *Bernouilli*, Mer. » 3.
» *Münsteriana*, d'Orb. Bonambé. 3.
> Syn. *L. elongata*, Münst.
» *prosbosciformis*, Grepp. 3.
> Très-fréquente au Thiergarten, elle se dis-
> tingue de la *L. proboscidea* par ses côtes plus
> aplaties, plus imbriquées, moins épineuses, et
> par sa forme plus large, plus déprimée.
Pecten vimineus, Sow. Partout. 3.
> Non *P. articulatus*, espèce oolithique.
» *inæquicostatus*, Phill. Develier-dessus. 3.
> Syn. : *P. octocostatus*, Rœm.
» *subarmatus*, Münst. Partout. 3.
> Syn. : *P. didymus*, Mer., P. Lauræ, Et.

P. Rauraciensis, Grepp. Partout. 3.

   Non *P. subspinosus*, Schloth., du Bathonien.

» *Verdati*, Voltz. Partout.

   Syn. : *P. globosus*, Mer. et Qu. *P. sphœricus*, Bronn.

» *erinaceus*, Buv. Develier-dessus. 3.

   Collection de M. Mathey.

» *Ducreti*, Grepp. Partout. 2. 3.

   Non *P. lens*, Sow. Confondu avec le *P. lens* du Bathonien, il s'en distingue par sa forme plus allongée, plus aplatie à la partie antérieure et par ses ailes beaucoup plus étroites.

» *ingens*, Grepp. Pleigne, Ederschwyler, Paturatte, Cerniers de Rebévelier. 3.

   C'est la plus grande espèce de Pecten que nous connaissions. Long. 240 mm., larg. 200 mm. épaiss. 60 mm. Elle est munie de 10 à 12 côtes très-larges et presque plates.

Hinnites velatus, d'Orb. Cras de Benesse. Fringuelet. 2. 3.

Ostrea Rœmeri, Qu. Bourrignon, à la Perche, près Montbéliard. 3.

» *conica*, Grepp. Develier-dessus, Ederschwyler, Saignelégier. 3.

» *gregaria*, Sow. et d'Orb. Partout. 3.

» *dilatata*, Desh. Partout. 3. 2. 1.

   Syn. : *Gryphœa dilatata*, Sow.

» *duriuscula*, Bean. et d'Orb. Ederschwyler, Thiergarten, Rondchâtel. 3.

   Syn. : *O. planaria*, Mer.

   Nous possédons des exemplaires de cette espèce qui ont une long. de 170 mm., une larg. de 150 mm., et dont l'épaisseur n'est que de 25 mm. Elle a quelques rapports avec l'*O. caprina*, Mer., des couches de Geissberg.

» *Marshiformis*, Grepp. Thiergarten. Cras de Benesse. 3.

   Syn. : *O. Marshi*, d'Orb. *O. dextrorsum*, Qu.

   M. d'Orbigny, qui a tant eu de répugnance à faire passer un fossile par divers étages, réunit, en effet, cette huître à son *O. Marshi*. Elle nous paraît cependant s'en distinguer par sa taille plus petite, ses côtes plus minces, plus finement plissées, plus nombreuses et non dychotomes, ainsi que par sa forme plus voûtée, plus arrondie, moins allongée.

Nous possédons encore quelques espèces très-voisines de celles de l'étage séquanien.

» *spiralis*, d'Orb. Thiergarten, Saignelégier. 3.

» *subnana*, Et. » » 3.

» *cotyledon*, Ctj. » » 3.

Plicatula semiarmata, Et. Fringuelet, Soyhière.

Terebratula Delemontana, Oppel. Partout. 3

   Syn. : *T. lagenalis*, Schloth.

» *bucculenta*, Sow. Partout. 3.

   Plus ramassée que la précédente.

» *indentata*, Qu. Pl. 91, f. 8. Chemin Bourquin, nord de Delémont. 3.

» *insignis*, Ziet. Pichoux. 2.

» *Galliennei*, d'Orb. Partout. 3.

» *nutans*, Mer. » 3.

   Quoique plus petites, ces deux dernières espèces ne sont peut-être rien d'autre que :

» *bisuffarcina*, Ziet.

   Commune à Seewen et associée aux espèces des t. à chailles siliceux, qui sont toutes plus grandes que dans les environs de Delémont.

» *Matheyi*, Grepp. Sur Chêtre, nord de Delémont. 3.

   Cette espèce présente deux formes, l'une étroite, l'autre plus large. La première est appelée par M. Quenstedt *T. gutta* et l'autre *T. orbis*.

Rhynchonella Thurmanni, Voltz. Partout et très-caractéristique. 1. 2. 3.

» *acarus*, Mer. Partout. 3.

   Syn. : *R. subrimosa*, Munst.

» *helvetica*. Partout. 3.

   Syn. : *R. pinguis*, Oppel. *R. inconstans*, Sow., *R. pectinata*.

   L'espèce anglaise *R. inconstans* est kimméridgienne.

» *reticulata*, Schloth. Sur Chêtre, Hobel, Ring. 3.

» *trilobata*, Ziet. Châtillon. 3.

   Espèce des couches à *Hemicidaris crenularis* du canton d'Argovie.

» *spinulosa*, Oppel. Partout. 1. 2. 3.

   Elle est siliceuse au Raimeux.

Megerlea pectunculus, Schloth. Thiergarten, Oberbuchsiten. 3.

Syn. : *Rhynchonella pectunculoïdes*, v. Buch et Qu. Tab. 90. f. 47-51.
Cidaris Blumenbachii, Munst. Commun. 3.
 Syn. : *C. florigemma*, Phill.
» *monilifera*, Gf. Seewen. 3.
» *cervicalis*, Ag. Fringuelet, Develier-dessus. 3.
» *Parandieri*, Ag. Develier-dessus. 3.
» *digitata*, Des. Fringuelet. 3.
» *oculata*, Ag. Vellerat.
» *cucumifera*, Ag. Thiergarten. 3.
» *Drogiaca*, Cott. Bois du Treuil, E. de Soyhière. 3.
 Joli exemplaire trouvé en Suisse pour la première fois par L. Greppin.
Rhabdocidaris (Acrocidaris) cylindrica, Qu. Fringuelet, Thiergarten. 3.
» *megalocantha*, Des. Develier-dessus. 3.
» *nobilis*, Ag. Thiergarten. 3.
» *caprimontana*. Wahlen.
Diplocidaris gigantea, Des. Fringuelet. 3.
Hemicidaris crenularis, Ag. Partout. 3.
» *intermedia*, Forbes.   »   3.
» *undulata*, Ag.
Pseudodiadema placenta, Ag. Develier-dessus, sur Chêtre. 3.
» *priscum*, Ag. Seewen. 3.
» *hemisphæricum*, Ag. Combe au Loup. 3.
Diplopodia gratiosa, Des. Recueilli à Wahlen par M. Matthey. 3.
» *subangularis*, Mcoy. Niederdorf. 3.
» *Anonii*, Des. Fringuelet, Seewen. 3.
Hemidiadema Gagnebini, Des. Develier-dessus. 3.
Pedina sublœvis, Ag. Très-grands exemplaires de Seewen.
Hypodiadema florescens, Des.
Glypticus hieroglyphicus, Ag. Commun. 1. 2. 3.
Magnosia decorata, Ag. Fringuelet. 3.
Stomechinus perlatus, Desm. Fringuelet, Seewen, Bonambé. 3.
» *lineatus*, Gf. Fringuelet, Seewen, Mervelier, Thiergarten. 3.
Phimechinus mirabilis, Ag. Develier-dessus. 3.

Acrosalenia angularis, Ag.   »   3.
» *decorata*, Wright.   »   3.
Pygaster tenuis, Ag. Seewen,   »   2. 3.
Holectypus arenatus, Des.   »   Fringuelet, 2. 3.
 Syn. : *H. Argoviensis*.
» *Meriani*, Des.   »   3.
Collyrites bicordata, Des. Partout, 1. 2. 3.
 Syn. : *Dysaster propinquus*, Ag.
Dysaster granulosus, Ag. Fringuelet, Ring. 3
 Syn. : *Nucleolites granulosus*, Munst.
 Se rencontre aussi dans le t. à chailles, marno-calcaire, de Scewen, de Gunsberg, d'Oberbuchsiten, de Waldenbourg, de même que dans les couches d'Effingen.
Echinobrissus scutatus, Lam. Develier-dessus. 3.
» *dimidiatus*, Phill.
 Variété probable de l'espèce précédente.
Clypeopygus sandalinus, Des. Develier-dessus. 3.
Clypeus subulatus, Whr. Develier-dessus. 3
 Trouvé en Suisse pour la première fois.
» *gibbosus*, Mer. Develier-dessus. 3.
Pygurus Jeannensis, Cot. Develier-dessus. 3
 Recueilli en Suisse pour la première fois par M. Mathey.
» *Gagnebini*, Des. Develier-dessus. 3.
Comatula Matheyi, Grepp. Develier, couche à Echinides, 3.
Apiocrinus rosaceus, Gf. Commune. 3.
 Syn. : *Apiocrinus polycyphus*, Th. & Et. *Millericrinus Munsteranus*, d'Orb.
» *Milleri*, Schloth. Fringuelet. 3.
 Syn. : *Millericrinus Milleri*, d'Orb.
  »   *Greppini*, Oppel.
A. echinatus, Qu. Commune. 3.
 Syn. : *Rhodocrinites echinatus*, Schloth.
» *mespiliformis*, Schloth. N. de Movelier. 3
 Syn. : *Millericrinus mespiliformis*, d'Orb.
» *Goldfussi*, d'Orb. Bel exempl. d'Ederschwyler, 3.
» *nodotianus*, d'Orb. Thiergarten, Vellerat. 3.
Pentacrinus subteres, Münst. Sur Chêtre, nord de Delémont. 3.
» *cingulatus*, Münst. Sur Chêtre. 3.

Thamnastrea concinna, E. et H.
Commune dans le t. à chailles siliceux et voisine de l'espèce astartienne *T. portlandica*, Et.
T. genevensis, Edw. Thiergarten. 3.
Syn. : *Astrea cristata*, Gf.
Astrea helianthoïdes, Gf. Commune. 3.
Syn. : *Isastrea Goldfussana*, Edw.
Thecosmilia laxata, Et. Sur Chêtre. 3.
Montlivaltia dispar, Edw. Mervelier, Seewen. 3.
Syn. : *Anthophyllum obconicum*, Münst.
M. subcylindrica, E. et H. Bonambé, Sur Chêtre, Thiergarten. 3.
M. dilatata, E. et H. Assoc. au *M. dispar.* 3.
M. turbinata, Edw. Thiergarten. 3.
Ces espèces de *Montl.* doivent être révisées.

Agaricia granulata, Münst. 3.
Syn. : *A. foliacea*, Qu.
Commune partout et forme un bon horizon géologique.
Quelques espèces de la forme des *Cnemidium*, dont les plus communes sont :
C. mamillare, Gf.
» *corallinum*, Qu.
Achillum costatum, Gf.
Spongites glomeratus, Qu.
S. astrophorus caloporus, Qu.
Ceriophora striata, Gf. Fringuelet, Thiergarten. 3.
Syn. : *Neuropora striata*, Et.
Très-jolie espèce , que nous ne distinguons pas de la *C. angulosa porata* de M. Quenstedt.

17e Etage : Rauracien.

Localité-type : L'ancienne Rauracie.

SYN : *Etage corallien*, de plusieurs auteurs; une partie de l'*étage corallien*, de M. d'Orbigny; la partie supérieure du *Groupe corallien*, de MM. Marcou, Thurmann et Etallon; *Coralrag* de M. Buvignier; *Korallenkalk, die Schichten der Diceras arietina*, des géologues allemands.

Nous en avons exclu le *Coralrag de Nattheim*, que nous avons rattaché à l'étage oxfordien. Il serait représenté dans le Würtemberg par le *Jura blanc, epsilon*, pars, de M. Quenstedt, à en juger par la faune figurée dans la Tab. 94 du « *Jura* » de cet auteur.

Nous ne comprendrons dans l'étage rauracien que l'*oolithe corallienne* et *le Calcaire à Nérinées*.

MM. Thurmann et Etallon, après s'être occupés quelques années des étages jurassiques supérieurs, ont fini par admettre la division suivante :

GROUPE VIRGULIEN Puiss. : 51 mètres.	Zône épivirgulienne.	1. Calc. compactes stériles. Marno-calcaires stériles; Calc. à *Nérinées*, calc. à *Madrépores*. . . . . 14 m.
	» virgulienne.	2. Marnes à *Ostrea virgula*, schistes et lumachelles à *Ostrea virgula*. Lumachelles à *Astartes*; Marnes virguliennes. . . . . 5 »
	» hypovirgulienne	3. Calc. à *Isocardia orbicularis* et *Pterocera Abyssi ;* Calc. blancs et jaunes à *Trigonia concentrica* et *Venus Saussurii ;* Calc. jaunes à *Pholadomya multicosta* et *Mactromya rugosa*. 10 »
		4. Calcaires fissiles à *Venus parvula ;* Calc. compactes à *Homomya hortulana*; » » blancs et stériles; » caverneux stériles; » grumeleux à taches verdâtres . . . . 8 »
		5. Calc. blancs à *Rhyn. inconstans, Lima virgulina ;* Calc. blancs à *Polypiers.* Calc. fissiles stériles; calc. caverneux stériles. . . . . 10 »
		6. Marnes brunes à *Tellina incerta* Marno-calcaires stériles; Sablo-calcaires stériles . . . . 4 »

GROUPE STROMBIEN Puiss. 51 m.	Epistrombien	7. Calc. à *C. subclathrata* et *Nerinea subpyramidalis*; Schistes à *Avicula* et *Melania Bronni*. . . . . 9 »
		8. Calc. à *Ner. suprajurensis* et *bruntrutana*; Calc. compactes stériles . . . . 16 »
		9. Marno-calcaires et marnes schisteuses; Calcaires compactes jaunes stériles;
		10. Calcaires compactes à *Nerinea bruntr.* et *supraj.* Calcaires compactes stériles; calcaires fissiles à *Venus parvula* . . . . 10 »
	Zone strombienne	11. Marnes à *Pterocera Oceani* . . . . 7 »
	Hypostrombien.	12. Calcaires à *Trigonia Parkinsoni*; » stériles. . . . . 7 »
		13. Calc. sablo-grumeleux à *Homomya hortulana*, *Pholadomya Protei*, *Hemicidaris Thurmanni*. . . . . 2 »
GROUPE ASTARTIEN. Puiss. 73 m.	Epiastartien.	14. Calc. compactes stériles; » » à *Ner. bruntrutana*;
		15. » stériles; calc. blancs à *Ner. Gosæ*; calc. oolithiques;
		16. » » calc. à *Pinna granulata*; calc. bréchiformes à *Mytilus plicatus*. . . . . 30 »
		17. Calc. et lumachelles à *Opiocrinites Meriani* et *Pentacrinus Desori*. . . . . 4 »
	Zone astartienne.	18. Calcaires et schistes à *Terebratula humeralis* et *Pecten Beaumontanus*, calc. stériles . . . . 28 »
		19. Marnes et calc. à *Polypiers*; marnes et calc. stériles; lumachelle à *Ostrea bruntrutana* et *sequana*. . . . . 5 »
		20. Lumachelle à *Ostrea gregarea*; Marnes et lumachelles diverses . . . . 4 »
	Hypoastartien.	21. Marno-calc. oolithiques; marno-calc. dolomitoïdes; schistes à *Natica turbiniformis* et *Lucina Elsgaudiæ*; Marnes stériles; alternances de calc. com. et grumeleux 7 »
		22. Calc. violâtres stériles; » blancs à *Astarte minima*; » oolithiques très-fins. . . . . 3 »
GROUPE CORALLIEN. Puiss. 65 m.	Epicorallien.	23. Calc. compactes stériles; calc. à *Terebratula insignis*. 15 »
		24. Calc. crayeux à *Diceras arietina* et *Nerinea bruntrutana*; Calc. oolithiques; calc. substériles, calc. à *Polypiers*. 15 »
	Zone corallienne.	25. Calc. à *Polypiers*; calcaires à *Cidaris Blumenbachii*; marno-calcaires à *Poreudea* et *Astrospongia*; marno-calcaire à *Microsolenia expansa* . . . . 15 »
		26. Argiles à sphérites, argiles grumeleuses à *Pholadomyes* 10 »
	Hypocorallien.	27. Argiles à chailles; argiles à *Millecrinus echinatus* et *Rhynchonella Thurmanni*; marno-calc. stériles 10 »

MM. J. Thurmann et Etallon ont reconnu dans ces quatre groupes 798 espèces, dont 318 sont coralliennes (il faudra en soustraire les espèces du terrain à chailles), 190 astartiennes, 208 kimméridgiennes et 209 virguliennes. Un assez grand nombre d'espèces passent d'un groupe à l'autre.

Ces chiffres ne doivent être admis que sous toutes réserves; car nous avons acquis la conviction qu'ils seront un jour modifiés par une révision générale de ces espèces, qui serait fortement à désirer.

Quant à la division, nous la trouvons plus méthodique que naturelle; nous n'y apportons pas de grands changements. Comme nous l'avons dit plus haut, nous n'avons pas réuni à l'étage rauracien le terrain à chailles siliceux. Si par ses échinides (échinides qui passent jusque dans l'étage kimméridgien) l'étage rauracien rappelle le terrain à chailles siliceux, il s'en distingue suffisamment par ses caractères stratigraphiques, pétrographiques et paléontologiques. Le géologue le plus maladroit ne confondra jamais le terrain et la faune du Thiergarten, du Fringuelet, avec les *Calcaires à Nérinées* de la Caquerelle ou de Bure.

Physionomie et distribution de l'étage rauracien (ou corallien). Si MM. J. Thurmann et Etallon, par leurs *Etudes sur les terrains jurassiques supérieurs*, ont fait avancer la géologie du Jura, A. Gressly a bien mérité de la géologie en général par ses vues profondes et originales sur l'étage corallien.

Il y a trente ans environ que ce géologue, rappelant un anachorète par son extérieur et par son mode de vivre, couchant à la belle étoile, se nourrissant de baies de sorbier, de feuilles de sainfoin, s'écriait, sous l'inspiration des magnifiques bancs de Coraux, de Bivalves et de Gastéropodes : « Ici, il y a autre chose que les restes d'un déluge ! »

Après quinze jours de recherches et de méditations sur cette montagne, Gressly poursuivit ses investigations dans le Jura et les pays voisins, et il reconnut les dépôts d'une ancienne mer, possédant tous les caractères de ceux que nous voyons actuellement se former dans les mers modernes. Il proclama ici un facies pélagique, là un facies subpélagique, dans un troisième endroit un facies côtier ; il indiqua dans tel lieu un îlot coralligène, dans tel autre une terre ferme. Cette idée a été reproduite dans le bel ouvrage de M. le prof. Heer : « *Urwelt der Schweiz* ». Il nous montre pendant l'âge corallien, comme terre ferme les Vosges et la Forêt-Noire ; comme point littoral le bassin alsatique et le Jura septentrional, et comme région pélagique le Jura méridional. Il nous rend ainsi compte des riches et puissants sédiments coralliens dans ces chaînes septentrionales, de leur diminution dans le Jura central, de leur pauvreté ou même de leur disparition vers le Jura méridional, y compris une partie des cantons de Neuchâtel, de Soleure et d'Argovie.

« Déjà, ajoute ce savant, dans les gorges de Court la présence de l'étage corallien est plus que douteuse, et dans les chaînes extérieures qui bordent le littoral suisse il paraît ne plus exister du tout, tout au plus son annexe, le terrain à chailles supérieur, indique-t-il encore sporadiquement la place qu'il occupe dans la série des terrains jurassiques. Il en résulte que, dans ce cas, l'astartien inférieur repose plus ou moins directement sur les dépôts de l'étage oxfordien. — Il en est autrement dans les régions littorales précitées : on voit s'y développer, parmi les îlots des coraux, les nombreuses colonies de mollusques, des roches calcaires d'une puissance de plus de 100 mètres, pour la plupart oolithiques, crayeuses, qui, d'habitude, ressemblent tellement aux diverses oolithes blanches de l'Astartien, que, sans une attention toute particulière, rien n'est plus facile que de les confondre. »

Des recherches nombreuses et suivies n'ont fait jusqu'à présent que confirmer les observations de M. Gressly, en leur faisant cependant subir quelques modifications.

L'étage corallien existe bien dans les chaînes centrales et méridionales du Jura, indépendamment du terrain à chailles. Il est très-développé dans celle de Vellerat-Mont. Les calcaires à *Pecten solidus* existent dans la chaîne du Raimeux. Nous avons aussi remarqué l'oolithe corallienne dans la chaîne du Chasseral, au sud de Siegerzberg et ailleurs. M. le prof. Lang nous a fait connaître le *calcaire à Dicéras* et à *Nérinées* aux environs de Soleure; M. le curé Cartier près d'Oberbuchsiten, M. Mœsch à Wangen, O. d'Olten ; M. Fischer-Oster à Wimmis, et M. Bachmann dans le canton de Glaris.

L'étage rauracien est étudié depuis longtemps dans le canton de Neuchâtel et dans la Franche-Comté. MM. Frommherz, P. Merian, Sandberger, Schyll, Quenstedt, l'ont fait connaître dans le grand-duché de Bade et dans le Wurtemberg.

Ces recherches nouvelles n'ont point infirmé les idées de M. Gressly. Pendant l'époque rauracienne le Jura septentrional a conservé la physionomie littorale ou coralligène qu'il avait déjà affectée vers la fin de l'époque oxfordienne. Les bancs de coraux de la Caquerelle, de Soyhière, de Montmelon, qu'on peut poursuivre en remontant le Doubs jusqu'à Biaufond, et qui sont peuplés de genres coralligènes : *Ostrea, Hinnites, Diceras, Nerinea, Echinus, Cidaris,* le prouvent de la manière la plus évidente. Vers le centre du Jura, à la montagne de Moutier, la mer devenant plus profonde, le facies corallien tend à disparaître pour reparaître vers le S.-E., comme nous l'avons dit.

Si les caractères généraux de la mer corallienne nous sont déjà un peu connus, nous possédons aussi quelques connaissances sur sa faune, qui est bien loin d'être aussi circonscrite, aussi constante, qu'on l'a cru autrefois. Nous la voyons, en effet, dans ses allures vagabondes, dépendre moins de l'âge que des dispositions des mers, et quant à leur profondeur et quant à la nature de leur bassin.

A moins d'une meilleure diagnose, des fossiles, des faunules, comme nous l'avons déjà observé dans les assises bathoniennes, apparaissent dans un étage, se fusionnent en partie avec celles de l'étage suivant, ou l'abandonnent *localement,* si les conditions de vie ne leur conviennent pas, et reparaissent dans l'étage qui suivra. En effet, la faune suivante, sans trop s'embarrasser des temps géologiques, ne se trouve-t-elle pas à la fois dans le terrain à chailles siliceux — point dans le corallien — et dans la zone astartienne, terrains minéralogiquement parlant identiques et ayant en conséquence été formés dans des mers analogues et pourtant différents d'âge ?

Parmi les espèces communes au *terrain à chailles oolithique* et aux assises astartiennes oolithiques nous comptons :

Phasianella striata, d'Orb.	*Terebratula Delemontana,* Oppel. *T. Moravica,* Glock.
Pholadomya paucicosta, Ag.	» *bisuffarcinata,* Ziet. (*T. Bauhini,* Et.)
Pecten vimineus, Sow.	*Rhynchonella inconstans,* d'Orb.
» *rigidus,* Gressly.	*Cidaris Blumenbachii,* Münst.
» *Rauraciensis,* Grepp.	» *Parandieri,* Ag.
Mytilus subpectinatus, Sow.	*Hemicidaris crenularis,* Ag.
Ostrea cotyledon, Ctj.	» *intermedia,* Forbes.
» *spiralis,* d'Orb.	*Glypticus hieroglyphicus,* Ag.
» *gregaria,* Sow.	*Stomechinus lineatus,* Gf.
Exogyra conica, sp.	» *perlatus,* Desm.
	Pedina sublævis, Ag.

Les calcaires blancs crayeux du *corallien* et les calcaires oolithiques blancs et crayeux de l'*Astartien* offrent le même phénomène.

Ces bancs sont donc *isolithes* et *isozoïques*, c'est-à-dire qu'ils possèdent des caractères pétrographiques et paléontologiques semblables, bien qu'ils soient très-différents quant à l'âge.

D'autres fois les choses se passent plus simplement.

Des espèces apparaissent dans une localité et s'y maintiennent pendant quelques étages, Nous citerons comme exemple Elay, où M. Mathey a recueilli dans la même assise des espèces oxfordiennes, coralliennes et astartiennes !

En poursuivant ce genre d'observation, mais toujours dans des stations isolithes, et en sortant d'un point d'étude restreint pour en comprendre un plus étendu, *on arrivera probablement à admettre pour le Jura supérieur une même et unique faune, un seul étage*, se reliant au Jura moyen et même au Jura inférieur; puisque M. Desor en parlant de l'*Echinobrissus Bourgeti* de l'astartien et de l'*Echinobrissus clunicularis* du bathonien, dit : « N'était la différence de gisement, on n'hésiterait peut-être pas à les identifier. » Il serait assez intéressant de distinguer *à coup sûr* la *Terebratula lagenalis* du bathonien de la *Terebratula Delemontana* du terrain à chailles siliceux, si l'on tient compte encore des variétés qu'affectent souvent ces espèces. Il nous serait facile de multiplier ces exemples.

Cette manière de voir admise, on arriverait à résoudre bien des difficultés, excuser bien des erreurs. Ainsi sur des points différents, des assises astartiennes contemporaines affecteront ici un cachet corallien et là elles garderont le type astartien. Le premier point sera décrit comme corallien et l'autre comme astartien. Pourtant, une étude stratigraphique aurait bien vite fait justice d'une erreur de cette nature, que la paléontologie aurait été impuissante à reconnaître !

Nous nous expliquons ainsi une foule de données en apparence contradictoires et dont notre théorie donne une explication facile; c'est ainsi que MM. Römer et Buvignier placent telles ou telles espèces dans le corallien, tandis que dans le Jura ces mêmes espèces sont astartiennes. La *zone à Ammonites cordatus* se présentera en Allemagne, d'après M. Waagen[1], dans le fer sous-oxfordien, tandis que, dans le Jura bernois, elle se trouvera *dans le terrain à chailles marno-calcaire* de la Paturatte.

Ces faits mettent au jour le côté faible du système des zones fossilifères de la jeune école d'Allemagne.

Ces quelques lignes suffiront aussi pour faire ressortir l'importance, la nécessité même, des recherches stratigraphiques et paléontologiques locales, de même que la réserve qu'il faut apporter dans la généralisation de certains faits.

En attendant que la paléontologie ait dit son dernier mot sur cette question, que l'on ait recueilli assez de matériaux pour arriver à la simplification de l'étude des terrains jurassiques supérieurs, nous maintiendrons notre division, dont le côté scientifique peut être attaqué, mais qui a cependant l'avantage incontestable d'être très-pratique.

Ayant exclu de l'étage corallien le terrain à chailles siliceux, qui est bien oxfordien, cet étage ne renfermera plus que deux assises : 1. l'*Oolithe corallienne* et 2. *le calcaire à Nérinées*.

1. Oolithe corallienne.

PÉTROGRAPHIE. Elle est formée de calcaires oolithiques, blanchâtres, grisâtres ou même bleuâtres, empâtant de nombreux fragments de coquilles ou de coraux roulés, cependant souvent reconnaissables ; bancs épais, assez réguliers, grumeleux, même fissiles. — *Puissance :* 5 à 10 mètres.

Fossiles nombreux, souvent brisés et usés par le frottement.

Cette roche se reproduit avec les mêmes caractères à la chaîne du Mont-Terrible, à Pleigne, à Courfaivre, dans le haut du Peu-Bie, au Chenal de Soulce, côté sud du pré, et dans le district de Laufon, dans les cantons de Soleure et de Bâle.

Zwingen peut être envisagé comme type de cette assise, tant pour la beauté, la puis-

---

[1] *Der Jura in Franken, Schwaben und der Schweiz*, von Waagen, München, 1864.

sance (10 m.) du gisement, que pour la richesse de ses fossiles. Nous en donnerons la coupe plus tard.

Les fossiles habituels à ce facies sont :

Des dents de *Crocodiles* et de *Poissons*, ensuite les espèces suivantes :

Ammonites plicatilis, d'Orb. Blauen. Coll. de M. Matthey.
Chemnitzia athleta, d'Orb.
» *Laufonensis*, Th.
Nerinea elegans, Th.
» *Visurgis*, d'Orb.
» *Laufonensis*, Th.
» *Rœmeri*, Phil.
» *Defrancii*, d'Orb.
» *Mandelslohi*, Br.
Trochus angulatoplicatus, Münst.
Trigonia Meriani, Ag.
» *geographica*, Ag.
Cardita squamicarina, Buv.
Astarte percrassa, Et.
» *pseudolœvis*, d'Orb.
» *robusta*, Et.
Opis semilunulata, Et.
Lucina Ruppellensis, d'Orb.
» *Delia*, d'Orb.
Corbis Collardi, Et.
Arca Laufonensis, Et.
» *bipartita*, Rœm.
Lima corallina, Th.
» *Meriani*, Et.
Pecten solidus, Rœm.
» *subtextorius*, Mü.

P. vimineus, Sow. (*P. articulatus*, Mü.)
» *Pagnardi*, Et.
» *septemcostatus*, Rœm.
» *subfibrosus*, d'Orb.
Pinna verrucosa, Grepp. Zwingen.
Mytilus Rauracicus, Grepp.
Long. 120 mm., larg. 65 mm., cunéiforme, test. très-mince, 1/2 mm., lisse, avec plis d'accroissement assez grands ; on remarque sur le moule les empreintes de lignes longitudinales fines et nombreuses. La partie antérieure de la coquille est comprimée latéralement et relevée, et forme ainsi deux carènes et un dos presque plat. — De Blauen ; collection de M. Matthey.
Gervillia sulcata, Et.
Ostrea suborbicularis, Rœm.
» *subnana*, Et.
» *quadrata*, Et.
Exogyra conica, Grepp.
Crochets recourbés, saillants, infléchis latéralement ; le bord opposé aux crochets est assez large, presque vertical, muni de côtes longitudinales assez nombreuses : 35 à 40 ; long. 14 mm., larg. 10 mm.
Terebratula insignis, Schüb. Pleigne, Istein dans le grand-duché de Baden.
» *Moravica*, Glöck.
Glypticus hieroglyphicus.

Ces espèces ont été recueilles à Zwingen, au Peu-Bie et à Pleigne.

2. Calcaire à Nérinées.

PÉTROGRAPHIE. Calcaire à texture compacte, lithographique, saccharoïde ou crayeuse, même tufeuse, de couleurs claires, d'une désagrégation facile, formant des bancs très-puissants. Ces caractères pétrographiques varient d'une localité à l'autre.

Cette zone à Nérinées, très-répandue dans le Jura, ainsi que nous l'avons démontré ci-dessus, est connue dans la chaîne des Alpes. M. Fischer-Oester possède de Wimmis les espèces suivantes :

Diceras arietina
Cardium corallinum, Lym.
Nerinea Moreana, d'Orb.
» *speciosa*, Voltz.

» *sequana*, Th.
» *Calypso*, d'Orb.
» *contorta*, Buv. — etc.

Les Pl. 94 et 95, de l'ouvrage classique de M. Quenstedt, *weisser Epsilon*, pars, prouvent assez que le facies à Nérinées existe dans le Wurtemberg. Il est très-bien représenté dans le Jura occidental, dans la Franche-Comté, dans le département de l'Ain. A Nantua, ses fossiles caractéristiques sont d'une conservation parfaite. Cependant l'étage rauracien, ce joli type, n'a pas trouvé grâce devant la commission géologique fédérale ; serait-ce parce qu'il n'est que peu développé dans le canton d'Argovie?

Puissance de 20 à 80 mètres.

Le calcaire à Nérinées, se laissant facilement tailler et scier, a été et est encore exploité en bien des endroits.

Des tombeaux et diverses constructions d'art de l'époque romaine sont faits de cette roche. Les pierres de taille de certains châteaux du moyen-âge sont sorties des couches. à Nérinées, et ont jusqu'à ce jour résisté aux influences atmosphériques.

Les carrières de la Caquerelle, de Villars-le-Sec et surtout celle de Bure, fournissent encore une pierre de taille assez estimée.

Les bancs inférieurs de l'étage corallien, plus puissants, plus durs, plus compactes, ont aussi été exploités dans quelques endroits ; mais à cause de la nature écailleuse, vitreuse, de cette roche, elle n'est pas recherchée des tailleurs de pierre. Elle rendrait cependant de bons services pour des constructions grossières, mais solides.

Voici la coupe de cette subdivision prise au Vorbourg :

Etage : *Kimméridgien.*

Ergoptéroctt.	Couche marno-calcaire à *Hemicidaris Thurmanni ;*	
	Calcaire compacte à cassure conchoïdale, vitreuse, exploités, à *Pinnigena Saussurii, Nautilus giganteus ;*	
	Calc. jaunâtre à fucoïdes.	10m,00

Etage Séquanien.	Rocaille arrondie, en forme de galets ;	
	Bancs calc. minces;	
	» » mal stratifiés, (rocaille) de couleur jaunâtre avec taches ou places rougeâtres, violettes	8 00
	Bancs de calcaires minces	4 00
	Bancs calc. puissants, fendillés, blanchâtres, compactes ou oolithiques à *Pygurus tenuis, P. Blumenbachii*	9 70
	Calc. blancs, oolithiques . . . . ,	2 50
	» » »	1 00
	» » compactes, jaunes, dolomitiques	0 70
	» » » grumeleux	1 00
	» » » bréchiforme	1 20
	» » » suboolithiques	4 40
	Calc. grisâtre, formant avec les oolithes une masse subcompacte, parfois rosée	4 00
	Calc. compactes oolithiques	6 00
	Calc. compactes, oolithiques, rosés	5 00
	Calc. noir de fumée	2 00
	» jaunâtres , brun-clairs, très-durs, à cassure squameuse ;	
	Rocaille gris-noire, à *Terebratula humeralis*	5 00
	Groise grise à *Rhynchonella helvetica*, *Terebratula humeralis, Ostrea spiralis* . . .	2 60
	Calc. jaune-clairs, très-oolithiques	0 80
	Calc. puissamment stratifiés, oolithiques, jaune-pâles à taches bleues	8 00
	Calc. perforé ;	
	Marnes et calcaires	8 00
	Assises calcaires à *Melania striata*, *Astarte minima*, *Hemicidaris stramonium* ;	
	» marneuses » » » » »	
	Marnes grises à *Nerinea Bruckneri*, *Lucina Elsgaudiœ*, *Echinobrissus Bourgeti* . .	16 00
	Puiss. totale de l'Astartien . .	90m,50

<table>
<tr><td rowspan="18" style="writing-mode: vertical">Etage : Rauracien.</td></tr>
<tr><td>Rocaille ;</td><td></td><td></td></tr>
<tr><td>Bancs calcaires compactes, grisâtres, stériles . . . .</td><td>4</td><td>00</td></tr>
<tr><td>Banc calc. brèchiforme . . . .</td><td>1</td><td>00</td></tr>
<tr><td>Banc calc. subcompacte avec les Nérinées habituelles au Corallien . , ...</td><td>1</td><td>00</td></tr>
<tr><td>« » . . . .</td><td>2</td><td>50</td></tr>
<tr><td>Calc. brèchiforme , désagrégeable par places et se creusant en cavernes, — Corallien caverneux, à nombreux Polypiers, qui, tel que le Rhabdophyllia flabellum, forment des bancs entiers . . . .</td><td>50</td><td>00</td></tr>
<tr><td>Calc. oolithique . . . .</td><td>1</td><td>00</td></tr>
<tr><td>» » . . . .</td><td>5</td><td>00</td></tr>
<tr><td>» » . . . .</td><td>5</td><td>50</td></tr>
<tr><td>Calc. brèchiforme . . . .</td><td>8</td><td>00</td></tr>
<tr><td>» » . . . .</td><td>1</td><td>50</td></tr>
<tr><td>» » . . . .</td><td>3</td><td>30</td></tr>
<tr><td>» » . . . .</td><td>6</td><td>00</td></tr>
<tr><td>» » . . . .</td><td>1</td><td>50</td></tr>
<tr><td>» oolithique brun . . . .</td><td>3</td><td>00</td></tr>
<tr><td></td><td>96</td><td>00</td></tr>
</table>

Etage : Oxfordien . . . .

Au Vorbourg, l'astartien aurait une puissance de 90 mètres, et le corallien, si on donne 16 mètres à l'assise inférieure, 106 mètres.

La faune du calcaire à Nérinées est surtout remarquable par ses nombreuses *Nérinées*. A la Caquerelle, la *N. nodosa* forme seule tout un banc. Certains Bivalves habituels aux stations coralligènes, telles que les *Onomya foliosa*, *Mytilus triqueter*, pullulaient aussi dans cette mer corallienne, dont voici la faune :

FAUNE DU CALCAIRE A NÉRINÉES.

Crustacé, quelques espèces publiées par M. Etallon.

Serpula quadristriata, Gf. Caquerelle.

   M. Etallon l'a appelée *S. lacerata*, réservant le nom de *S. quadristriata* à une espèce callovienne.

Nerinea Defrancei, Desh. Caquerelle.

» *nodosa*, Voltz. »

» *Ursicina*, Th. »

» *suprajurensis*, Voltz. »

» *Laufonensis*, Voltz. »

» *Gaudryana*, d'Orb. »

» *turritella*, Voltz. »

» *elegans*, Th. »

» *Rœmeri*, Phill. »

» *Kohleri*, Et. »

» *perextensa*, Grepp. »

   Sa forme très-allongée, la hauteur des tours, leur peu de largeur et leur concavité, la distinguent de toutes les Nérinées rauraciennes. Long. 175 mm., larg. 15 mm.

» *Bruntrutana*, Th. Caquerelle, Soyhière.

» *Mustoni*, Ctj. » »

» *sexcostata*, d'Orb. » »

N. depressa, Voltz » »

» *Castor*, d'Orb. » »

» *pyramidalis*, Grepp. »

   Elle a quelque ressemblance avec la *N. Sequana*, d'Orb., pl. 269, f. 3, et avec la *N. Visurgis*, Rœm., pl. 11, f. 28 ; mais ellese distingue de cette dernière par un bourrelet tuberculeux, situé un peu au-dessus du milieu de chaque tour. Elle diffère aussi de la *N. Sequana*.

» *amata*, d'Orb. Caquerelle.

   Syn. : *N. albella*, Th.

Turbo princeps, Rœm. Fringuelet.

Trochus angulato-plicatus, Münst. Caquerelle.

   Syn. : *T. monilifer*, Qu. Pl. 95, f. 1 & 12

» *crassicosta*, Buv.

   Coll. du progymnase de Delémont.

» *dioscoïdeus*, Rœm. Caquerelle.

   Syn. : *Ditremaria dioscoïdea*, Et.

» *rotella*, Grepp. Villars-le-sec.

   Petite espèce lisse, très-déprimée, long. 9 mm. larg. 6 mm., haut. 4 mm.

» *pyramidalis*, Grepp. Caquerelle.

   Petite espèce lisse, pyramidale, à 6 ou 7 tours, long. de 9 mm., larg. de 5 mm.

Purpurea Lapierrea, Buv. Caquerelle.
Acteonina acuta, d'Orb.   »
» *Dormoisiana*, d'Orb.
   Musée de Bâle; bel exempl. recueilli à Noirmont.
Nerita canalifera, Buv.
   Coll. du progymnase de Delémont.
» *sigaretina*, Buv. Caquerelle.
Natica Ruppellensis, d'Orb. Caquerelle, Villars-le-sec.
Neritopsis csncellata, Gein.   »
» *decussata*, d'Orb.   »
Cerithium limiforme, Rœm. Collège, Villars-le-sec.
» *buccinoïdeum*, Buv.   »
» *corallense*, Buv.   »
Pterocera polypoda, Buv. Caquerelle.
Rotella.   »
Diceras arietina, Lk. Commune partout.
Pholadomia paucicosta, Ag. Caquerelle.
» sp., vois. de là *P. Protei*, Undervelier.
Cardita squamicarinata, Buv. Bure, O. de Porrentruy.
Cardium corallinum, Leym. Partout avec les calc. à Nérinées.
Corbis Collardi, Et. Caquerelle. Bure.
» *mirabilis*, Buv.   »   »
» *scabinella*, Buv. Bure.
Arca Laufonensis, Et. »
» *subtexata*, Et. Mᵗ de Courroux.
Mytilus triqueter, Buv. Caquerelle, espèce commune et caractéristique.
» *subpectinatus*, d'Orb. Caquerelle.
Lucina Goldfussi, Des.
   Collection du progymnase de Delémont.
Lima corallina, Th. Caquerelle, Soyhière.
» *Meriani*, Et.   »   »
» *Renevieri*, Et.   »   »
» *semielongata*, Et.   »   »
» *Picteti*, Et.   »   »
» *aviculata.*   »   »
Pecten Pagnardi, Et.   »
Perna rhombus, Et. Peut-Bie, S. de Courfaivre.
Hinnites velatus, d'Orb. Caquerelle.
» *Kœchlini*, Mer.   »

Anomya foliacea, Et. Caquerelle, où elle forme un banc.
Ostrea solitaria, Sow.   »
» *rostellaris*, Mü.   »
Exogyra coralligena, Grepp.
   Loug. 110 mm., larg. 70 mm.; surface lamelleuse, sans côtes; coquille épaisse, assez profonde, rappelant l'*Ostrea callifera* de l'étage tongrien.
» *conica*, Grepp. Caquerelle.
Pinnigena Saussuri, d'Orb. Forges d'Undervelier.
   Espèce de la taille et de la forme du *P. Saussuri*, mais plus aplatie.
Terebratula perovalis, Sow. fig. par Rœmer, Pl. 2, fig. 3. — Pleigne.
» *Moravica*, Glock. Liesberg.
» *Bourgeti*, Et. Caquerelle.
» *Bauhini*, Et.   »   Vorbourg.
» *ovulum*, Grepp.   »
Cidaris Blumenbachii, Münst. Caquerelle.
» *Parandieri*, Ag.   »
Rhabdocidaris tricarinata, Ag.   »
» *mitrata*, Qu.   »
» *verrucosa*, sp.   »
Diplocidaris cladifera, Des.   »
Hemicidaris crenularis, Ag.   »
» *intermedia*, Forbes.   »
» *Lestocquii?* Th.   »
» sp.
Hemidiadema prunella, Des.   »
Acrocidaris nobilis, Ag.   »
Glypticus hieroglyphicus, Ag. Caquerelle et Soyhière.
Pseudodiadema radiata, Whrigt. Bure.
Acrosalenia Matheyi, Des. Caquerelle.
?*Pygaster tenuis*, Ag.   »
Ophiura Leopoldi, Grepp.   »
Apiocrinus rosaceus, Gf.   »
Aplosmilia semisulcata, d'Orb. Caquerelle, Cul du Pré, combe de Biaufond.
Montlivaltia grandis, Et. Caquerelle.
» *vasiformis*, Et.   »
» *subcylindrica*, E. et H.   »
Comoseris irradians, E. et H.
Tecosmilia sublœvis, Et.

Thamnastrea concinna, E. Caquerelle, Zwingen, Soyhière.	*Dendrohelia coalescens*, Et. Caquerelle.
» *Coquandi*, Et. »	*Stylohelia coalescens*, Et. »
Microphyllia contorta, Et. »	*Thecosmilia irregularis*, »
Dendrogyra rastellina, Et. »	*Allocœnia trochiformis*, Et. »
Stylina decipiens, Et.	*Rhabdophyllia flabellum*, Et. »
» *Bernensis*, Et. »	*Stolosmilia Michelini*, E. & H. »
» *tubulifera*, E. et H. »	*Leptophyllia depressa*, Et. »
Stephanastrea mamulifera, Et. »	*Pleurosmilia Marcoui*, Et. Cul du Pré.

18ᵉ Etage : Séquanien.

Localité-type : Ancienne Séquanie.

Syn. : *Groupe séquanien ou astartien*, de MM. Thurmann, Etallon, Marcou ; *étage corallien*, pars, de M. d'Orbigny ; *la partie inférieure de l'étage kimméridgien*, de M. Cortejean ; *étage séquanien*, de M. Jourdy ; *Astartenstufe*, des Allemands; *une partie probable du Jura blanc, epsilon et zéta, à Astarte minima, Strophodus reticulatus et à Reptiles*, de M. Quenstedt.

L'étage séquanien ! Qu'entend-on par étage séquanien ?

C'est l'oxfordien supérieur, c'est le rauracien ou le corallien, c'est encore le kimméridgien et le portlandien ; c'est tout cela, excepté l'étage séquanien même.

Il n'est cependant pas un sujet insaisissable, car non-seulement il existe en Suisse, mais M. E. Jourdy n'a pas craint de le reconnaître comme étage indépendant dans la Franche-Comté. (V. Etude de l'étage séquanien aux environs de Dôle, par E. Jourdy, 1865.) — En outre, un terrain limité en haut par le *Calcaire à Nérinées*, et en bas par un dépôt caillouteux et par les Calcaires à fucoïdes de l'étage kimméridgien, un terrain comprenant une puissance de 65 mètres dans nos environs, de 78 dans le Porrentruy, de 98 près de Montbéliard et de 100 à 140 dans le canton de Neuchâtel, un terrain formant des crêts, des cirques, souvent des combes, où la végétation rabougrie des étages kimméridgien et virgulien prend un beau développement, et où quelques grandes sources apparaissent, ne peut être un mythe. Il existe bien, et dans le fait de son existence nous trouvons toutes les preuves d'une ancienne mer. Rien n'y manque : Bas-fonds sableux, vaseux, peu profonds, semblables à ceux de nos lagunes, et servant d'asiles à une faune petite, fragile, mais riche en espèces et en individus ; des régions avec une flore marine, remarquable par ses fucoïdes à tiges épaisses ; des bancs de coraux hébergeant de nombreux Lithodomes, d'innombrables Echinides, des colonies d'Ostréacés, de Mytilacés, de Myacés et de Gastéropodes ; bref, nous y retrouvons des facies côtier, subpélagique et pélagique avec tous leurs accidents, et l'ensemble fréquemment visité par de grands Poissons et d'énormes Reptiles courant après leur proie. A ce tableau ajoutez des révolutions, telles que des oscillations du sol souvent répétées, qui ont amené de grandes perturbations dans le régime des mers, comme la destruction partielle ou du moins l'émigration des faunules, la reproduction d'autres faunules, et vous aurez une faible idée de l'état des mers de cette époque.

Maintenant, s'il plaît à des géologues de ne pas même faire à ce terrain l'honneur de l'admettre dans leur cadre stratigraphique, nous ne croyons pas devoir suivre leur exemple, en raison de l'intérêt que présentent ces couches puissantes et variées.

Il est vrai que la faune séquanienne n'a pas un caractère tout particulier, comme nous en avons déjà fait la remarque ; cette faune se trouve morcelée dans les étages voisins, et cela peut-être d'une manière d'autant plus sensible qu'on s'éloigne davantage du Jura bernois. Cela n'empêche pas ces divers matériaux de se rapprocher, de se grouper, de s'associer, et de donner avec la roche qui les contient un aspect bien caractéristique à cet étage. Une visite dans les localités suivantes le démontrera.

A l'Angolat, localité sise au NO. de Soyhière, l'étage séquanien se présente de haut en bas comme suit :

Ét. Kimméridgien bancs inf.

Banc calcaire	6ᵐ,00
»	5ᵐ,00
» compacte, brèchiforme, gris-clair, rosé	6 00

Puissance totale . . 17ᵐ,00

Étage séquanien.

Oolithe astartienne blanche à cavernes, désagrégeable, avec *Lima astartina, L. pygmœa, Pecten rigidus ;*
Rocaille jaune-clair, oolithique, empâtée dans une masse compacte ;
Calc. brèchiformes ;
» compactes, homogènes, 1½ m. de puiss., donnant une assez bonne pierre de taille   16 00
» oolithiques, jaunes, rosés ;
Marnes jaunes, rougeâtres, à *Terebratula humeralis, Mytilus subpectinatus* 3 00
Calc. oolithiques, suboolithiques, grenus, gris-jaunâtres, grisâtres avec quelques taches bleues ;
Galets calcaires empâtés dans une masse compacte. 1 00
Calcaire oolithique, compacte, brèchiforme, détritique, à cassure raboteuse ou vitreuse . 3 00
Rocaille ;
Calc. marneux oolithique 3 00
Marnes jaunes, bleuâtres, blanc-jaunâtres, feuilletées, schistoïdes, avec géodes ;
Marnes vertes à *Astrea, Pentacrinus Desori, Apiocrinus similis, Hemicidaris stramonium, crenularis ;*
» vertes à *Phasianella striata, Natica turbiniformis, Lima astartina, Cardium fontanum, Pecten rigidus, Ostrea spiralis, Terebratula humeralis* 2 00
Calc. gris-bruns, très-durs, à cassure raboteuse, lithographiques ; pierre à aiguiser, *Wetzstein,* stérile 1 00
» oolithiques, durs, jaunes, grisâtres, micacés, fissiles, se désagrégeant en fragments cuboïdes 4 00
» recouvert 3 00
Rocaille, calc. grisâtre à couches de 10 à 40 centimètres 3 00
Calc. jaune, dolomitique ;
» compacte rosé, fendillé, brèchiforme 2 00
» oolithique, gris-jaune, dolomitique à cassure écailleuse, raboteuse 1 00
» jaune, marno-compacte, feuilleté, très-désagrégeable, avec paillettes de mica blanc 3 00
Marnes micacées, jaunes, grisâtres, schistoïdes avec grès fin, micacé 2 00

Obs. Ici finit l'affleurement ; mais on peut le compléter un peu plus haut, à l'entrée dans la Combe au Loup. Marnes grises, rougeâtres, à *Natica turbiniformis,* passant à des marnes jaunes ou grises et à des calcaires auxquels est subordonnée une couche mince de marnes grises renfermant de nombreuses *Nerinea Bruckneri,* des *Lucina Elsgaudiæ,* etc. (Certaines couches astartiennes à oolithes et à taches bleues ressemblent quelquefois tellement à celles de l'étage bathonien qu'on ne parvient à les distinguer que par leurs bancs généralement plus puissants, par la faune et par la position stratigraphique.) . . 12 00

Puiss. totale . 61ᵐ,00

Étage rauracien

Calc. à *Nérinées* 20 00
» brèchiforme, rocaille ;
» caverneux. 40 00
Oolithe corallienne. 30 00

Puiss. totale . . 90ᵐ,00

Étage oxfordien. Terrain à chailles siliceux.

Le monticule de Montchaibeux, placé vers le milieu du val de Delémont, couronné par l'oolithe astartienne blanche, et montrant à son flanc occidental un affleurement de marnes astartiennes avec une faune très-riche, affecte les mêmes caractères minéralogiques et paléontologiques que l'Angolat. Dans le district de Delémont, l'étage séquanien est encore à découvert près des Pics, S. de Courfaivre, à Glovelier sur la route de St-Brais, au nord d'Ederschwyler sur la route du Moulin-neuf. Le Chenal de Soulce est remarquable par ses nombreux Gastéropodes.

Dans le district de Laufon, il est très-développé. Voici la coupe que nous en a laissée Gressly :

ÉTAGES SÉQUANIEN ET RAURACIEN DE LAUFON, *mesurés du haut en bas :*

Étage : Séquanien.

1. Calc. blanc et jaunâtre à *Diceras gregarea* 5ᵐ,00
2. Oolithe blanche crayeuse, friable 4 00
3. Calc. dolomitiques gris, jaunes à points spathiques 5 00
4. » brèchiforme 2 00
5. » compacte et subcompacte à oolithes fines 6 00
6. Pisoolithes crayeuses, à fossiles du facies corallien 1 00
7. » compactes à taches rouges 1 00
8. Calc. compacte 3 0₀
9. » » à cassure écailleuse à *Sphærodus* 1 00
10. » blanc brèchiforme 6 00
11. Oolithe jaunâtre 1 00
12. » » à *Terebratula humeralis, Ostrea* 1 00
13. » friable à *Mytilus subpectinatus, Pecten rigidus, Hemicidaris stramonium, Pygaster* 1 00
14. Calc. jaunes très-oolithiques, ensuite bruns et subferrugineux à *Pholadomya truncata* 3 00
15. Calc. blanc, brèchiforme 5 00
16. « » par assises minces 3 00
17. Marnes jaunes 1 00
18. Calc. dolomitiques, gris 2 50
19. Marnes jaunes à *Hemicidaris stramonium, Terebr. humeralis* 3 00
20. Calc. gris, jaunâtres 1 00
21. Marnes jaunes et grises souvent bigarrées 1 00
22. Calc. marneux à *Natica turbiniformis* 1 00
23. Oolithes marneuses brunes à *Terebratula humeralis*. 1 50

Puiss. totale de l'étage séquanien . . . 58ᵐ,00

Immédiatement au-dessous on voit :

Étage : Rauracien.

1. Calc. à *Diceras* et à *Natices*. 3ᵐ,00
2. » compacte ou suboolithique à Nérinées et à *Eulima* 9 00
3. Oolithe confluente fine ou grossière à *Nerinea Laufonensis* 10 00
4. » grossière brèchiforme à *Trigonia Meriani, geographica, Pecten solidus, Opis trigonella, Chemnitzia athleta* 10 00
5. Tufs, oolithes et calcaires à Madrépores, *Cidaris, Glypticus* 6 00
6. Marnes calcaires, crayeuses, pulvérulentes, calcaires subcompactes, fissiles, presque stériles 7 00

Hauteur totale de l'étage rauracien. . . 45ᵐ,00

Moutier est aussi très-bien partagé par ses stations astartiennes fossilifères. Le chemin d'Eschert au Graitery offre des éboulements astartiens riches en fossiles. Le pâturage de la montagne, au N. O. de Perrefitte, a été exploité avec succès par M. Matthey. Cet infatigable géologue y a recueilli dans une zone coralligène une grande quantité de très-beaux Echinides.

L'étage séquanien a été étudié avec le plus grand soin en Ajoie et aux environs de Montbéliard par MM. Thurmann, Contejean et Etallon. Aux environs de Dôle, où la faune présente une grande homogénéité et une ressemblance frappante avec celle du Jura bernois, il atteint une puissance de 70 m.

L'astartien neuchâtelois est connu depuis longtemps.

Le bassin alsatique, et surtout notre frontière nord, la zone à Polypiers de Rœdersdorf, a souvent été exploré par le regrettable J. Kœchlin. Avec M. P. Merian nous l'avons constaté au Sud de Bâle, à Ettingen, à l'est de Dornach, sur le plateau de Gempen, de Hobel; M. le prof. Lang, dans le canton de Soleure, aux carrières de la cluse de Ste-Vérène, où il atteint une puissance de 14 m. Nous l'avons encore observé au sud de Balsthal, à la Klus.

La faune de Baden, de Wangen, d'Olten et d'autres localités du canton d'Argovie, que nous avons pu étudier avec MM. Gressly et Matthey, ne laisse pas de doute sur la présence de l'étage séquanien dans le canton d'Argovie. Les espèces suivantes que nous y avons observées sont caractéristiques de la zone astartienne supérieure ou de l'hypoptérocérien: *Serpula medusida, Natica turbiniformis, Pholadomya Protei, Ceromya orbicularis, Trigonia suprajurensis, Pinna Baunéiana, Pecten Rauraciensis, Lima astartina, Rhynchonella inconstans, Terebratula humeralis, Holectypus Meriani, Pygurus tenuis, Apiocrinus Meriani.* Les limites et la faune de ces zones devront encore être mieux précisées et étudiées.

L'astartien s'étend encore au Randen et dans la Souabe.

FAUNE SÉQUANIENNE. Voici la liste des fossiles que nous avons recueillis dans ces divers affleurements astartiens avec MM. F. Matthey et L. Greppin :

Reptiles, une belle dent recueillie dans les marnes à Echinides de l'Angolat, chemin du Mettemberg, probablement du *Machimosaurus Hugii*, Ag.

Pycnodus affinis, Ag. Court et du nord de Delémont.

» *Nicoleti*, Ag. Glovelier.

» *gigas*, Ag. Perfitte, Montchaibeux, Laufon

Oxyrhina macer, Qu. T. 96, f. 45 et 46, ou espèce très-voisine des marnes à Astartes du Chenal de Soulce.

Strophodus reticulatus, Ag. Laufon, Angolat.

Orthomalus astartinus, Et. Graitery, Montchaibeut, Angolat.

Eryma Thurmanni, Et. Angolat.

Aptychus. Soyhière.

Belemnites astartinus, Et. Moulin de Liesberg, Montchaibeut, Graitery, Rœdersdorf.

Ammonites Lehmanni, Th. Entrée du chemin de Glacenal.

» *eupalus*, d'Orb. Graitery.

Serpula simplex, Et. Bure. Ederschwyler.

» *medusida*, Et. Montchaibeut, Angolat.

S. turbiniformis, Et. De la Perche, près Porrentruy, Ederschwyler.

» *canalifera*, Et. Ederschwyler.

» *Thurmanni*, Et. Commune.
Syn. : *S. philastarte*, Th.

» *ilium*, Gf. Pics, près Courfaivre, Angolat, Montchaibeux.
Paraît différent du *S. ilium* de l'Oxfordien.

» *quinquangularis*, Gf. Pics.

Chemnitzia Danaë, d'Orb. Montchaibeut.

» *Clio*, d'Orb. Commune aux environs de Montbéliard.

Nerinea fasciata, Voltz. Laufon.

» *Visurgis*, Rœm. »

» *Calypso*, d'Orb. »

» *nodosa*, Voltz. Montchaibeut. Chenal de Soulce.
A ce dernier endroit, elle est associée à la *N. Bruckneri*, au *Cerithium Moreanum*, à la *Nerita sigaretina*.

» *Bruntrutana*, Th. Montchaibeut.

» *Santonensis*, d'Orb. »

» *Gosæ*, Rœm. Vorbourg.

» *Bruckneri*, Th. Soyhière, Chenal de Soulce.

N. *Elca*, d'Orb. Montchaibeut.

» *sexcostata*, d'Orb. Moulin de Liesberg.

» *Laufonensis astartina*, Grepp. Laufon.

Long. 50 mm., larg. 10 mm. ; 11 à 12 grands plis par tours traversés 8 à 12 fascicules.

Cerithium Moreanum, Buv., Chenal de Soulce.

Phasianella striata, d'Orb. Commune.

Turritella astartina, Grepp. Chenal de Soulce, sur les plaquettes calcaires ou marneuses.

Très-petite espèce, très-abondante, associée à l'*Astarte minima*.

Pterocera anatypes, Ctj. Soyhière.

Rostellaria sp. Greifel.

Pleurotomaria Angolati, Grepp. Montchaibeut et Angolat.

Long. 52 mm., larg. 48 mm. ; six tours de spires ; sur le pénultième nous reconnaissons 20 côtes assez fines coupées par des côtes transversales serrées. Espèce ombiliquée du groupe des *Ornatæ*.

» *Montchaibeuti*, Grepp. Oolithe astartienne du Montchaibeut.

Long. 30 mm., larg. 33 mm. Espèce plate, fortement ombiliquée. Le dernier tour s'aplatit insensiblement et il présente deux carènes séparées par une forte échancrure. Depuis le tour pénultième à la 1re carène, on observe 15 à 17 grosses côtes longitudinales et 6 sur l'échancrure. Le nombre des tours est de quatre.

» *percarinata*, Grepp. Chenal de Soulce.

Sa forte carène, sa forme plus allongée, sa taille moindre le distinguent de l'espèce précédente.

Trochus Sequanus, Grepp. Oolithe astartienne de Montchaibeut.

Long. 8 mm., larg. 6 mm., 4 à 6 côtes longitudinales, dentelées ; les tours, au nombre de 5 à 6, sont tellement serrés qu'ils paraissent être tout d'une pièce. Coquille conique.

Turbo princeps, Rœm. Graitery, Oel s. d'Envelier.

» *globulus*, d'Orb. Laufon.

» *Mattheyi*, Grepp.

Les moules de cette espèce sont souvent confondus avec ceux de la *Natica turbiniformis*.

Nous avons sous les yeux quatre exemplaires de ce *Turbo* recueillis à l'Angolat et conservant

les ornements du test qui ne permettent pas cette assimilation.

Long. 45 mm., larg. 30 mm. ; tours : 4, dont le dernier présente 7 à 9 fascicules ; ceux du milieu sont fortement carénés et serrés. Ils sont réunis par de nombreux plis transverses très-prononcés, irréguliers et sinueux. La forme ovale, allongée, de cette belle espèce se rapproche de celle des Natices.

Natica Elea, d'Orb. S. de Bassecourt.

» *grandis*, Münst. Chenal de Soulce, Montchaibeut.

» *turbiniformis*, Rœm. Commune.

» *hemisphærica*, Rœm.

» *Eudora*, d'Orb. Chenal de Soulce.

» *semiglobosa*, Et. Pichoux, Graitery.

Nerita sigaretina, Buv. Chenal de Soulce, Montchaibeut.

» *pulchella*, Buv. Béridié, N. de Delémont.

» *ammonitiformis*, Grepp.

Petite espèce, rappelant par ses fortes côtes transversales, au nombre de 20 à 25, certaines ammonites oxfordiennes. Tours de spire 2 1/2 ; long. 9 mm., larg. 6 mm.

Neritopsis astartina, Grepp. Graitery.

Long. 15 mm., larg. 10 mm., 2 1/2 tours. Le test est recouvert de 10 à 12 grosses côtes longitudinales coupées par d'autres côtes transversales, qui donnent à la coquille un aspect grossièrement treillissé ; bord calumellaire échancré. Des marnes astartiennes de Graitery.

Eulima elegans, Grepp.

Long. 31 mm., larg. 15 mm. ; 7 tours lisses, serrés.

Bulla suprajurensis, Rœm. Angolat, Montchaibeut.

Patella Sequana, Grepp.

Forme allongée, conique, tours d'accroissements très-prononcés. Long. 32 mm., haut. 20 mm.

Pholadomia paucicosta, Rœm. Montchaib[t]

» *recurva*, Ag. Soyhière, »

» *canaliculata*, Rœm. » »

» *pectinata*, Ag. »

» *hortulana*, d'Orb. »

» *pudica*, Ctj. » »

Mactromya rugosa, Ag. » »

Pleuromya Voltzii, Ag. Graitery »

» *tellina*, Ag. Perfitte, »

Goniomya constricta, Rœdersdorf.

Ceromya inflata, Ag. Pics S. de Courfaivre, Montchaibeut.

    Syn. : *C. obovata*, d'Orb.

Corimya Studeri, Ag. Montchaibeut.

    Syn. : *Thracia suprajurensis*, Desh.

Astarte supracorallina, d'Orb. Commune.

    Syn. : *A. minima*, Gf. ; *A. gregaria*, Th.

» *Sequana*, Grepp. Elay.

    Long. 25 mm., larg. 25 millim., épaisseur 17 mm.; 18 à 20 grandes côtes concentriques. Coll. de M. Mathey.

Lucina Elsgaudiœ, Th. Commune.

Trigonia subconcentrica, Et. Thiergarten.

» *suprajurensis*, Ag. Montchaibeut, Laufon, Rœdersdorf.

» *concinna*, Rœm.   »

» *supraastartina*, Grepp.   »

    Long. 10 mm., larg. 11 mm.; avec 10 à 14 côtes transversales traversées par deux carènes dont la plus rapprochée du bord buccal n'est qu'une légère ondulation.

Cardium fontanum, Et. Commune.

» *corallinum*, Leym., épiastartien de Glovelier.

Arca sublata, d'Orb. Pics.

Pinna ampla, Gf. Laufon, Caquerelle, Montbéliard, Montchaibeut.

    Syn. : *Mytilus amplus*, Sow.

Mytilus subpectinatus, d'Orb. Commun.

» *longœvus*, Ct. Montchaibeut.

» *perplicatus*, Et. Pics, Roggenbourg.

» *astartinus*, Th., Montchaibeut.

» *subœquiplicatus*, Gf. Rœdersdorf.

Gervillia tetragona, Rœm. Montchaibeut.

Perna subplana, Et.   »

Lithodomus socialis, Th.   »

Diceras suprajurensis, Th. Chenal de Soulce

Lima astartina, Th. Montchaibeut, Angolat, Cernil, Combe de Maran.

» *Greppini*, Et. Montchaibeut.

» *Monsbeliardensis*, Et. Rœdersdorf.

» *pygmœa*, Th. Montchaibeut. Oolithe astartienne, au-dessus de Montavon.

» *œquilatera*, Buv. Montchaibeut.

Pecten rigidus, Gressly. Commun.

    Nous réunissons à cette espèce le *P. astartinus*, Et., *P. Kœchlini*, Mer., *P. Beaumontanus*, Buv., et le *P. varians*, Rœm.

» *vimineus*. Montchaibeut. Soyhière.

    Se distingue du *P. articulatus* du terrain à chailles par ses 25 côtes, par son port plus droit, par sa moindre largeur et par ses ornements.

» *Rauraciensis*, Grepp. Elay.

    Coll. de M. Matthey.

» *semiplicatus*, Et.

    Espèce virgulienne, recueillie sur la route de la Caquerelle à l'Ordon.

» *intertextus*, Lesueur, Montchaibeut.

» *septemcostatus*, Grepp. Soyhière.

    Grandeur et forme du *P. octocostatus*, dont il se distingue par le nombre des côtes.

Avicula spondyloïdes, Rœm. Angolat.

» *Sequana*, Grepp. Montchaibeut.

    Long. 12 mm., larg. 12 mm.; test recouvert de 22 à 25 côtes longitudinales granulées, présentant dans leurs interstices des côtes rudimentaires, reliées par des stries concentriques très-fines. Espèce assez voûtée.

Hinnites astartinus, Grepp.

    Long. 80 mm., larg. 74 mm.; valve supérieure recouverte de plus de 40 grosses côtes sinueuses, imbriquées, dont les sillons du milieu sont ornés de 2 à 3 petites côtes. Espèce plus arrondie, plus voûtée que l'*H. velatus* du terrain à chailles. Pas rare à l'Angolat, à Graitery et à Soulce.

Annomya obliqua, Grepp. Angolat.

    Long. 12 mm., larg. 10 mm.; coquille ovale, oblique, assez voûtée; bord inférieur de la valve supérieure relevé.

Ostrea cotyledon, Ctj., Montchaibeut, Rœdersdorf.

» *sequana*, Th.   »   »

» *Dubiensis*, Ctj. Pics.   »   »

» *multiformis*, K. et D.   »   »

» *spiralis*, d'Orb.   »   »

» *rastellaris*, Mu.   »   »

» *pulligera*, Goldf.   »   »

» *subnana*, Et.   »   »

Terebratula humeralis, Rœm. Commune.

    Var. *elongata*, forme voisine de la *T. Delemontana*.

» *suprajurensis*, Th. Commune.

T. Gessneri, Et. Montchaibeut, Angolat.
» *Gagnebini*, Et. Soyhière.
» *Moravica*, Glöck. Pics.
» *bicanaliculata*, Schl. Montchaibeut.
» *Bauhini*, Et.   »
    Voisine par la forme et la grandeur de la *T. bisuffarcinata*, Ziet., de l'étage oxfordien.
Rhynchonella inconstans, d'Orb. Commune Syn. : *R. semiconstans*, Et. *R. helvetica*.
Cidaris Blumenbachii, Münst. Montchaibeut, Perfitte, Pics, Oel. S. de Vermes.
» *Parandieri*, Ag. Graitery, Perfitte, Oel.
» *buculifera*. Montchaibeut.
Diplocidaris gigantea, Ag. Graitery.
Hemicidaris crenularis. Montchaibeut, Angolat, Oel.
» *intermedia*, Forbes. Liesberg.
» *Calvator*, Des., Montchaibeut.
» *diademata*, Des. Hobel, Perfitte.
» *Cartieri*, Des. Perfitte, Angolat, Canton de Neuchâtel.
Acrocidaris nobilis, Ag. (Var. *formosa*), Hobel, Angolat.
Hemidiadema stramonium, Des. Commun.
Pseudodiadema mamillanum, Rœm. Montchaibeut.
» *complanatum*, Ag. Laufon.
» *neglectum*, Th. Angolat.
» *hœmisphœricum*, Ag. Hobel, Locle, Angolat.
Acrosalenia angularis, Des. Angolat. Montchaibeut.
Glypticus hieroglyphicus, Ag. Hobel.
» *integer*, Des., Montchaibeut, Graitery, Angolat.
Pedina sublœvis, Ag. Montchaibeut, Perfitte, S. de la chapelle du Vorbourg.
» *aspera*, Ag.
» *gigantea*, Ag. Graitery.
Stomechinus lineatus, Gf. Elay, Perfitte, Graitery, Oel.

S. perlatus, Desmar. Graitery, Oel.
Pygaster Gresslyi, Ag. Montchaibeux, Rœdersdorf, Moulin-neuf, Verrerie de Laufon, Neuchâtel.
» *lœvis*, Des., Graitery, Montchaibeut.
» *subtilis*, Des. Montchaibeut.
» *patelliformis*, Ag. Laufon.
Echinobrissus Bourgeti, Des. Montchaibeut, S. de Pleigne.
» *major*, Ag.   Laufon.
Pygurus tenuis, Des.   »
» *Blumenbachii*, Ag.   «
» *Desori*, Grepp. Astartien infér. Route entre Mettemberg et Pleigne.
Apiocrinus Meriani, Des. Soyhière, Moulin-neuf, Pics.
Pentacrinus Desori, Th. Soyhière, Moulin-neuf.
Comatula Greslyi, Et.   »   » Bure
Asterias Sequana, Grepp. Soulce, Montchaibeux.
    Marnes et Oolithes astartiennes.
Goniolina hexagona, d'Orb. Montchaibeut, Liesberg, S. de Courfaivre.
    Espèce très-répandue en France et en Allemagne, où M. Oppel l'a aussi rencontrée associée à la *Melania striata*.
» *geometrica*, Buv. Montchaibeut.
Confusastrea Burgundiœ, d'Orb. Montchaibeut, Pics, Perfitte.
    Syn. : *C rustica*, Et.
Rabdophyllia flabellum, Et. Moulin-neuf, Soulce.
Stylina octonaria, E. et H. Pics, Perfitte.
» *tubulifera*, E. et H. Courcelon.
Thamnastrea concinna, E. et H.
Montlivaultia grandis, Et. Montchaibeut, Perfitte.
    Syn. : *Anthophyllum variabile*, Th.

Foraminifères : *Robulina*, *Rotalina*.

19ᵉ Etage : **Kimméridgien**, *d'Orb.*

Type : La ville de Kimmeridge, en Angleterre.

Syn. : *Groupe strombien*, de MM. Thurmann et Etallon; *la partie moyenne de l'Etage Kimméridyien* de M. Contejean; *Kimmeridgegruppe*, *Pterocerenstufe*, des Allemands; *Kimmeridgeclay*, des Anglais.

Cet étage constitue un horizon mieux caractérisé et plus étendu que le précédent. Il a été constaté et étudié non-seulement dans le Jura, mais encore dans les Alpes et dans la plupart des Etats de l'Europe. Si, dans les pays voisins, il affecte des modifications stratigraphiques, oryctognosiques et paléontologiques différentes, dans le Jura il est, en général, assez uniforme.

Comme il offre de belles coupes dans nos environs, nous avons pu l'étudier dans tous ses détails; nos résultats n'ont guère fait, d'ailleurs, que confirmer les belles études de MM. Gressly, Thurmann, Lang et Contejean, sur cette matière. — M. Contejean comprend dans son étage kimméridgien nos étages astartien, kimméridgien et virgulien, avec une puissance de 240 mètres. Au point de vue paléontologique, il nous serait permis de réunir les deux derniers étages, mais non pas les deux premiers. Les caractères de faunes et de roches sont trop différents. Nous conservons donc la division établie plus haut par MM. Thurmann et Etallon.

Puissance et distribution. La mer Kimméridgienne a laissé dans le Jura un dépôt considérable. Dans le canton de Neuchâtel, d'après MM. Gressly et Desor, il atteint 130 à 150 mètres; en Ajoie, d'après M. Thurmann, 51 m.; au Pichoux 83 m.; et 97 m. à Glovelier.

M. Lang ne lui attribue aux environs de Soleure que 14 mètres. Il peut avoir la même puissance à Délémont et à Recollaine, où manquent les marnes et calcaires strombiens et épistrombiens. Dans le district de Laufon, il semble faire entièrement défaut. Dans quelques endroits, comme à Laufon même, les derniers bancs hypostrombiens peuvent encore exister, mais plus au nord et à l'est on n'en trouve plus de traces.

Le Kimméridgien semble également manquer au N. du Jura, dans quelques endroits du grand-duché de Bade et de la Souabe [1]. Cette grande zone émergée, devenue terre ferme, était probablement la demeure des grands reptiles de cette époque jurassique supérieure et elle était le signal de l'arrivée de la faune *Purbeckienne*.

M. le curé Cartier a encore constaté la zone ptérocérienne à *Pinnigena Saussuri*, *Isocardia excentrica*, à Oberbuchsiten. D'après M. Mœsch, elle s'étend dans les cantons d'Argovie, à Wettingen, Wangen et ailleurs, et de Schaffhouse, à la chute du Rhin.

La diminution de l'étage s'est donc opérée du N. E. au S. E. Nous en indiquerons la raison en parlant du Virgulien.

La première organisation de cet âge géologique semble s'être manifestée par l'apparition de plantes marines. Des tiges de fucoïdes empâtées dans une roche calcaire formant plusieurs bancs assez puissants nous donnent une idée de cette luxuriante végétation marine. De grandes Ammonites, des Nautiles géants, des Tortues énormes viennent bientôt interrompre cette monotonie végétale, en fondant de véritables colonies.

[1] Le Kimméridgien, et même le Virgulien, auraient été observés aux environs d'Ulm.

Apparaissent ensuite des Madrépores avec une quantité considérable d'Echinides, dont nous connaissons au moins dix-sept espèces; enfin toute cette pléïade de poissons, de Reptiles, de Mollusques, dont les restes entrent pour une bonne partie dans la constitution de ces bancs d'une puissance de plus de 85 mètres.

Si on se représente encore une partie du Jura septentrional comme terre ferme, servant d'asile à de grandes tortues d'eau douce qui venaient y pondre leurs œufs et les mettre ainsi à l'abri de la voracité des monstres marins, on aura une idée de la physionomie de l'époque kimméridgienne dans le Jura.

Pour faire connaître la nature minéralogique de l'étage Kimméridgien, nous ne ferons que copier les coupes de Glovelier et du Pichoux.

En quittant le village de Glovelier pour suivre la route de St-Braix, le groupe se déroule successivement comme suit :

L'étage virgolien manquant, nous avons de haut en bas :

Calc. bréchiforme, blanchâtre, à cassure conchoïdale, confusément stratifié, stérile	3ᵐ
» subcompacte ou fissile	1
» » » à *Nerinea depressa* [1]	1
» compacte à *Venus*	9
Dalles blanchâtres fissurées, compactes	7
Calc. grisâtres à *Nerinea fallax*, *depressa*, *Hinnites inæquistriatus*, *Mactra rugosa*, *Pholadomya hortulana*, *Mytilus subpectinatus*, *Ostrea subsolitaria*, *Rhynchonella helvetica*, *Terebratula suprajurensis*	6
» grisâtres à *Ceromya excentrica*, *inflata*, *Natica hœmisphœrica*, « Nerineenbänke. » . .	1
» » *Pygurus Greppini*;	
» » avec la faune du Banné	5
Marnes du Banné : grises, jaunâtres, fissiles, grumeleuses, sableuses à *Nautilus inflatus*, *Pterocera Oceani*, *Trichites Saussuri*, *Mytilus Jurensis*, *Hinnites inæquistriatus*, *Terebratula subsella*	2
Calc. très-fossilifères : faune du Banné	3
» à Nérinées ;	
» lamelleux ;	
» à Fucoïdes	2
» dalles ; schistes lithographiques fendillés	3
» grisâtre, fissile ou compacte ;	
» bréchiforme ou grumeleux	14
Marnes à *Hemicidaris Thurmanni*.	» 20
Calc.	4
» compactes exploitables semblables à ceux des carrières du Vorbourg, de Courgenay : *Nautilus giganteus*, *Ammonites rotundus*, *Isocardia excentrica*, *Fucoïdes*. Probablement la couche à Tortues de Soleure.	
» strates de 1 à 3 m., gris-clairs, compactes, grumeleux, détritiques avec faune hypostrombienne ;	
Bancs à fucoïdes et galets jurassiques informes passant à l'oolithe astartienne	15

Puissance totale . 84ᵐ,20

Dans le Jura, l'étage kimméridgien joue un rôle de la plus grande importance par son

---

[1] Nous avons vu les Nérinées associées aux bancs de Polypiers dans le bathonien, le corallien, l'astartien; nous retrouvons le même phénomène dans le Kimméridgien, à Soulce, où l'on voit les nombreuses *N. depressa* empâtées dans les bancs des *Thamnastrea*.

De gros rognons calcaires silicifiés qu'on observe dans l'étage kimméridgien à Develier et ailleurs se reproduisent plus à l'Est dans le canton d'Argovie et dans la Souabe.

Ces bancs de rocaille, de galets à fucoïdes qu'on trouve à la base de cet étage, sont assez constants dans le Jura ; nous les avons remarqués à la sortie S. du petit tunnel au N. E. de Frinviliers et ailleurs. La zone à *Hemicidaris Thurmanni*, les marnes ptérocériennes du Banné, de Courgenay, les couches à Nérinées « Nerineenbänke », de M. Lang, s'étendent aussi à peu de chose près avec les mêmes caractères depuis le Porrentruy à Soleure. — V. *Die fossilen Schildkröten von Solothurn*, von Prof. *F. Lang* und *L. Rütimeyer*, page 11. »

puissant développement, par ses affleurements aussi fréquents qu'étendus, par ses reliefs aussi hardis que pittoresques, et surtout par son utilité technique.

Les bancs inférieurs, *hypostrombien*, de M. Thurmann, sont exploités avec avantage à Soleure, à Laufon, à Courgenay, à Delémont, à Glovelier, sur la hauteur de Pierre-Pertuis, et dans plusieurs autres endroits. Il est intéressant de voir ces bancs exploitables se reproduire avec les mêmes caractères dans une grande partie du Jura.

Onze carrières de Soleure, pratiquées dans cette assise, occupent, d'après M. le prof. Lang, 300 ouvriers. Elles ont fourni et elles fournissent encore de solides matériaux à un grand nombre de bâtiments et de monuments de la Suisse et de l'étranger.

Les carrières de Laufon et de Delémont occupent aussi un grand nombre d'ouvriers. 80 ouvriers travaillent dans celles de Laufon, qui sont au nombre de 10. Celles de Delémont et de Glovelier ne seraient pas moins importantes. Elles n'attendent qu'une voie ferrée pour prendre un beaucoup plus grand développement et alimenter les pays voisins d'excellentes pierres de taille, de beaux et gigantesques bassins de fontaine.

Un grand nombre d'autres carrières pourraient encore être ouvertes dans l'hypostrombien et présenteraient les mêmes ressources.

COUPE DE LA CARRIÈRE DE DELÉMONT.

Calc. à *Pinnigena Saussuri, Isocardia excentrica*	3m
Marnes à Echinides : *Hemicidaris Thurmanni, Acrosalenia aspera, Terebratulina Matheyi, Terebratula Leopoldi, T. subsella, Ostrea semisolitaria, Lima spectabilis* ;	
Calc. puissamment stratifiés, exploités, à *Nautilus giganteus, Holectypus Meriani* (ces Nautiles se trouvent à 3 m. au-dessous de la couche à Echinides) ;	
Calc. compactes à Fucoïdes	6
Rouge lave *(rothe Blatte)* perforée et incrustée d'*Ostrea Sequana* ;	
Rocaille.	

(HYPOSTROMBIEN.)

ASTARTIEN.

FAUNE DE L'ÉTAGE KIMMÉRIDGIEN. Les affleurements kimméridgiens de nos environs ont été, ces dernières années, le but de fréquentes visites, notamment de la part de M. Matthey et de L. Greppin ; c'est avec leur concours que nous avons pu réunir une faune assez riche, que nous allons passer en revue.

Machimosaurus Hugii, Ag.

Dracosaurus Bronnii, Myr.

Madriosaurus Hugii, Myr.

Ces trois espèces, associées aux tortues suivantes, ont été recueillies dans l'Hypoptérocérien de Soleure, la première au Vorbourg et au Banné.

Tortues.

D'après les recherches de M. le prof. Rutimeyer, elles appartiennent à la famille des Elodites, tortues d'eau douce, et il les a divisées en trois groupes :

I. *Thalassemys*, avec trois espèces.

II. *Platemys*, avec quatre espèces.

III. *Helemys*, avec deux espèces. — Ces tortues se trouvent dans les bancs à Fucoïdes, qui, dans le Jura bernois, renferment le *Nautilus giganteus* et de grandes *Ammonites.*

Gyrodus Jurassicus, Ag. (couronne lisse). Vorbourg, Soleure.

» *Cuvieri*, Ag. (couronne ridée). Vorbourg, Soleure.

Pycnodus gigas, Ag. Soleure, Vorbourg et le Banné.

» *Hugii*, Ag. »

» *microdon*, Ag. »

Strophodus reticularis, Ag. Vorbourg.

Serpula medusida, Et. Vorbourg, Courgenay, Recollaine.

Eryma pseudo-Babeani, Dollfus. Vorbourg.

Nautilus giganteus, d'Orb. Vorb^g, Courgenay, Laufon.

» *inflatus*, d'Orb. » »

» *Moreausus*, d'Orb. » »

Ces deux dernières espèces identiques.

Ammonites Gravesianus, d'Orb. Collége de Delémont.

» *Achilles*, d'Orb. Vorbourg.

» *lapicidarum*, Th.

» *rotundus*, Sow. Recollaine.

Syn. : *A. giganteus*, d'Orb.

» » Wetzeli, Th.

Thurmann distingue l'*A. giganteus*, qui est bien l'*A. rotundus*, Sow., de l'*A. Wetzeli*. Ces deux espèces doivent être réunies. D'Orbigny, Pal. fr., p. 558, admet aussi que le dos des derniers tours est lisse.

Nerinea fallax, Th. Cernil, Glovelier dans l'épistrombien.

» *Bruntrutana*, Th. S. de Soulce. Epistrombien.

» *Gosæ*, Rœm. Vorbourg, carrières de Soleure, Recollaine. Hypostrombien.

» *Mustoni*, Ctj. Recollaine.

» *Elsgaudiæ*, Th. Sud de Soulce, épistrombien.

» *grandis*, Voltz. Vorbourg, Soleure, Glovelier.

» *depressa*, Voltz. Glovelier, Boécourt, Soulce, Carrière de Soleure, et, par M. Lang, dans la cluse transversale audessus d'Oberdorf.

» *Salinensis*, d'Orb. Glovelier.

Phasianella striata, d'Orb.

Recueillie au Vorbourg par M. Matthey.

Acteonina Waldeckensis, Et. Vorbourg.

Natica gigas, Br., Vorbourg, Les Places.

» *hemisphærica*, d'Orb. » » Pierre-Percée.

Syn. : *N. prætermissa*, Ctj.

» *vicinalis*, Th., Vorbourg, carrières de Soleure.

» *globosa*, Rœm. »

» *veriotina*, Buv. »

» *Eudora*, d'Orb. »

Pleurotomaria Philea, d'Orb, Vorbourg, Cernil, Glovelier, les Places.

» *Banneiana*, Th. Vorbourg.

Pterocera Oceani, Delab. Commun dans l'Evêché, carrières de Soleure.

» *Thirriai*, Ctj. Courgenay.

P. Thurmanni, Ctj. Vorbourg, Glovelier.

» *Ponti*, Delab. » »

Buccinum Jurense, Grepp. Vorbourg.

Est-ce un Buccin? La bouche, l'ensemble de la coquille l'indiqueraient. Long. 11 mm., larg. 8 mm. Plis sur le dernier tour au nombre de 10 à 12; côtes longitudinales tuberculées au nombre de 9 sur le dernier tour. Vorbourg.

Cerithium Kimmeridgensis, Grepp.

Côtes granulées, au nombre de 3 sur les premiers tours, de 4 sur l'avant-dernier et de 8 à 10 sur le dernier. Long. de 10 à 12 mm., larg. de 3 à 4 mm. Du Vorbourg.

Rostellaria Wagneri, Th. Courgenay, Pierre-Percée.

» *suprajurensis*, Grepp. Vorbourg, Cernil.

Long. 18 mm., larg. 15 mm., grands plis transverses au nombre de 10 à 12 par tour, s'effaçant insensiblement sur le dernier, qui a trois digitations.

Chemnitzia Delia, d'Orb. Vorbourg, Montbéliard.

» *Phanori*, Et. Moulin-neuf.

Trochus virgulianus, Th. Vorbourg.

Nerita cancellata, Ziet. Glovelier.

Bulla suprajurensis, Rœm., Vorbourg.

» *planospira*, Th. »

Cypræa Mattheyi, Grepp.

Long. 60 mm., larg. 34 mm.; forme oblongue, sillonnée, bouche efflilée. Recueillie par M. Matthey dans les marnes kimméridgennes de Courgenay.

Pholadomya myacina, Ag. Vorbourg, Glovelier, Courgenay.

» *acuticosta*, Sow. Vorbourg, Glovelier, Courgenay, Cernil, les Places.

Syn. : *P. multicosta*, Ag.

» *paucicosta*, Rœm. Vorbourg.

» *contraria*, Ag. »

» *hortulana*, d'Orb. »

» *Protei*, Ag. »

» *sinuata*, d'Orb. Progymnase de Delém[1].

Voisine de la *P. flexuosa*, Buv., du Coral-rag.

Ceromya excentrica, Ag. Fréquente.

« *inflata*, Ag. »

Corimya Studeri, Ag. »

Syn. : *Thracia incerta*, Desh.

Thracia tenuistria, Desh. Develier, Vorbourg, Glovelier.
Anatina helvetica, d'Orb. Cernil.
Pleuromya Voltzii, Ag. Glovelier, Vorbg.
Mactromya rugosa, Ag. Vorbourg, Courgenay, Boécourt.
Syn. : *M. concentrica*, Et.
Arcomya gracilis, Ag. Glovelier, Courgenay.
» *helvetica*, Ag. » »
Trigonia Parkinsoni, Ag. S. du Moulinneuf.
» *subconcentrica*, Et. Develier.
» *muricata*, Rœm. »
» *concinna*, Rœm. Vorbourg.
» *suprajurensis*, »
Lucina Elsgaudiæ, Th. » Courgenay, Cernil, les Places.
Syn. : *L. substriata*, Rœm.
Astarte pesolina, Ctj. Vorbourg.
Corbis subclathrata, Buv. »
Arca nobilis, Ctj. Vorbourg, Glovelier.
» *sublata*, d'Orb. Glovelier, Cernil.
Cardium Bannesianum, Th. Fréquent.
Var. *C. pseudo-axinus*.
C. axino-elongatum.
C. axino-obliquum.
» *eduliforme*, Rœm. Vorbourg.
» *septiferum*, Courgenay.
Pinna ampla, Gf. *(Mytilus)*. Vorbourg.
Mytilus Jurensis, Mer. Commun.
» *intermedius*, Th. Vorbourg.
» *subpectinatus*, d'Orb. » Courgenay, Cernil, dans l'hypoptérocérien, et à Montavon, dans l'épiptérocérien.
» *abreviatus*, Ph. Glovelier.
» *longævus*, Ctj., Vorbourg, Les Places.
» *subæquiplicatus*, Gf., » Cernil.
» *perplicatus*, Et. » Glovelier.
» *Thirriai*, Et. » »
» *acinaces*, d'Orb. » Cernil.
» *Medus*, d'Orb. Courgenay.
Perna subplana, Et. commun.
Hinnites inæquistriatus, d'Orb. Commun.
Lithodomus socialis, Th., Vorbourg.

Avicula Gessneri, Th., Vorbourg.
Syn. : *A. modiolaris*, Mü. et Rœm.
Pinnigena Saussuri, d'Orb. *(Trichites)*. Commune.
Diceras suprajurensis, Th. Vorbourg.
Lima spectabilis, Ctj. commune.
» *Monsbeliardensis*, Ctj. Vorbourg.
» »
Pecten Buchi, Rœm. Commun.
» *Benedicti*, Ctj. Vorbourg.
» *Billoti*, Ctj. »
» *Flamandi*, Ctj. »
» *rigidus*, Gressly »
» *vimineiformis*, Grepp.
Ostrea semisolitaria, Et. Commune.
» *Ermontiana*, Et. »
» *Bruntrutana*, Th. »
» *cotyledon*, Ctj. Vorbourg.
» *Monsbeliardensis*, Ctj. Courgenay.
» *Thurmanni*, Et.
Syn. : *O. Rœmeri*, d'Orb.
» *spiralis*, d'Orb.
Anomya undata, Ctj., Glovelier.
» *Kimmeridgensis*, d'Orb.
Rhynchonella inconstans, Sow. et d'Orb. Fréquente.
Terebratulina Matheyi, Grepp.
Petite espèce à forme aplatie, finement striée; la valve supérieure ne renferme pas moins de 40 à 50 côtes. La coquille mesure en longueur 7 mm., en largeur 6 mm. et 2 mm. en épaisseur. Nous en possédons 22 exempl., recueillis au Vorbourg dans la *couche à Hemicidaris Thurmanni*.
Terebratula suprajurensis, Th. Commune.
Syn. : *T. subsella*, d'Orb.
» *Leopoldi*, Grepp., Vorbourg.
Coquille ovale, bombée, à bourrelets d'accroissement très-prononcés, subdigonale au bord palléal. Long. 5 à 10 mm., larg. 6 mm., prof. 5 mm.; associée à la *T. Matheyi*.
» *humeralis*, Rœm. Vorbourg.
Cette espèce, associée à la *Phasianella striata*, rappelle encore l'étage séquanien.
Cidaris philastarte, Th. Vorbourg.
Hemicidaris diademata, Ag. »
» *Cartieri*, Des. »

H. crenularis, Ag., Vorbourg.
» *mitra,* Ag. Vorb⁵, Soleure, Courgenay, zone strombienne.
» *Thurmanni,* Ag. Vorb., Soleure, Glovelier, Courgenay, Pierre-Percée.
Rhabdocidaris Orbignyana, Des. Vorbourg
Pseudodiadema neglectum, Th. Vorbourg, Pierre-Percée.
› *Bruntrutanum,* Des. Voyebeux près Porrentruy, Pierre-Percée.
» *planissimum,* Ag. Soleure.
Acrosalenia aspera, Ag. Voyebeux, Vorb⁵
Stomechinus Contejeani, Et. Vorbourg.
Pygaster subtilis, Des.   »
Holectypus Meriani, Vorbourg.
Pygurus Greppini, Des.   »   Glovelier.
Echinobrissus truncatus, Des. Vorbourg.
» *Goldfussii,* Desm.   »
Apiocrinus Meriani, Des. Vorbourg.
Montlivaultia Lesueurii, E. et H. Vorbourg
   M. Aug. Dollfus, dans son ouvrage « *la faune Kimméridgienne du cap de la Hève,* p. 95, réunit à la même espèce les *M. astartina, cuneata, incurva, virgulina* et *Waldeckensis,* de MM. Thurmann et Etallon.

M. subcylindrica, E. et H. Vorbourg.
Convexastrea semiradiata, Et. Vorbourg.
Thamnastrea portlandica, Et.
   Leth. Brunt., page 398. — Du sud de Soulce, où cette espèce est associée aux Nérinées de l'Epistrombien : *Nerinea depressa, N. Bruntrutana, N. Elsgaudiæ.* — Cette *Thamnastrea* formant un horizon important, mériterait d'être mieux étudiée.
Rhabdophyllia. Vorbourg.
Goniolina geometrica, Buv. Vorbourg.
Meandrina vallata, Grepp. Vorbourg.
   Cloisons fortes, formant des vallées et collines très-accidentées, mais circonscrites, larges de 4 millim.
» *tenuivallata,* Grepp. Vorbourg.
   Cloisons fines, formant des collines subconcentriques, étroites, peu accidentées, larges de 2 millim.
Briozoaires. Hypoptérocérien du Vorbourg
Berenicea Thurmanni, Et. Vorbourg, commun.
Fucoïdes.

20ᵉ Etage : Portlandien, *d'Orb.*

Type : la presqu'île de Portland.

Syn. : *Groupe virgulien,* de J. Thurmann et Etallon ; *groupe portlandien,* de M. Marcou ; *Virgulastufe,* des Allemands ; *Portlandstone,* des Anglais.

Nous trouvant, il y a quelques années, à Mulhouse chez M. Kœchlin-Schlumberger, il nous est arrivé, dans la conversation, d'employer le mot « *Portlandien* ». En parlant de vos terrains, me fit observer ce savant géologue, n'employez donc pas ce mot ; car le Portlandien n'existe pas dans le Jura bernois.

Quelle est la valeur de cette affirmation ?

Nous n'avons pas entrepris la tâche d'identifier les terrains sédimentaires de l'Angleterre avec les nôtres. Tout ce que nous pouvons affirmer, c'est qu'il existe dans le Jura bernois, neuchâtelois et français un terrain marno-calcaire, d'une puissance de 50 à 77 mètres, avec une faune caractéristique, reposant sur l'étage kimméridgien, sans en dépendre, puisque le Kimméridgien recouvre la plus grande partie du Jura, tandis que le Virgulien ne recouvre que les zones méridionales et occidentales.

La faune, il est vrai, est bien kimméridgienne, même astartienne dans d'autres pays, mais dans le Jura central elle n'est que virgulienne, en ce sens que l'*Ostrea virgula,* elle seule, servirait à caractériser ce dépôt, ce fossile y étant limité.

Ainsi, un terrain qui prend une existence indépendante, des traits géologiques particuliers, doit bien être traité, au point de vue d'un intérêt local, comme un dépôt à part, sinon comme un étage ; cependant il est possible qu'on ne puisse ni l'étendre, ni le généraliser.

Mais, demandera-t-on, quelle est la série jurassique qui affecte un horizon paléontologique absolu très-grand ? N'avons-nous pas vu l'étage rauracien devenir, en quelque sorte, l'étage séquanien ? — M. Contejean, en présence de ce passage incessant de certaines espèces d'une assise à une autre, même d'un étage à un autre, ne réunit-il pas dans son étage kimméridgien toutes les couches jurassiques qui reposent sur l'oolithe corallienne ? — La zone à *Ammonites Parkinsoni* de M. le prof. Oppel ne s'est-elle pas étendue, après un grand nombre de recherches, aux étages bajocien et bathonien ?

Au reste, qu'on appelle notre Portlandien comme on voudra, il n'en constitue pas moins un dépôt très-intéressant par les conséquences qu'on peut en tirer. — Très-intéressant, parce que la mer qui l'a déposé a eu aussi une grande durée, puisqu'elle nous a laissé des couches minéralogiques occupant une place honorable dans la série de nos terrains, et parce que cette mer, comme les précédentes, était très-animée. Elle nourrissait également des Tortues, des Reptiles, des Crustacés, des Céphalopodes, un grand nombre de Mollusques et de plantes marines. Les Echinides et les Polypiers ne nous sont encore guère connus.

Comme le Kimméridgien, le Virgulien nous révèle encore un mouvement grandiose et long, qui a lieu lentement, du moins sans de trop grandes perturbations, pendant les dernières phases de la période jurassique. Déjà pendant l'étage kimméridgien, le Jura septentrional semble s'élever lentement, devenir terre ferme stérile[1] jusqu'à ce qu'enfin la mer jurassique se transforme en une mer jurassico-virgulienne, en prenant pour limite orientale une ligne sinueuse entre Séprais et Soleure. La justification de cette opinion ressort de l'absence complète des assises à l'*Ostrea virgula* au N.-E. de cette ligne. Les couches inférieures du Portlandien existent bien dans le Jura central, mais pour rencontrer l'étage complet il faut aller plus à l'O., vers Montbéliard-Gray et Besançon, dans le canton de Neuchâtel, où il prend une puissance de plus de 120 mètres.

Il est remarquable de rencontrer dans nos environs, déjà à l'époque jurassique, un rivage marin; nous retrouverons plus fréquemment ce phénomène pendant les formations crétacées et tertiaires.

Cette observation mériterait bien de fixer l'attention des savants.

On peut étudier l'étage portlandien en Ajoie, soit à Alle, à Courtedoux et à Chevenez ; au Pichoux, au S.-E. de Tramelan, au Mont-Girod, N. de Court, à l'entrée et à la sortie du tunnel projeté entre Tavannes et Sonceboz, à Frinvilier, au N. de Bienne, où il dépasse en puissance 33 m.; au N. de Lommiswyl, à Waldegg, canton de Soleure, de même qu'aux environs de Granges ; à Corgémont, au sud de Cortébert, où les calcaires à *Ostrea virgula* et à *Terebratula suprajurensis* arrivent presqu'à la hauteur des Prés de Cortébert, à Sonvilier, jusqu'au Roc Mil-Deux.

[1] *Kimmeridge-Bildung ist im Breisgau durch Petrefacten nirgends angedeutet* (SANDBERGER). Les schistes lithographiques à *Ammonites longispinus*, *Trigonia suprajurensis*, *Exogyra spiralis*, *Terebratula suprajurensis*, *Rhynchonella inconstans*, etc., des cantons d'Argovie, de Schaffhouse, de la Souabe, semblent cependant appartenir à l'étage portlandien.

Voici comment le Portlandien se présente dans le Jura central, au Pichoux :

T. tertiaires. / Marnes et
Grès à feuilles de l'étage DELÉMONTIEN.
Nagelfluh jurassique;
Argile et mine de fer en grains;
Sables réfractaires vitrifiables. — Etage : PARISIEN.
Rocaille.

Etage : PORTLANDIEN.

Calc. à *Terebratula suprajurensis, Pterocera Abyssi* 20ᵐ,00
Calc. lumachellique à *Ostrea virgula* 0   5
Marnes à *Ostrea virgula* d'un blanc gris et d'une consistance grumeleuse ou sableuse . 0 60
Calc. 0 20
Marnes jaunâtres à *Ostrea virgula, Aptychus Flamandi, Trigonia concentrica, Pecten
    suprajurensis* et à nombreuses tiges de fucoïdes 2 00
Calc. lumachellique à *Ostrea virgula* 0 30
Marnes grises à *Ostrea virgula* 0 30
Calc. et marnes à *Ostrea virgula* 0 70
Calc. perforé par les *Lithodomes* et incrusté d'*huîtres plates ;*
Massif calcaire stratifié d'un blanc jaunâtre, compacte, dur, grenu 20 00

Puissance totale de l'étage virgulien . . 46ᵐ,00

Etage : Kimméridgien.

Calc. stratifié 23 00
»   » 40 00
Calc. marno-compacte bleuâtre, renfermant la faune ptérocérienne du Banné . . 1 00
                                                                    33 00

Puiss. totale de l'étage kimméridgien . . 97 00

Etage : Séquanien.

Oolithe astartienne à calc. oolithique blanc, stratifié, souvent bréchiforme;
Marnes;
Calcaires;
Marnes;
Marnes à *Phasianella striata, Natica turbiniformis, Hemidiadema stramonium ;*
Marnes;
Calcaires;
Marnes grises à *Lucina Elsgaudiæ, Nerinea Bruckneri.*

Puiss. totale de l'Etage séquanien . . 60ᵐ,00

Et. : Rauracien.

Calc. blanchâtre, bleuâtre, puissamment stratifié, à *Pecten solidus.* Nous n'avons pas
    remarqué les zones à Nérinées, à Echinides et à Polypiers.

Puiss. totale de l'étage Rauracien . . 30ᵐ

Etage : Oxfordien.

Calc. bréchiforme à *Ammonites plicatilis, Pholadomya paucicosta, cor, pelagica, Gonio-
    mya constricta, Pleuromya recurva, Modiola tulipea, Corimya pinguis, Anatina
    striata, Ostrea dilatata, Terebratula insignis, Arca texata, Patella tenuistriata* . . 3
Calc. compacte 7
Marnes alternant avec les chailles et des calc. hydrauliques grisâtres à *Ammonites pli-
    catilis, A. cordatus, Pholadomya,* et passant aux marnes oxfordiennes qui sont en
    partie recouvertes.

Puiss. de l'affleurement oxfordien . . 30ᵐ

L'étage virgulien, mesuré dans les gorges de Court par M. Gressly, a une puissance
plus forte; il atteint 67 mètres.

Si dans le Porrentruy il arrive à 51 mètres, au-dessus de Séprais, sur la route de la
Caquerelle, il paraît n'avoir que quelques mètres.

Comme la coupe du Pichoux l'indique, la base de l'étage portlandien est formée de bancs
assez puissants de calcaires compactes, durs, grenus, blancs, blancs jaunâtres, avec des
bancs de coraux tels que Méandrines, qui sont eux-mêmes accompagnés d'une faune à
type corallien : *Diceras, Astarte ;* c'est l'*hypovirgulien.*

Le milieu de l'étage, la *zone virgulienne,* est facile à reconnaître par ses marnes jaunes, grises, marno-compactes, lamellaires, alternant avec des calcaires grumeleux et schistoïdes. Cette assise marneuse du Jura septentrional et moyen perd son caractère littoral et subpélagique pour se transformer insensiblement en couches calcaires, et revêtir un caractère pélagique, comme on peut le voir au nord de Bienne et dans le canton de Neuchâtel.

Cette zone marneuse est surtout riche en fossiles : *Ostrea virgula, Pholadomya multicosta, Trigonia concentrica, Pholadomya donacina, Terebratula suprajurensis.*

Au-dessus de cette zone marneuse, on en trouve une troisième, qui semble manquer dans notre région et qu'il faut aller chercher, comme nous l'avons dit, dans le Jura français. Elle se reconnaît par de puissants bancs de calcaires dolomitoïdes, compactes, oolithiques, renfermant des Nérinées, des Turbo et des Trochus de grande taille. C'est le *calcaire à Nérinées* de M. Contejean, l'*épivirgulien* de Thurmann, probablement les *calc. marneux supérieurs à tortues* de MM. Desor et Gressly, le *groupe portlandien* de MM. de Loriol et Jaccard.

MM. de Loriol et A. Jaccard, dans leur « *Etude géol. et paléont. de la formation d'eau douce infracrétacée du Jura*, p. 17, en retranchant de leur groupe portlandien les *Marnes à Ostrea virgula*, ont sans doute voulu, d'un côté, les séparer de l'étage Kimméridgien, qui, dans la Franche-Comté, renferme l'*Ostrea virgula*, et de l'autre démontrer ce que nous venons de dire, savoir que l'étage virgulien prend un plus grand développement vers l'O. — Si nous admettons pleinement cette dernière opinion, nous ne voyons pas relativement à la seconde ce que la science a à gagner en diminuant un étage pour en grossir un autre ; aussi maintenons-nous la division de M. Thurmann.

FAUNE DE L'ÉTAGE VIRGULIEN. Voici les espèces les plus communes de l'étage portlandien. Pour plus de détails sur la faune virgulienne de Porrentruy-Montbéliard, nous renvoyons aux importantes publications de MM. Thurmann, Etallon et de Contejean.

Emys Jaccardi, Pictet. Brenets.

Aptychus Flamandi, Th. Galerie supérieure du Pichoux.

Megalosaurus Meriani, Grepp.
Le squelette entier de ce gigantesque reptile a été trouvé dans la carrière hypovirgulienne de la basse montagne de Moutier, d'où l'on a retiré les pierres pour la construction du temple. Les dents, plus grandes, plus droites et plus lisses que celles du *M. Bucklandi*, Owen, semblent aussi s'en distinguer par l'arête postérieure, qui n'est que légèrement dentelée et à peine sur la cinquième partie de la longueur de la dent. Le côté déprimé présente une gouttière longitudinale particulière. Longueur de la dent 60 mm., larg. 18 mm. Une grande partie de ce squelette bien curieux avec une dent bien conservée se trouve au musée de Bâle.

Mosasaurus.
M. le pasteur Grosjean a recueilli dans les marnes à *Ostrea virgula* de Mont-Girod, nord de Court, une dent de ce monstre, émule et contemporain du *Megalosaurus Meriani*.

Pycnodus Hugii, Ag.
Recueilli par M. le prof. Pagnard dans l'hypovirgulien de la basse montagne de Moutier.

Nautilus Moreanus, d'Orb. Alle, Barrière entre Fahy et Chevenez.

Ammonites longispinus, Sow. Alle.
» *Martis*, Et. De l'Hypovirgulien de Porrentruy, à Outre-Roche de Mars.
» *erinus*, Et.

Nerinea Danusensis, d'Orb. Montbéliard.
» *depressa*, Voltz. Perfitte.

Natica gigas, Bronn. » Alle.

Pterocera Abyssi, Th. Bellelay.

Diceras suprajurensis, Th. Courtedoux.

Pholadomya multicostata, Ag. Commune.
» *hortulana*, d'Orb. »
» *pudica*, Ctj. Alle, Tramelan-dessus, Barrière.

Ceromya excentrica, Ag. Alle.

Pleuromya Voltzii, Ag. » Perfitte.
» *donacina*, Ag. »

Thracia tenuistriata, Desh. Alle.
» *incerta*, Desh. »
Gresslya orbicularis, Et.
» *excentrica*, Terq.
Cardium Bannesianum, Th. Alle.
» *eduliforme*, Rœm.
Cyprina parvula, d'Orb. Pichoux.
Lucina Elsgaudiæ, Th. Alle.
Trigonia suprajurensis, Ag. Alle, Barrière, Courtedoux.
» *Contejeani*, Th. Alle, Barrière.
» *concentrica*, Ag. Pichoux.
» *cymba*, Ctj. Montbéliard.
Arca texta, d'Orb. Tramelan-dessous.
» *sublata*, d'Orb. Courtedoux.
Mactromya rugosa, Ag. Commune partout.
Pinna ampla, Gf. Bellelay, N. de Lommiswyl.

Syn. : *Mytilus amplus*, Sow.
Gervillia tetragona, Rœm. Pichoux, Alle.
Lima virgulina, Th. Courtedoux.
Pecten Buchi, Rœm. Pichoux, Alle, Barrière.
Syn. : *P. suprajurensis*, Buv.
Ostrea virgula, d'Orb. Pichoux, Mont-Girod, Tramelan-dessous, Sonceboz, S. de Cortébert, Riedt, N. de Bienne, Perfitte, Montagne de Boécourt, Ajoie. Sur la ligne Granges-Lommiswyl-Waldegg.
Exogyra Portlandica, Grepp. Pichoux.
Terebratula subsella, d'Orb. (*T. suprajurensis*, Th.) Très-répandue.
Rhynchonella inconstans, d'Orb. Alle.
» *pullirostris*, Et. Courtedoux.
Hypodiadema Gresslyi, Et. Courtedoux.
Fucoïdes très-nombreux au Pichoux.

21° Etage : Purbeckien.

SYN. : *Marnes bleues sans fossiles*, de M. Marcou ; *Marnes de Villers-le-Lac ; Etage Dublisien*, de M. Desor ; *Wälderbildung* et *Weald-clay*, des géologues allemands et anglais ; *Tithonische Etage*, de M. Oppel, pour désigner le facies continental et le facies marin de ce dépôt.

LOCALITÉ-TYPE : Purbeck.

La Société helvétique des sciences naturelles, réunie à la Chaux-de-Fonds en 1855, a constaté la présence du facies continental de cet étage à Villers-le-Lac, près des Brenets ; plus tard, MM. Gressly et Gilliéron l'ont remarqué dans le canton de Berne aux environs d'Alfermé, de Twann, de Vigneules, de Lignières et jusqu'au-delà de Bienne.

Sur le bord du lac de Bienne le gypse manque ; tandis que les marnes à teintes variées sans fossiles y sont bien représentées. Là, le calcaire fossilifère est identique à celui de Villers-le-Lac.

D'après M. Gilliéron, il est aussi à jour dans la gorge du Jorat entre Lamboing et Orvin. Dans le vallon de Gaïcht, il forme une combe bien accentuée.

Il a été reconnu ensuite dans le Vallon au-dessus du Stand de St-Imier, près de la maison d'école des Convers et au-dessus de Micôte, où il est traversé par la route. M. Desor l'a cité au tunnel de la Luche, au Pertuis-du-Soc et à la Combe-Varin. Il a été étudié sur plusieurs points en France, en Angleterre et dans le nord de l'Allemagne.

Ces dernières années, MM. A. Jaccard et de Loriol s'en sont occupés d'une manière particulière, et après avoir réuni un bon nombre de fossiles, ils sont arrivés aux conclusions que la formation d'eau douce infracrétacée de Villers est l'équivalent des « *Purbeckbeds* »

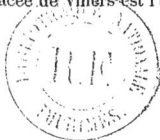

13

d'Angleterre ; qu'elle se rattache à l'époque jurassique et enfin qu'elle apparaît partout à la limite du Valangien et du Portlandien. V. l'ouvrage précité p. 52.

Ce terrain repose sur les dernières assises de l'étage portlandien, et il est recouvert par l'étage suivant, soit le Valangien.

PÉTROGRAPHIE. Marnes noires, bleues, rougeâtres, gypsifères, formant le sous-groupe des marnes à gypse de M. Jaccard ; ces marnes deviennent à la partie supérieure d'un gris jaunâtre et elles renferment des bancs de calcaires foncés et fétides : c'est le sous-groupe des calcaires d'eau douce du même auteur.

Cet ensemble a une puissance de 2 à 6 mètres.

Les fossiles les plus habituels à ce dépôt sont :

Neritina Wealdiensis, Ræm.	*Valvata helicoïdes,* Forb. Villers-le-Lac. Vigneules.
Turritella minuta, K. et D.	*Modiola lithodomus,* K. et D.
Paludina elongata, Sow.	*Corbula alata,* Sow.
Physa Bristowi, Forb. Villers-le-Lac.	» *Forbesiana,* de Loriol. Villers-le-Lac et
» *Wealdiana,* Coquand. » Vigneules	Lignières.
Planorbis Loryi, Coquand. » »	*Chara Jaccardi,* H. »
et Alfermé.	» *Purbeckiensis,* Forb. »

Les dépôts marins de cet étage « *Die tithonische Etage,* de M. Oppel » observés sur un grand nombre d'endroits en Suisse, en Italie, en Allemagne, en France, même en Afrique, sont très-riches en Céphalopodes : M. Oppel y compte 83 espèces d'Ammonites.

Ils n'ont pas encore été rencontrés dans nos environs. (V. die tithonische Etage von Al. Oppel, München, 1865.)

Aperçu rétrospectif sur les terrains jurassiques.

En étudiant les terrains jurassiques de notre région, nous avons remarqué une ressemblance avec ceux des pays voisins qui nous a frappé. La faune, les caractères minéralogiques établissent entre eux une harmonie que des espèces inconstantes ne détruisent point, harmonie qui ne laisse point de doute sur leur contemporanéité. Cela n'a plus besoin de démonstration pour les étages jurassiques inférieurs ; tandis qu'on a prétendu que si le parallélisme du côté de l'ouest s'établissait assez facilement entre les étages du Jura supérieur, il devenait impossible du côté de l'est. Malgré les recherches très-lucides de ce dernier côté, de la part de MM. Merian, Gressly, Thurmann, Quenstedt, Marcou, Mousson, Cartier, Lang, un de nos collègues ne voit ces étages qu'à travers une nuit des plus sombres. Point d'harmonie possible ; partout plus d'accord, chaos complet ! De nouvelles études, de nouvelles divisions deviennent nécessaires. A la porte les savants ![1]
Ce mode d'agir sera-t-il favorablement accueilli ? Nous l'ignorons. Quant à nous, nous ne l'admettons pas. Si ces géologues avaient besoin de notre faible appui pour faire ressortir la vive lumière qu'ils ont jetée sur le Jura oriental, les solides divisions qu'ils y ont établies, il leur serait assuré à l'avance. Leur mérite est incontestable. Il est facile de le prouver. Car c'est au moyen de leurs travaux qu'il nous a été possible de reconnaître nos étages du Jura supérieur dans le Jura oriental, dans la Souabe et jusque dans les Alpes. Il est vrai que chaque contrée peut présenter un cachet particulier, que nous avons même remarqué dans nos chaînes adjacentes du Jura ; mais les caractères stratigraphiques, minéralogiques et paléontologiques renferment des termes d'ensemble suffisants pour établir le synchronisme des mers du Jura supérieur, ce que nous avons déjà fait ressortir dans notre longue étude sur la formation jurassique.

L'ouvrage de M. Quenstedt en main, nous avons vu avec quelle ressemblance frappante l'étage callovien, tel que nous l'entendons, se présente en Souabe, dans tout le Jura suisse, français et alpin. Notre étage oxfordien n'est pas moins bien représenté dans ces diverses régions. Il n'y diffère guère que dans la forme de le décrire. Nous n'avons qu'à nous traduire pour faire ressortir cette vérité.

LANGAGE DES GÉOLOGUES DU JURA.	—	LANGAGE DE M. QUENSTEDT.
Oxfordien	signifie	*Jura blanc*, pars.
Terrain à chailles marno-calcaire .	»	Weisser Gamma.
1. *Ammonites perarmatus* . . .	»	*Am. perarmatus.*
2. » *plicatilis*	»	» *planulatus plicatilis.*
3. » *polyplocus* . . .	»	» » *polyplocus.*
4. » *Œgir*	»	» *inflatus binodus.*
5. » *crenatus*	»	» *dentatus.*
6. *Pleuromya Munsteri*	»	*Pl. alba.*
7. *Trochus sublineatus*	»	*T. sublineatus.*
8. *Pecten Verdati*	»	*P. globosus.*
9. *Hinnites velatus*	»	*H. velatus albus.*
10. *Isoarca texata*	»	*I. texata.*

[1] *Geologische Beschreibung des Aargauer-Jura's*, von C. Mœsch, Berne, 1867, page 119.

LANGAGE DES GÉOLOGUES DU JURA.		LANGAGE DE M. QUENSTEDT.
11. » *transversa.* . . . . signifie		*I. transversa.*
12. *Mytilus tulipeus* . . . . . »		*Modiola tenuistriata.*
13. *Rhynchonellæ helveticæ* . . . »		*R. lacunosæ.*
14. *Ostrea Rœmeri.* . . . . . »		*O. Rœmeri.*
15. *Serpula Deshayesi* . . . . »		*S. Deshayesi.*
16. » *vertebralis* . . . . »		*S. prolifera.*
17. » *prolifera* . . . . . »		*S. prolifera.*
18. » *delphinula* . . . . »		*S. delphinula.*

Si nous ne craignions pas de sortir de notre sujet, il nous serait facile d'augmenter cette nomenclature, que nous croyons du reste suffisante pour établir l'idée émise ci-dessus.

Continuons.

Notre terrain à chailles siliceux n'est-il pas aussi la copie fidèle d'une partie du Jura blanc, *delta et epsilon,* du même auteur? La faune de Nattheim, la partie supérieure, n'est-elle pas celle du Fringuelet, du Thiergarten, de Develier-dessus? Sans doute, si une nomenclature embrouillée n'était venue jeter un sombre voile sur ce fait. Mais comment un élève en géologie pourra-t-il jamais supposer que les dénominations suivantes aient les mêmes significations?

LANGAGE DU JURA.		LANGAGE DE LA SOUABE.
Terrain à chailles siliceux signifie		*Weisser Epsilon,* pars.
Pinna fibrosa	»	*Trichites giganteus.*
Pecten Verdati	»	*Pecten globosus.*
» *Ducreti*	»	*P. lens.*
Plicatula semiarmata	»	*Ostrea pulligera ascendens.*
Ostrea spiralis	»	*Exogyra spiralis.*
Gryphæa dilatata	»	*G. alligata.*
Ostrea dextrosum	»	*O. Marshi.*
Terebratula Delemontana	»	*T. lagenalis lampas.*
Rhynchonolla spinulosa	»	*T. senticosa alba.*

Même confusion pour les Gastéropodes, les Echinides et les Polypiers de ce facies, ce qui n'infirme point le thème que nous poursuivons.

C'est également au moyen des recherches de MM. Gressly, Lang, Marcou, Cartier, Fischer-Ooster, Quenstedt, etc., que nous avons pu constater la présence de l'étage rauracien à travers tout le Jura oriental jusqu'en Souabe et dans les Alpes. Les planches 94 et 95 de M. Quenstedt ne renferment-elles pas plus de 20 espèces coralliennes caractéristiques, que ce savant signale dans la Souabe?

Si les étages séquanien, kimméridgien et virgulien semblent faire défaut dans le Jura septentrional, il y a longtemps que MM. Gressly, Marcou, Cartier, Lang et Quenstedt ont fourni des preuves de la présence de ces étages dans les cantons de Soleure, d'Argovie et dans la Souabe.

Enfin c'est au moyen des travaux de ces savants, dont on conteste le mérite, qu'il nous est permis de comprendre le langage confus et incommode de M. Mœsch, et de le traduire:

| LANGAGE DE M. MŒSCH. | LANGAGE ORDINAIRE DES GÉOLOGUES. |

Ornatenschisten signifie *Callovien*, soit l'assise infér. : *Fer sous-oxfordien.*
Birmensdorfschisten » » » supér. : *Marnes sous-oxfordiennes*, ou
Calc. à Scyphies infér.

Effingenschisten » *Oxfordien*, soit l'assise infér.
Geisbergschisten » » » supér....facies pélagique } *Argovien.*
Crenularisschisten » » » » » littoral.
Wagenerschisten » *Rauracien* ou *Corallien.*
Letzischisten » *Séquanien* ou *Astartien.*
Badenerschisten » *Kimméridgien,* pars.
Wettingerschisten » » pars.
Plattenkalke » *Virgulien.*

Sur quoi repose cette nouvelle division de M. Mœsch? Sur 69 nouvelles espèces peut-être ! 69 espèces pour justifier 10 nouvelles divisions, c'est par trop commode. Encore faut-il bien se persuader qu'une étude critique de ces prétendues nouvelles espèces en fera disparaître un bon nombre.[1] A ce point de vue encore la division de M. Mœsch n'est point soutenable.

Tout en faisant une large part au mérite que M. Mœsch s'est acquis en étudiant le Jura argovien, nous ne pensons pas que les idées qu'il a émises sur la valeur scientifique des savants qui se sont aussi occupés de ce pays soient vraies, et partageant entièrement la manière de voir de M. Gressly, nous croyons que la nomenclature généralement admise peut s'appliquer au canton d'Argovie, et que celle de M. Mœsch n'est qu'une superfétation sans avenir. Une étude plus minutieuse sur les limites et les faunes des étages jurassiques de ce canton conduira à une entente, dans la nomenclature, que l'on a obtenue dans des pays beaucoup plus étendus que la Suisse. Le temps, dans ses habitudes à présenter lentement les choses dans leur véritable jour, opèrera ce que des efforts restreints n'ont pu réaliser. En attendant continuons notre tâche et passons aux terrains crétacés.

[1] Les espèces suivantes : *Bulla depressa, Helicion varians, Pleuromya navis, Pholadomya vocifera, Terebratula pseudolagenalis, T. elliptoides,* etc., sont probablement synonymes de *Bulla suprajurensis,* Rœm. et figurée dans la *Leth. Brunt.* fig. 134 ; *Patella tenuistriata,* Lonch., *Gresslya sulcosa,* Ag.; *Pholadomya cincinna,* Ag.; *Terebratula Moravica,* Glock.; *T. bucculenta,* Sow. La *Rhynchonella crassicosta,* Mœsch, est la *R. intermedia,* Lam. Cette grande espèce coralligène a déjà donné par ses formes variables de l'ennui à M. Quenstedt, qui s'est attaché au nom *R. quadriplicata,* Ziet., Qu. Tab. 58, f. 5 à 8. Au Vorbourg elle caractérise la zone à Polypiers et à Echinides du Bajocien. Nous en possédons même un échantillon qui est empâté dans des baguettes et portions de test de *Cidaris Cottaldina* et *C. Zschokkei.* Nous en avons conservé deux formes, l'une la *R. quadriplicata,* Ziet., et l'autre la *R. intermedia,* Lam. V. ci-dessus, p. 41.

IV. TERRAINS CRÉTACÉS.

En étudiant les terrains jurassiques, nous sommes arrivés à des résultats importants, quoique souvent peu en harmonie avec ceux que l'on trouve dans un grand nombre de nos ouvrages géologiques.

D'après nous, nos étages n'auraient pas toujours fini par des secousses aussi violentes, par des perturbations aussi destructives qu'on l'a écrit ; nos faunes n'auraient pas été anéanties d'une manière aussi complète que nos notabilités géologiques l'ont enseigné. Les causes, au contraire, qui auraient présidé aux modifications profondes que nous avons remarquées dans toute la série jurassique, nous paraissent avoir pris le plus souvent une marche lente, successive, mais constante ; ces causes auraient agi, non pas un moment dans l'âge géologique, mais pendant tout un étage, même pendant toute une suite d'étages, et souvent elles n'auraient point détruit une faune, elles l'auraient seulement modifiée.

N'avons-nous pas vu, en effet, la mer jurassique se retirer successivement vers le S.-O., sans que ce retrait soit marqué à la fin d'un étage ?

N'avons-nous pas vu les faunes se modifier aussi d'une manière lente et sans intervention appréciable de grandes révolutions, en offrant toujours un trait d'union, un « *Leitfaden* » entre elles, et en établissant des associations nouvelles, qui, mieux que les révolutions qu'on invoquait jadis, nous expliquent les lois sur l'indigénat des animaux marins ?

L'orographie, la paléontologie nous tiennent donc le même langage : oscillations du sol, renouvellement, mélange, changement de faunes, sans apporter des caractères brusques, ni tranchés. Et ces modifications sont souvent dénaturées dans nos ouvrages classiques.

D'un autre côté, s'il est quelquefois permis de dire que telle ou telle faune caractérise tel ou tel horizon, cette règle sera vraie, appliquée à une région restreinte, mais elle présentera de nombreuses exceptions très-saisissables sur une étendue plus grande. Aussi, dans cette question, partageons-nous complètement l'opinion du savant paléontologiste de Genève, M. Pictet, qui, dans sa « *Note sur la succession des Mollusques gastéropodes, pendant l'époque crétacée* », p. 30, s'exprime ainsi : « Chaque espèce, suivant moi, a sa » signification précise sous le point de vue de la classification des terrains ; mais cette » signification n'est pas la même dans toutes les régions et elle doit être étudiée spéciale- » ment pour chacune. »

Ce que nous disons ici des terrains jurassiques, s'applique aussi aux terrains crétacés. En effet, ce grand mouvement des mers, que nous avons vu se produire insensiblement pendant la formation jurassique de l'est à l'ouest, se continue pendant la formation crétacée, et il nous explique la migration ou l'anéantissement d'espèces, le changement dans le régime des mers. Ainsi, les caractères minéralogiques et paléontologiques changeront, tout en se reliant soit sur le même point, soit sur un autre plus éloigné, mais souvent à un niveau stratigraphique différent, et toutes ces modifications se produiront sous l'influence de facteurs lents, brusques parfois.

Le Jura bernois, comme point littoral, bien étudié, ne manquerait pas d'éclaircir ces questions complexes.

Ce pays nous fera assister à la dernière scène des mers jurassiques, au retrait des eaux salées.

Le sol, devenu terre ferme, se recouvrira d'une flore et d'une faune, déjà un peu connues et conservées dans un dépôt fluvio-terrestre, l'étage *Purbeckien,* que nous venons d'étudier.

La formation jurassique, après une durée assez difficile à apprécier, est terminée par la réapparition de la mer dans le Jura occidental seulement, et ne dépassant guère la ligne Granges-Courtelary et Chaux-de-Fonds. Cette mer se révèle par des dépôts rudimentaires et littoraux dans le Jura bernois, mais puissants et variés vers le S.-O. Ces dépôts dits « *crétacés* » sont :

22e	Etage :	*Valangien.*
23e	»	*Néocomien.*
24e	»	*Barrémien.*
25e	»	*Urgonien.*
26e	»	*Aptien.*
27e	»	*Albien.*
28e	»	*Cénomanien.*
29e	»	*Turonien.*
30e	»	*Sénonien.*
31e	»	*Danien.*

Ces divers étages, comme nous venons de le dire, nous rendent témoins d'oscillations du sol, de changements du lit des mers, de l'anéantissement total ou partiel de faunes, de la création de nouvelles, ou enfin du mélange de deux, de trois ou d'un plus grand nombre d'entre elles.

Voilà des données sommaires que nous allons examiner un peu plus en détail, en continuant notre marche ascendante, c'est-à-dire en commençant par l'étage : *Valangien.*

22e Etage : **Valangien,** *de MM. C. Nicolet, Desor et Gressly.*

SYN. : *Néocomien inférieur ; Calcaire ferrugineux* ou *limonite, calcaire jaune,* de M. Marcou.

LOCALITÉ-TYPE : Valangin, canton de Neuchâtel.

Il existe dans le Canton de Berne à Sonvilier et à St-Imier, aux Convers, où il forme d'assez puissantes assises, ce qu'on peut vérifier au-dessus du village de Sonvilier, à la Fourchaux et au stand de St-Imier ; on en rencontre de nombreux lambeaux de Bienne à Neuveville.

Il commence à Bienne par deux lambeaux, l'un au nord, l'autre à l'ouest de la ville. De Vigneules à Neuveville, le valangien forme une suite non-interrompue, sauf sur de très-petits espaces à Alfermé et à Douanne.

La limonite ne commence qu'à Vigneules.

L'étage valangien joue un rôle important dans le relief du canton de Neuchâtel et notamment dans l'ancien comté de Valangin. Il a été constaté dans les Alpes : au Glærnisch, au Sentis, dans les Alpes du Tyrol.

MM. C. Nicolet, Desor, Gressly nous ont laissé de très-bonnes études sur ce terrain. Ils le divisent en trois assises, qui sont, de bas en haut :

1. *Les marnes et brèches grises et bitumineuses;*
2. *Le calcaire compacte ou marbre bâtard ;*
3. *La limonite ou calcaire ferrugineux.*

1. La première assise se compose de marnes, de brèches et de calcaires marneux ou dolomitiques régulièrement stratifiés, d'une puissance de 12 mètres. Dans le canton de Neuchâtel, elle forme avec les marnes purbeckiennes de véritables *combes valangiennes* (DESOR.)

Une petite huître, une Térébratule voisine de la *T. prælonga*, le *Toxaster granosus*, d'Orb, l'*Echinobrissus Renaudi*, Desor, caractérisent cette sous-division.

2. Le *calcaire compacte ou marbre bâtard*, très-développé et exploité dans le val de St-Imier, atteint aux environs de Neuchâtel une puissance de 40 mètres. Il est formé de bancs calcaires très-compactes, blanc-grisâtres, roses, jaunes, ocracés. La finesse de son grain lui a valu le nom de *marbre bâtard*. Il renferme de grandes Nérinées et des Bivalves.

3. La *limonite*, ou assise de bancs calcaires jaunes, friables, très-ferrugineux, d'une puissance de six mètres, est assez pauvre en fossiles dans le Jura, tandis que la faune de la limonite, à Sainte-Croix, renferme plus de 120 espèces.

M. Hisely la dépeint aux environs de Neuveville et de Landeron, comme un calcaire jaune, brun, friable, avec grains ferrugineux, peu riche en fossiles, d'une puissance de 6 à 7 mètres. — Dans ces localités ce calcaire-limonite repose sur des marnes grises noirâtres dans le bas et rousses vers le haut, très-friables et sablonneuses, renfermant la *Pholadomya elongata*. Puissance : 1 à 2 m. Il est recouvert par les *marnes de Hauterive*.

La limonite a été assimilée au terrain sidérolithique par le plus grand nombre des géologues du Jura : nous avons toujours combattu cette opinion et nous la combattrons encore plus tard en parlant de ce dernier terrain.

Les espèces les plus caractéristiques de l'étage valangien, que nous avons recueillies, la plupart, dans les lieux précités, sont :

Nerinea Marcousiana, d'Orb.
» *cyathus*, P.
» *wealdiensis*, P.
» *Favrina*, P.
» *Etalloni*, P.
Tylostoma Laharpi, P.
» *fallax*, P.
Natica leviathan, P.
» *helvetica*, P.
Pleurotomaria Blancheti, P.
Pterocera Desori.

P. Jaccardi.
Trigonia caudata, Ag.
» *longa*, Ag.
Ostrea macroptera, Sow.
» *Boussingaultii*, d'Orb.
Pygurus rostratus, Ag.
Toxaster granosus, d'Orb.
Salenia depressa.
Acrosalenia patella.
Acrocidaris minor, Ag.
Echinobrissus Renaudi, Des.

23e **Etage : Néocomien,** *Thurmann.*

LOCALITÉ-TYPE : *Néocomum,* dénomination latine de la ville de Neuchâtel.

Cet étage est assez richement représenté dans notre canton depuis Bienne-Alfermé à Neuveville, depuis Cormoret, St-Imier, Sonvilier à Renan et dans le canton de Neuchâtel. Quand on s'avance de Neuveville vers l'est, les marnes bleues disparaissent et le massif marneux est tout entier jaune. Le calcaire supérieur se retrouve encore au-delà de Weingrave.

A Vigneules, il n'y a plus que quelques mètres de marnes jaunes très-riches en fossiles. Nous supposons même que les calcaires et sables siliceux de Lengnau et Granges appartiennent à cet étage. Les espèces que M. Matthey y a recueillies : *Lima Royeriana,* d'Orb., *Terebratula prælongata,* d'Orb., *Nucleolites Olfersii,* Ag., motiveraient cette opinion, si on ne veut pas attribuer leur présence dans cette roche à un remaniement.

C'est aux environs de la ville de Neuchâtel que le Néocomien atteint la plus grande puissance : 40 mètres ; tandis qu'à St-Imier, Neuveville, Ste-Croix, il n'a que 15 à 20 mètres. Au point de vue de la faune, ce terrain est assez uniforme ; mais au point de vue pétrographique, il se distingue en dépôt marneux à la base et en dépôt calcaire en haut.

1. Le *dépôt marneux,* connu sous les noms de *Marnes néocomiennes, marnes de Hauterive,* se subdivise de bas en haut en

a) *Marnes jaunes,* d'une puissance de 2 à 3 mètres, et caractérisées par l'*Ammonites Asterianus,* d'Orb. ; elles sont intercalées dans la limonite et les marnes bleues homogènes ;

b) *Les marnes bleues homogènes* ont une puissance de 10 mètres et possèdent la faune de la subdivision suivante ;

c) *Marnes blanchâtres à concrétions calcaires de Hauterive.* Ce sont les marnes de Hauterive proprement dites. Très-riches en Ammonites, en Térébratules et en Echinides, ces marnes mesurent de 4 à 5 mètres.

Ce dépôt marneux est assez développé dans le canton de Neuchâtel pour y former des combes — telle est la combe des Fahys, derrière Neuchâtel —, et il est assez compacte et assez imperméable pour arrêter les eaux, et donner lieu à quelques sources dans le val de St-Imier, à Neuveville, à celle de l'Ecluse à Neuchâtel.

2. Le *dépôt calcaire,* appelé *calcaire néocomien* ou *pierre jaune,* se subdivise aussi de bas en haut en

a) *Calcaire marneux jaune,* très-délité, siliceux, avec rognons de silice, d'une épaisseur, à Neuchâtel, de 6 mètres ;

b) *Calcaire jaune,* assez compacte suboolithique, exploité à St-Imier et ailleurs comme pierre de construction, d'une épaisseur de 20 mètres.

3. *Calcaire chailleux,* ochracé, terreux, stérile et mal stratifié ; c'est la crasse des carriers ; 5 mètres.

4. Calcaire jaune-clair, blanchâtre, lumachellique ou oolithique, dur, fossilifère ; 6 mètres.

Partout où ces calcaires existent, ils sont utilisés comme excellentes pierres de construction.

14

Ces deux dépôts sont assez développés aux environs du Landeron et de Neuveville. M. Hisely y a reconnu les divisions suivantes, qui sont de bas en haut :

a) Marnes bleues onctueuses, avec concrétions calcaires, et riches en *Nautilus pseudo-elegans, Ammonites asperinus, Leopoldinus, Rhynchonella depressa*. Puissance : 5 à 6 m.

b) Marnes blanchâtres, pétries de *Rhynchonella depressa*. Puissance : 2 à 3 m.

c) Marne jaune, 1/2 à 1 m.

d) Calcaire jaune marneux, avec *Nautilus pseudoelegans, Ammonites clypeiformis, Astierianus ;* c'est le calcaire à *Toxaster complanatus*, Ag. ; un pied cube de cette roche fournit ce fossile par douzaines. Puissance : 6 à 7 mètres. Recouvert par les graviers diluviens, il est à peine visible à la cascade. Il forme une longue bande, avec les mêmes fossiles, sur le chemin au-dessous de Gaicht, où il est en partie couvert de graviers alpins et jurassiques. Ce calcaire à Toxaster est bien à découvert au Landeron, 4 à 6 cents pieds au-dessus des eaux du lac.

e) Plusieurs bancs calcaires, d'un mètre d'épaisseur, alternant avec des couches marneuses rousses, d'un demi-mètre d'épaisseur et renfermant des *Trigonia longa*, des *Toxaster*.

f) Un banc calcaire, blanc, très-dur, rognonneux, dont la surface est incrustée de grains verts et d'*Ostrea macroptera*. Puiss. : 1 m.

g) Une couche de minces bancs calcaires, ferrugineux, oolithiques, dont les bancs supérieurs contiennent une *Pinna* de 5 à 8 pouces de long, et le *Nucleolites Olfersii*, Ag. Puiss. 4 à 5 m.

h) Plusieurs bancs, de près d'un mètre, sans fossiles ; cependant les supérieurs nous ont offert l'*Ostrea Couloni*, et le *Pleurotomaria neocomiensis*.

i) Une couche, d'un mètre, de marnes rousses, très-ferrugineuses.

j) Enfin une roche siliceuse, mal stratifiée, recouverte par deux ou 3 bancs durs et siliceux, mais sans fossiles. Elle se perd sous le diluvium avec un angle de 33°.

Les espèces néocomiennes les plus communes sont [1] :

Nautilus pseudoelegans, d'Orb.	*Natica Hugardiana*, d'Orb.
Ammonites Astierianus, d'Orb.	*Lima Rogeriana*, d'Orb.
» *clypeiformis*, d'Orb.	*Trigonia longa*, Ag.
» *cryptoceras*, d'Orb.	» *caudata*, Ag.
» *Carteroni*, d'Orb.	*Ostrea (Gryphœa) Couloni*, d'Orb.
» *radiatus*, Brug.	» *macroptera*, Sow.
» *Leopoldinus*, d'Orb.	*Rhynchonella depressa*, d'Orb.
» *asperrimus*, d'Orb.	*Terebratula prælongata*, d'Orb.
Pterocera Pelagi, d'Orb. Neuveville, St-Im^r	*Nucleolites Olfersii*, Ag.
Pleurotomaria Neocomiensis, d'Orb. »	*Toxaster complanatus*, Ag.
» *Defrancii*, Matheron. Neuveville »	

[1] Voir la liste plus complète qu'a publiée M. G. de Tribolet, dans le *Bull. de la Soc. des Sc. natur. de Neuchâtel*, Tom. IV, p. 69.

24e Etage : Barrémien, *de M. Coquand.*

Localité-Type : Barrême (Basses-Alpes.)

Il a été longtemps qualifié du nom de *Néocomien alpin*.

Il n'a pas encore été remarqué dans le Jura (Desor), tandis qu'il forme un bel horizon dans les Alpes bernoises, vaudoises, et dans le midi de la France.

Il s'intercale entre le *calcaire à Caprotines* de l'Urgonien, et les couches à *Toxaster complanatus*, sous la forme de calcaires compactes, durs, blanchâtres ou jaunâtres avec silex tuberculeux. Puiss. : 30 mètres.

Le *Scaphites Ivanii*, Puzos et d'Orb., les *Ammonites infundibulum*, *A. ligatus*, et les *Crioceras Duvalii* et *Emerici*, caractérisent ce terrain.

Pendant cet étage, la mer aurait abandonné le Jura pour se retirer vers le sud.

25e Etage : Urgonien.

Ce dépôt, connu aussi sous les noms de *Néocomien supérieur*, de *Néocomien blanc*, de *Calcaire à Caprotines*, soit *Chama ammonia*, est assez développé dans le vignoble de Neuchâtel, dans le Val-de-Travers, à la Presta et à St-Blaise. Il est probablement le même que les *calcaires à Caprotines* de la Perte-du-Rhône, que le *Schrattenkalk* des Alpes. Il n'a pas été observé dans le canton de Berne; sa limite orientale extrême est St-Blaise, où il forme un crêt très-prononcé un peu au delà de Souaillon, et au Landeron, où, d'après M. Guilliéron, il forme encore un palier dans les vignes.

Les géologues l'ont distingué:

En zone inférieure, composée de calcaires jaunes, terreux et friables ; c'est l'*Urgonien inférieur*.

En zone supérieure, qui est composée d'un calcaire blanc très-dur ; c'est la *première zone des Rudistes*, le *Calcaire à Caprotines*, l'*Urgonien inférieur*. M. Renevier a prouvé que ces deux dépôts appartiennent bien à la même époque, et que leur différence n'est qu'une différence de facies [1].

L'urgonien inférieur, que MM. Desor et Gressly caractérisent par ces mots : pierre jaune pourrie ou calcaire jaune marneux, a une puissance de 10 mètres. Il paraît cependant que ce calcaire pourri prend plus de consistance aux environs de Bôle, de Boverosse et de Morteau, puisqu'il y est exploité comme pierre de taille.

L'Urgonien supérieur, formé d'un massif calcaire dur et blanc, d'une puissance de 10 mètres, riche en fossiles, est important par les gisements d'asphalte qu'il renferme au Val-de-Travers et à St-Aubin. Les fossiles les plus caractéristiques de cet étage sont :

Pteroceras Pelagi, Brong.	*Caprotina Ammonia*, d'Orb.
Nerinea Coquandiana, d'Orb.	*Radiolites Neocomiensis*, d'Orb.
Cerithium Chavannense.	*Ostrea macroptera*, d'Orb.
Pholadomya cornueliana, d'Orb.	» *Couloni.*
Panopœa irregularis, d'Orb.	*Rhynchonella lata*, d'Orb.
Pinnigena magna, d'Orb.	*Terebratula prœlonga*, Sow.

[1] Mémoire géol. sur la Perte du Rhône, p. 13.

Briozoaires, nombreux.
Toxaster Couloni, Ag.
Botriopygus obovatus, d'Orb.
Pygaulus zonatus, Des.
»   Morloti, Des.
Salenia acupicta, Des.

Hyposalenia Lardyi, Des.
»   Meyeri, Des.
Magnosia Pilos, Des.
Goniopygus peltatus, Ag.
Hemicidaris clunifera, Ag.
Cidaris Lardyi, Des.

26e Etage : Aptien, d'Orb.

LOCALITÉ-TYPE : Apt, dans le département de Vaucluse.

SYN. : *Argiles à plicatules*, Cornuel; *Grès vert inférieur; Mergel von Apt; Specton-clay*, Phill.; *Unterer Gault*, Ewald.

Cet étage est formé de calcaire marneux, de marnes sableuses, grises et jaunes, rouges vers le haut, atteignant une puissance de 5 à 10 mètres. Il n'a pas encore été remarqué en place dans le Jura bernois. — Les géologues neuchâtelois l'ont étudié à la Presta, près Couvet, à Boveresse; M. Renevier, à la Perte du Rhône.

A la Presta, l'*Aptien inférieur, terrain Rhodanien* de M. Renevier, est représenté par des rognons calcaires endurcis et des argiles très-onctueuses, vertes, bleues et jaunes, pétries de *Toxaster oblongus*, de *Pterocera Rochatiana*, d'*Orbitolithes*.

L'*Aptien supérieur*, composé de marnes jaunes, bigarrées, empâtant des rognons de silicate de fer, renferme de nombreuses *Plicatula placunea*, associées à l'*Ostrea aquila* et à la *Rhynchonella lata*.

Voici les espèces les plus caractéristiques de ce terrain :

Nautilus plicatus, Sow.
»   Lallieranus, d'Orb.
Ammonites Martini, d'Orb.
»   Gargatensis, d'Orb.
»   Campichii.
Toxoceras Lardyi, P. et Renv.
Cerithium Aptiense, d'Orb.
»   Herri, P.
»   Forbesianum, P.
Turbo munitus, Forb.
Pleurotomaria gigantea, P.
Pterocera Rochatiana, d'Orb.
Espèce néocomienne, d'après M. d'Orbigny.

Natica rotundata, Forb.
Thetis lævigata, d'Orb.
Pholadomya Cornueliana, d'Orb.
Plicatula placunea, Lk.
»   radiola, Lk.
Ostrea aquila, d'Orb.
Pecten Aptiense, d'Orb.
Rhynchonella lata, d'Orb. (Terebr. sella, Sow.)
Terebratella Rhodani, P. et Rx.
Toxaster oblongus, Ag.
Orbitolites lenticulata, Brgn.

Un assez grand nombre d'espèces attribuées à l'étage aptien par MM. Desor, Gressly et Renevier, sont placées par M. Alc. d'Orbigny dans les étages voisins, même éloignés. Cet étage possèderait donc bon nombre d'espèces vagabondes.

27e Etage, Albien, *d'Orb.*

POINT-TYPE : le Département de l'Aube.

SYN. : *Gault, Grès vert supérieur.*

L'étage albien présente un assez bel affleurement entre Renan et Sonvilier, au nord et à 100 mètres environ de la Sciorie. Il y est recouvert par le diluvium alpin, et il repose sur une marne jaune sans fossiles.

M. Thurmann a fait connaître la disposition géologique, les caractères minéralogiques et quelques fossiles de grès vert de cette localité. (*Mittheilungen* de Berne, 1853, p. 41.)

La station albienne de la Ferme-Gagnebin, près Renan, a été remarquée, il y a 30 ans, par M. le pasteur Grosjean, de Court. En 1835, une tranchée exécutée dans le cimetière de Renan, mit à découvert une autre station du grès vert peu distante de la première. Au-dessous des cibles de ce village on a exploité les sables de l'Albien pour la construction du chemin de fer du Jura industriel.

MM. Desor et Gressly citent l'Albien en place, dans le canton de Neuchâtel, à la Caroline, sur le versant nord de la montagne de Boudry, au-dessus des gorges de la Reuse. Il a été signalé et étudié dans un grand nombre d'endroits en Suisse, en France et ailleurs.

Les marnes argileuses bigarrées de bleu et de rouge, les sables jaunes, verts, calcaréo-siliceux, les silex qui composent cet étage, ont une puissance de 12 mètres. A la Perte du Rhône, elle est de 15 mètres.

FAUNE DE L'ÉTAGE ALBIEN. — Les espèces marquées d'un J. ont été recueillies dans le Jura bernois.

Ammonites milletianus, d'Orb. J.
» *latidorsatus,* Mich. J.
Scalaria Dupiniana, d'Orb. J.
» *Clementiana,* d'Orb. J.
Turritella faucignyana, P. & R. J.
Cerithium ornatissimum, Desh.
» *tectum,* d'Orb.
» *Lallierianum,* d'Orb.
Phasianella Gaultina, d'Orb.
Solarium moniliferum, Michelin.
» *subornatum,* d'Orb.
Pterocera bicarinata, d'Orb.
Rostellaria Muleti, d'Orb.
» *carinella,* d'Orb.
Fusus Dupinianus, d'Orb.
» *Clementinus,* d'Orb.
Avellana lacryma, d'Orb.
» *subincrassata,* d'Orb.

Natica excavata, Michelin. J.
Panopæa acutisulcata, d'Orb. J.
Trigonia aliformis, Park. J.
Isocardia crassicornis, d'Orb. J.
Inoceramus concentricus, Brug. J.
Arca fibrosa, Sow. J.
» *subnana,* P. et R. J.
» *Campicheana,* P. et R. J.
Plicatula radiola, Lam. J.
Ostrea arduennensis, d'Orb.
Rhynchonella sulcata, d'Orb. J.
Terebratula Dutempleana, d'Orb. J.
Holaster lævis, Ag.
Hemiaster minimus, Des.
Dioscoïdea turrita, Des.
» *conica,* Des.
Diadema Brongniarti, Ag.
» *Rhodani,* Ag.

28ᵉ Etage : **Cénomanien**, *d'Orb.*

LOCALITÉ-TYPE : La ville de Mans, en latin « *Cenomanium* » présente le type le plus complet de cet étage.

SYN. : Une partie de la *Glauconie crayeuse*, de M. Brogniart ; une partie de la *Craie chloritée;* la *Craie verte*, de M. Beudant ; *jüngere Kreide*, *Seewer-Kalk*, de quelques géologues allemands.

Cet étage a d'abord été découvert par M. Dubois, près de Souaillon, entre St-Blaise et Cornaux, où il forme une bande peu importante d'un calcaire marneux jaune et rouge. Cette bande cénomanienne se montre de nouveau à Cressier et à Combe. Plus tard M. Gressly l'a remarqué au Moulin Forster près Sorvilier et M. Gilliéron sur le petit plateau de Riedt, à l'est de Bienne, où il a recueilli dans la roche cénomanienne en place le *Holaster subglobosus*, Ag. Des débris d'Ammonites indiquent bien que l'étage cénomanien existe entre Bienne et Neuveville.

M. Desor le cite encore à Joratel et il le caractérise par ces mots : calcaire marneux bigarré ou blanc, d'une puissance de six mètres. Dans le canton de Vaud et en France, il atteint un développement beaucoup plus fort. A Oye, M. Lory l'évalue à 50 mètres.

Le Prodrome donne les noms de 809 espèces d'animaux appartenant à cet étage.

Celles recueillies dans le Jura sont :

Ammonites varians, Sow.	*Inoceramus Cuvieri*, d'Orb.
» *navicularis*, Sow.	*Ostrea vesicularis*, Lk. (Espèce sénonienne)
» *Couloni*, d'Orb.	*Holaster Sandoz*, Dub.
» *Mantellii*, Sow.	» *carinatus*, Ag. (Espèce sénonienne)
Turrilites tuberculatus, Bosc.	» *subglobosus*, Ag.
» *Bergeri*, Brg.	

29ᵉ **Etage, Turonien**, *d'Orb.*

TYPE : la Touraine *(Turonia)*, de Saumur à Montrichard.

SYN. : La *Craie-tuffeau*, la *Craie jaune*.

Si, pendant les étages urgonien, aptien, albien et cénomanien, les mers crétacées ont reparu plus au Nord, elles se retirent fortement vers le Sud pendant l'âge turonien, car l'étage manque chez nous, tandis qu'il occupe de grandes étendues en France, en Italie, dans la Basse-Autriche, en Turquie, en Afrique.

La composition minéralogique est assez variable : ici, ce sont des craies marneuses, grises, blanches, à grains très-fins; là, ce sont des craies tuffeuses, grenues, blanches ou jaunâtres, remplies de paillettes de mica; ailleurs ce sont des calcaires assez compactes ou argileux, blancs ou gris. M. d'Orbigny lui attribue une grande puissance en France; mais il n'y atteint point celle de 200 mètres que M. de Verneuil lui a reconnue en Espagne.

D'après le premier de ces savants, cet étage possèderait 377 espèces caractéristiques, dont les plus communes sont :

Nautilus sublævigatus, d'Orb.
Ammonites peramplus, Mantell.
»　　papalis, d'Orb.
»　　rusticus, Sow.
Nerinea Requieniana, d'Orb.
Natica lyrata, Sow.
Trigonia scabra, Lam.
Pinna quadrangularis, Gf.
Inoceramus problematicus, d'Orb.

Spondylus Hippuritarum, d'Orb.
Rhynchonella deformis, d'Orb.
»　　Cuvieri, d'Orb.
Terebratula obesa, Sow.
Hippurites cornu-vaccinum, Bronn.
Radiolithes acuticosta, d'Orb.
»　　radiosa, d'Orb.
Hemiaster Fournelii, Desh.

30e Etage : Sénonien, *d'Orb.*

LOCALITÉ-TYPE. La ville de Sens, *Sénones*, est située dans la partie de l'étage la mieux caractérisée.

SYN. : *Craie blanche*, ou *craie de Maestrich; Weisse Kreide.*

Non-seulement cet étage occupe de vastes rayons en France, en Angleterre, en Allemagne et en Italie, mais il a été observé jusque dans les Indes orientales et dans les deux Amériques. Il manque aussi dans notre rayon.

La composition minéralogique de ce terrain est assez uniforme. En Europe, c'est généralement une craie blanche, fine, quelquefois marneuse, souvent remplie, par bancs, de rognons de silex. Sa puissance dépasse 100 mètres et sa faune renferme plus de 1550 espèces, dont un grand nombre se trouvent à la fois en Europe, en Asie et en Amérique.

Les espèces les plus caractéristiques sont :

Belemnites mucronata, d'Orb.
Nautilus Dekayi, Morton.
Baculites anceps, Lam.
Hamites indicus, Forbes.
Nerinea bisulcata, d'Arch.
Pholadomya æquivalvis, d'Orb.

Trigonia imbata, d'Orb.
Gervilia solenoides, Defrance.
Ostrea larva, Lk.
»　　subinflata, d'Orb.
Nucleolites crucifer, Ag. Esp. d'Amérique.

31e Etage : Danien, *Desor.*

SYN. : *Calcaire pisolithique*, peut-être l'*Etage garummien*, de M. Leymerie, Bullt. de la Soc. Géol. de France, Tom. 22. p. 367. *Jüngere Kreide.*

Il a été étudié sur plusieurs points en France, et à Faxoë, en Suède.

En France, il est formé par un calcaire grossier, blanc ou jaune, séparé par une mince couche de marnes ; il a une épaisseur de 15 à 20 mètres. — Point remarqué chez nous.

M. A. d'Orbigny énumère 63 espèces propres à ce terrain. Les plus fréquentes sont :

Nautilus Danicus, Schlotheim.
Natica supercretacea, d'Orb.

Cerithium Carolinum, d'Orb.
Cardita Hebertiana, d'Orb.
Lucina supracretacea, d'Orb.
Corbis multilamellosa, d'Orb.

Arca Gravesii, d'Orb.
Lima Carolina, d'Orb.
Cidaris Forchhammeri, Hising.

Quel était l'aspect du Jura suisse pendant que ces dernières mers crétacées déposaient quelques centaines de mètres de débris organiques, ce qui indique assez leur longue durée? Nous l'ignorons complètement.

V. TERRAINS TERTIAIRES.

Syn. : *Formation tertiaire*, de plusieurs auteurs.

Malgré les importantes publications géologiques sur le Jura bernois, l'étude des terrains tertiaires de cette contrée n'avait guère fait de progrès jusqu'en 1850. A cette époque, on avait reconnu, comme appartenant à la formation tertiaire, deux dépôts, l'un *nymphéen*, l'autre *marin* : on s'était contenté de les appeler, le premier, *groupe nymphéen*, le second, *groupe tritonien*, mais sans leur assigner des faunes ou des flores particulières. Plus tard, et sans que cette opinion fût justifiée par des faits bien établis, on envisageait encore ces deux terrains comme contemporains. L'un recevait la dénomination de *facies fluvio-terrestre*, et l'autre de *facies marin*.

Profitant de riches matériaux, réunis pendant plusieurs années de recherches assidues faites par un grand nombre de géologues, et guidé par les belles publications sur la période tertiaire, nous avons classé, en 1852, les terrains tertiaires.

Actuellement, nous pouvons présenter sur cette matière un travail plus complet.

Les hommes de science qui nous ont été utiles dans cette tâche sont : M. C. Nicolet, qui, en 1833, faisait connaître la faune du bassin du Locle; M. Cartier, curé à Ober-Buchsiten, canton de Soleure, qui, à la même date que M. Nicolet, réunissait une faune éocène dont G. Cuvier et H. de Meyer publiaient les espèces.

Depuis lors, M. Cartier n'a cessé de recueillir les fossiles d'Egerkingen et d'Aarwangen, et, aujourd'hui, il peut se flatter de posséder des faunes éocènes qui pourraient prendre place à côté des plus riches de l'Europe. Ces dernières années, M. le prof. Rütimeyer publiait, avec un talent distingué, les richesses tertiaires du modeste et savant curé soleurois. (*Eocæne Sæugethiere aus dem Gebiet des schw. Jura, 1862.*)

La faune éocène de la Suisse française nous a été révélée par MM. F.-J. Pictet, C. Gaudin, Ph. de la Harpe, Renevier et Morlot. (V. le *Mémoire sur les animaux vertébrés, trouvés dans le terrain sidérolithique du canton de Vaud, et appartenant à la faune éocène, 1855-57.*)

M. Casim. Mœsch découvrait à Ober-Gösgen, sur la rive gauche de l'Aar, entre Olten et Arau, une faune analogue à celle de St-Loup, du Mormont (Vaud), et à celle du Jura bernois.

M. Jaccard complétait les recherches de M. C. Nicolet aux environs du Locle, en nous faisant connaître une flore que M. le prof. Heer rattachait à celle d'Oeningen.

MM. Fischer-Oster, Renevier et plusieurs autres savants jetaient une vive lumière sur les terrains tertiaires des Alpes, tandis que M. C. Meyer explorait la plaine avec succès.

MM. P. Merian, Jos. Kœchlin et Delbos, déployant leur zèle dans le bassin alsatique, classaient les dépôts tertiaires jusque là condamnés dans leur isolement.

Enfin, les travaux de MM. les prof. Escher, Mousson, B. Studer, O. Heer et J. Bachmann, sont trop connus pour que nous ayons besoin d'en parler.

Si nous faisions l'histoire de la géologie tertiaire de la Suisse, nous aurions encore une foule de noms et de travaux à ajouter à ceux que nous venons d'énumérer : nous n'avons cité que ceux que nous avions sous la main, et ce nombre suffit pour démontrer que l'étude tertiaire de notre pays est une œuvre complexe, qui ne s'avancera solidement que sous l'influence de forces réunies.

C'est par ce moyen que l'on est arrivé à la connaissance de quelques grands traits de l'histoire des terrains tertiaires, dont voici les plus saillants :

a) La première vue de l'époque tertiaire, en Suisse, est celle-ci :

La partie S.-E. est occupée par une mer peuplée de poissons, de tortues et d'oiseaux, qui a agencé dans son fond pendant des milliers d'années les schistes de Matt, canton de Glaris.

La Suisse septentrionale était probablement déserte, du moins, jusqu'ici, rien ne dément cette supposition.

Cet âge géologique a reçu le nom d'étage *Suessonien.*

b) Le 2e tableau est plus complet. — Une mer continue à recouvrir la région occupée par les Alpes ; cette mer nourrit une quantité d'animaux et de plantes. Les *Nummulites,* par leur énorme développement, y jouent, avec les couches à *Fucoïdes,* connues sous le nom de *Flysch,* le rôle principal, puisqu'elles ont pu former en partie des massifs qui occupent un des premiers rangs dans les couches solides du globe.

Le nord, cette fois, se peuple d'animaux que nous a fait connaître M. Cartier. Ces animaux se rattachent à cinq ordres de mammifères. Parmi eux, nous y voyons les grands troupeaux de *Pachydermes,* les *Lophiodons* qui s'abreuvaient dans la plaine, tandis que les *Dichobunes* se cachaient dans les broussailles, les *Ecureuils* et les *Singes* sur les *Palmiers,* pour éviter les poursuites des *Civettes.* La faune de cette période rappelle celle des plateaux élevés de l'Afrique *(Rütimeyer).*

Cette phase de notre globe a été appelée étage *Parisien inférieur.*

c) Pendant le 3e âge tertiaire, la physionomie de la Suisse ne semble pas avoir changé beaucoup. Des couches marines, savoir les *schistes à Fucoïdes d'Yberg,* canton de Schwytz, se forment sur le terrain nummulitique, qui est encore en voie de formation ; tandis que nos contrées, toujours terre ferme, sont l'asile d'une flore encore peu connue et d'une faune très-remarquable et bien étudiée. Nous voulons parler des animaux éocènes de Mormont, St-Loup, d'Ober-Gösgen, de Moutier, de Delémont, de l'Alp de Souabe, des gypses de Montmartre et de l'île de Wight.

Les assises de cette époque sont connues sous le nom d'étage *Parisien supérieur.*

d) La mer, après avoir abandonné une partie du Jura bernois pendant une si longue série d'étages, y apparaît de nouveau. Les endroits même qui avaient servi de demeure à la faune précédente, à ces nombreux troupeaux de *Palæotherium,* deviennent la demeure de colonies d'*Huîtres,* de *Peignes,* de *Lucines,* de *Natices,* qui deviennent la proie que se disputent souvent de grands animaux marins, les *Lamna* et les *Phoques.*

15

Cette mer, communiquant avec le bassin du Rhin, la Belgique, etc., n'envahissait qu'une partie du Jura bernois et des cantons de Neuchâtel et de Soleure.

Quel était alors l'aspect de la Suisse en général? MM. E. Hébert et Renevier répondent à une partie de la question en disant :

« Le Porrentruy et la région nummulitique des Alpes faisaient partie de deux bassins différents. Le premier se rattachait à la mer du Nord, le second à la mer du Sud. Et là évidemment est l'explication de l'apparente anomalie qu'on observe dans la distribution des fossiles. Dans ces deux bassins séparés les faunes n'étaient point absolument les mêmes à la même époque, et des espèces qui, dans le nord, ont pullulé au commencement des premiers sédiments du terrain tertiaire moyen, ont bien pu, dans le bassin du sud, vivre à une époque antérieure en compagnie des espèces de sables de Beauchamp ou du calcaire grossier. » [1] — Peut-être M. le prof. Heer répond-il à l'autre partie de la question en nous faisant connaître les richesses végétales du Hohe Rhonen pour la Suisse orientale et celles de Monod, de la Rochette à la Paudèze pour la Suisse occidentale. A cette époque, pendant que le S.-E. et le N.-E. de ce pays étaient occupés par la mer, les parties orientale et occidentale étaient terre ferme et se recouvraient de la « *Untere Braunkohlenformation* » et de la *Mollasse rouge*, y compris l'assise à feuilles de la Paudèse.

Cette mer et ce continent sont décrits depuis longtemps sous le nom d'étage *Tongrien*.

e) La mer tongrienne disparaît à son tour, en nous laissant des traces non-équivoques d'une longue durée.

Le Jura, devenu encore une fois terre ferme, se recouvre bientôt d'animaux et de plantes qui se dépouillent du cachet éocène pour prendre celui de miocène.

Parmi les animaux, les *Anthracotherium*, et parmi les plantes les *Daphnogènes*, donnent à cette période un caractère particulier. Les couches puissantes et variées qui se sont alors formées ont pris le nom d'étage *Delémontien*, pour se débarrasser de la vieille dénomination équivoque de « *Mollasse d'eau douce inférieure.* »

f) On dirait que pendant la période tertiaire la nature se faisait un jeu de *créer* et de *détruire*.

Lorsque les faune et flore de l'étage delémontien ont eu, après une bien longue durée, déployé une richesse et un luxe qu'on ne retrouve que dans les régions subtropicales, la mer, envahissant la Suisse, y détruit tout pour y installer des légions d'animaux marins, d'énormes *squales*, dont le *Carcherias megalodon* semble être le roi.

Cette mer, avec ses dépôts, a pris le nom d'étage *Falunien* ou *Helvétien*.

g) Enfin la mer falunienne disparaît aussi, en nous laissant toutefois des assises d'une puissance de 340 à 700 mètres pour nous dire le long âge qu'elle a passé.

La Suisse, devenue ainsi continent avec des rivières, des fleuves, des plaines, des collines, se peuple bien vite de plantes et d'animaux, en fournissant à chacun d'eux les moyens de satisfaire ses besoins, ses instincts.

Le *Dinotherium* s'installe aux bords des fleuves ombragés par les *Peupliers* à larges feuilles ; le *Rhinocéros* commande dans la plaine ; les familles de *Palæomerix*, de *Lagomys* prennent pied sur les hauteurs, où ils mettent à contribution les feuilles d'Erables, de Laurinées et de Chênes à feuilles toujours vertes.

[1] Description des fossiles du terrain nummulitique supérieur des environs de Gap, des Diablerets, par E. Hébert et Renevier. Grenoble, 1854.

h) Encore une fois nous devons enregistrer la même instabilité des choses : une révolution du globe vient clore dans le Jura cette période tertiaire dite étage *œningien*, et inaugurer la vie actuelle.

Dans d'autres régions, notamment au sud de l'Europe, la durée tertiaire a été plus longue. L'étage subapennin s'y est encore formé.

Comme déduction des faits brièvement posés ci-dessus, les terrains tertiaires se divisent en

      32e Etage : *Suessonien.*
      33e   »   *Parisien inférieur.*
      34e   »   »   *supérieur.*
      35e   »   *Tongrien.*
      36e   »   *Delémontien.*
      37e   »   *Helvétien.*
      38e   »   *Œningien.*
      39e   »   *Subapennin.*

Ces 8 étages sont compris entre les terrains de l'époque crétacée et ceux de l'époque actuelle. Ils sont très-répandus sur le globe et M. d'Orbigny leur attribue une puissance de 3,000 mètres et 8,142 espèces organiques. Les 4 derniers étages renferment en Suisse 920 espèces de plantes.

32e Etage : Suessonien.

Syn. La partie inférieure de l'*Etage Suessonien*, de M. d'Orbigny, les *schistes à Poissons de Matt*, de M. le Prof. O. Heer ; *Londonthon, Eocène inférieur.*

Cet étage renferme les schistes ardoisiers de Matt, dans le canton de Glaris. Ces schistes gris-noirs, noirs, gris-jaunâtres, exploités depuis bien des siècles et utilisés comme dalles, tables, plateaux, consoles, tablettes à écrire et à couvrir les toits, sont trop connus dans le commerce pour que nous ayons à en parler.

Des schistes semblables se trouvent aussi dans le Flysch des Alpes : près de Pfäfers, à Attinghausen dans le canton d'Uri, et même dans le canton de Berne, près d'Interlaken, et à Mühlenen, au pied du Niesen.

Ces schistes, souvent associés à un grès fin, sableux, gris, brun, ont été déposés dans une mer pélagique, puisqu'ils ne renferment que des poissons, des tortues et des oiseaux. Cette faune entière se compose de 53 espèces de poissons, de deux espèces de tortues, et de deux espèces d'oiseaux.

M. le prof. Heer, après avoir donné, dans son « Urwelt der Schweiz » un aperçu très-complet de la mer de Matt, conclut que cette mer était subtropicale et qu'elle n'a guère d'analogie avec les mers éocènes de l'Europe.

M. Renevier aurait aussi observé l'étage Suessonien dans les environs d'Anzeindaz avec *Natica sigaretina*, Desh., *Turritella asperula*, Brg., *Nummulina Ramondi*, Dfr., *N. Biarritziana*, d'Arch.

Dans la même localité, on aurait aussi remarqué l'étage parisien inférieur.

Le Jura, à cette époque, était-il désert, ou présentera-t-il un jour des animaux se rattachant à la *faune de Soissons*, ou à celle à *Physa gigantea* de Rilly ? L'avenir répondra.

33e Etage : Parisien inférieur.

SYN. : *Eocène moyen*; *Calcaire grossier*; une partie du *terrain nummulitique (Nummulitenbildung)*, y compris le *Flysch* de plusieurs géologues suisses; les *brèches à Lophiodons d'Egerkinden* et de *la Chaux-de-Fonds*, de M. C. Nicolet.

Les caractères minéralogiques du terrain nummulitique sont assez différents; les roches qui le constituent sont généralement des grès et des calcaires d'un vert foncé ou noir, quelquefois ferrugineux, et renfermant un grand nombre de fossiles : *Pecten suborbicularis*, Gf., *Ostrea lateralis*, Leym., *Echinocyamus alpinus*, Ag., *Echinolampas eurysomus*, Ag., *Orbitolites Fortisii*, d'Arch., *Nummulina Ramondi*, Df., *N. placentula*, Dh., *Operculina complanata*, Rütim.

Le *Flysch* est un grès fin, grossier, le plus souvent schisteux, renfermant des marnes schisteuses, d'une couleur foncée, des calcaires argileux, quelquefois de gros blocs de gneiss granitoïde alpin, et une grande quantité d'empreintes de Fucoïdes, dont l'espèce la plus répandue est le *Chondrites intricatus*, Br.

MM. Escher et Studer ont reconnu que dans plusieurs localités, notamment dans les cantons d'Appenzell et de Schwytz (à Yberg), le flysch reposait sur le terrain nummulitique; ailleurs ces deux roches seraient mélangées, et le terrain nummulitique reposerait sur le Flysch. Ils ne seraient donc dans la même mer que des facies différents, à moins que les couches nummulitiques qui recouvrent le flysch ne se rattachent à un âge plus récent que celles qui lui sont subordonnées.

Pendant que ces dépôts marins se formaient dans la Suisse centrale et méridionale, le Jura, devenu terre ferme, avait une physionomie qui nous est encore peu connue, mais qui cependant était celle des continents en général.

Des sources semblaient déposer des argiles, des marnes, des sables siliceux, des pisolithes calcaires et peut-être ferrugineux. Les eaux charriaient ces matières en entraînant souvent des roches jurassiques et des débris d'animaux de l'époque, et en remplissaient les fentes, les crevasses des rochers (brèches à ossements).

Si nous exceptons les calcaires pisoolithiques, brèchiformes, rougeâtres, stériles, du Moulin de Bourrignon, qui reposent entre le terrain jurassique supérieur et l'étage suivant, et qui ont une puissance de quelques mètres, ces dépôts ne sont nulle part importants dans le Jura.

Le Jura ne nous a encore rien fait connaître sur la flore de cette époque, mais bien de riches matériaux sur la faune.

M. Cartier a exploité les carrières d'Egerkinden avec un zèle remarquable et un bonheur rare, et il a découvert 30 espèces de mammifères et 3 espèces de reptiles caractéristiques de cette époque.

G. Cuvier, H. de Meyer, L. Rutimeyer ont successivement étudié ces espèces et ils sont arrivés à des résultats extrêmement remarquables. (V. le travail si intéressant de M. le prof. Rütimeyer que nous venons de citer.)

Les espèces d'Egerkingen les plus curieuses sont :

Cœnopithecus lemuroides, Rütimeyer.   *Proviverra typica*, Rütimeyer.
Cynodon helveticus, Rütim.   *Sciurus.*

Dichobune Mülleri, Rütim.
»   *robertiana*, Gerv.
Lophiodon Prevosti, Gerv.
»   *Cartieri*, Rütim.
»   *medius*, Cuv.
»   *parisiensis*, Gerv.
»   *tapiroïdes*, Cuv.
»   *buxovillanus*, Cuv.
»   *rhinocerodes*, Rütim.
Lophiotherium cervulus, Gerv.

Lophiotherium elegans, Rütim.
Chasmotherium Cartieri, Rütim.
Hyopotherium Gresslyi, Myr.
Propalæotherium isselanum, Gerv.
Anchitherium siderolithicum, Rütim.
Palæotherium crassum, Cuv.
»   *curtum*, Cuv.
Emys.
Crocodilus.
Lacerta.

M. le prof. Rütimeyer, en étudiant la faune d'Egerkingen, se demande si elle n'aurait rien d'analogue sur notre globe, et il arrive aux points de comparaison suivants :

Le singe d'Egerkingen, s'il est réellement un Maki, nous rappelerait Madagascar, les îles de la Sonde, l'Afrique orientale — contrées qui sont bien la patrie de cette subdivision de singes.

Les *Dichobunes*, les *Anoplotherium* recueillis par M. le curé Cartier ont une grande analogie avec le *Moschus aquaticus* de l'Afrique occidentale. Les nombreux *Lophiodon* d'Egerkingen, qui donnent à l'étage éocène moyen sa véritable physionomie, ne sont nulle part aussi bien représentés que par leurs congénères, les nombreux pachydermes des plaines élevées de l'Afrique.

Le Jura, à cette époque, aurait donc eu le climat et la faune que possède actuellement la partie la plus chaude du globe.

Avant que d'aller plus loin, nous devons encore mentionner un dépôt dont nous avons déjà parlé dans nos « *Notes géologiques* » publiées dans les « *Mémoires de la Soc. helvét. des Sc. natur.* » en 1855, p. 58. Ce dépôt est une roche siliceuse, très-dure, blanche ou noirâtre, fossilifère, que nous avons remarquée à Delémont et à Develier sous le terrain sidérolithique. Il remplit avec des rognons silicéo-calcaires ou gypseux les crevasses des rochers jurassiques. Il n'a pas encore été étudié avec soin.

Les fossiles qu'il renferme sont à l'état de moule pour la plupart et ce sont des Natices, des Cérites et de petits Bivalves *tertiaires*.

MM. Hébert et Deshayes, qui ont bien voulu les examiner, ont cru reconnaître parmi eux le *Cerithium plicatum*.

Cette roche devra être mieux étudiée.

34ᵉ Etage : Parisien supérieur.

Syn. : *Eocène supérieur, Gypse et argiles à Palœotherium* de Montmartre; *Sables de Beauchamp*; une partie du *terrain nummulitique des Alpes;* le *terrain sidérolithique* y compris le *nagelfluh jurassique* des géologues du Jura bernois, mais non le *Jura-Nagelfluh* de quelques géologues argoviens et zurichois, qui est probablement œningien ; *formation lacustre inférieure du bassin de la Gironde à gypse, calcaire siliceux à Palœotherium, Limnæa longiscata, Planorbis rotundus,* de M. le prof. Delbos ; *Calcaire à Palœotherium, de Brunstatt,* près Mulhouse, et probablement de *Lobsann,* de *Buchsweiler,* dans la Basse-Alsace; *Calc. à Limnées de Lieu,* près du lac de Joux, de M. Jaccard ; *Bohnerz,* de M. P. Merian.

Les dépôts marins de cet étage, tels que *les sables de Beauchamp,* une partie du *terrain nummulitique* des Alpes vaudoises, de M. Renevier, n'étant pas représentés dans le Jura, nous ne nous en occuperons pas dans ce travail; nous passons donc au facies fluvio-terrestre, c'est-à-dire au *terrain sidérolithique* proprement dit, dont la double importance géologique et technique est généralement connue.

La synonymie que nous venons de donner de ce dernier facies, en indique déjà l'immense étendue. Il apparaît, en effet, avec ces caractères bien tranchés, dans la plus grande partie des Etats de l'Europe. Les beaux gypses, les riches sables vitrifiables, l'excellente mine de fer en grains, les argiles de ce terrain, le font rechercher en France, en Allemagne et en Suisse. Nous n'avons pas de districts dans le Jura qui ne jouissent des avantages du terrain sidérolithique. Grange et Longeau exploitent le huper si réfractaire ; le val de Mumliswyl ne demande que des capitaux pour mieux utiliser ses sables vitrifiables; les verreries de Bellclay et de Moutier tirent un très-bon parti des sables des Franches-Montagnes, des bassins de Tavannes et de Moutier ; les vals de Matzendorf et surtout de Delémont fournissent depuis quelques siècles de la mine aux hauts-fourneaux du Jura, et on craint bien moins son épuisement que la pénurie de combustibles et le manque de voies de communication faciles. Il se passera, en effet, bien des années encore jusqu'à ce que le vaste bassin de Delémont soit entièrement fouillé. L'Ajoie doit aussi au terrain sidérolithique la fabrication de sa poterie réfractaire très-estimée ; Laufon saura un jour employer ses argiles, ses sables, que nous avons remarqués dans son bassin sous les marnes tongriennes. Un grand nombre de nos tuileries transforment ses argiles en tuiles et en briques ; la maçonnerie aime aussi à se servir de ses sables pour la confection du mortier. Un jour ou l'autre, les bassins suisse et alsatique seront le sujet de recherches de ces matières si utiles à l'industrie.

En présence de ces ressources incalculables on est étonné de voir que la place occupée par le terrain sidérolithique dans l'échelle géologique et déterminée depuis longtemps en Angleterre dans le bassin de Paris, n'a été, dans le Jura et les environs, qu'un sujet d'anachronisme choquant.

Rangé, jusqu'en 1850, à la base des terrains crétacés, par nos géologues, il a été considéré comme un produit des éjections semi-plutoniques résultant de la grande catastrophe qui aurait déterminé la fin de la formation jurassique; il nous a fallu les nombreuses fouilles faites dans le val de Delémont, en vue de la recherche du minérai de fer, pour démolir ces idées, qui avaient passé jusque dans les ouvrages classiques. Il nous a fallu présenter des couches, en tout semblables à celles qu'on retrouve dans les assises *sédimentaires* les plus évidentes. [1] Il nous a fallu découvrir dans ces couches des associations d'espèces qui excluent toute idée de remaniement. Et ces espèces une fois déterminées, il nous a alors été permis de dire que le terrain sidérolithique était *tertiaire*, et que sa véritable place se trouvait entre l'étage parisien inférieur et le tongrien. Enfin, après une étude consciencieuse au double point de vue minéralogique et paléontologique de cet âge géologique, nous sommes arrivé à rétablir sa véritable physionomie.

Le terrain sidérolithique n'était donc plus, comme l'avait enseigné, avec une verve si poétique, M. A. Gressly, un trait d'union entre les formations jurassique et crétacée, une réaction gigantesque du soulèvement jurassique, — rien de cela. Le terrain sidérolithique devenait un *dépôt continental particulier*, mais authentique ; ce dépôt nous montrait : ici, des sources minérales qui amoncelaient des sables siliceux, du fer pisoolithique, des argiles, des gypses, des calcaires et des marnes, là, des bassins d'eau douce dans lesquels pullulaient les *Characées*, les *Mollusques aquatiques* et des *Reptiles*. Ailleurs, des reliefs terrestres variés étaient sillonnés par de forts courants, qui dénudaient les terrains sousjacents, en emportaient une partie et formaient les grands amas de cailloux roulés dits *nagelfluh jurassique ;* c'est dans ces lieux que vivaient ces innombrables troupeaux de *Palæotherium,* dont les riches débris ont été si généralement signalés.

De ce qui précède, on voit que les caractères minéralogiques de l'étage éocène supérieur doivent être très-variés. En effet ; mais comme ils ont été étudiés avec les soins les plus minutieux par un très-grand nombre de géologues, MM. Thirria, Gressly, Mousson, Alb. Müller, Sandberger, Deffner, Quiquerez et l'auteur de ces lignes, nous ne les rappellerons que brièvement.

Déjà en 1853, nous avions reconnu avec notre ami, G. Loviat, dans le terrain sidérolithique les assises et couches qui, de bas en haut, sont :

a) *La mine de fer en grains* ou *Bohnerz*, et les *sables siliceux.* Ce minérai, composé d'oxide de fer hydraté, 71 p. 100, de silice, 13 p. 100, d'alumine, 6 p. 100, et de trace de manganèse, de plomb, de zinc, se présente en grains globuleux, miliaires, pisaires et même ovaires ; quelquefois il apparaît en masse amorphe compacte ou subcompacte, incohérent ou terreux, d'autres fois encore sous forme de gros blocs plus ou moins sphériques, de 1 à 8 décimètres de diamètre, que les mineurs nomment *mères* ou *Mutter.* Ces mères indiquent la fin ou le commencement d'amas considérables. — Ces pisolithes ouvertes présentent plusieurs couches concentriques très-minces, configuration favorable à l'idée souvent émise que le minérai de fer en grains a été formé par la voie aqueuse. La mine de fer amorphe remplit ou recouvre les crevasses et les cavernes des terrains jurassiques.

La mine, en *nids* ou *chaudières* plus ou moins restreints, en *nappes* ou *couches* plus ou moins étendues, a une puissance de 0 à 5 mètres. Elle est *riche*, lorsque les argiles ne remplissent que les interstices qui séparent les grains accolés, *maigre*, lorsque les grains ne sont que disséminés dans les argiles. Elle rend en moyenne 60 pour 100 au lavage et 40 à 50 pour cent à la fusion.

[1] En 1867, la Commission géol. fédérale persiste à la considérer comme « *une roche !* »

Ces dépôts de minérai sont, dans la règle, recouverts par une couche de quelques centimètres d'épaisseur d'argile blanchâtre ou bleuâtre, renfermant quelquefois des pisoolithes argileux, toujours réfractaires. Cette argile, connue sous le nom de *fleur de mine*, sert aussi souvent d'assise au minérai.

C'est cette mine qui fournit un fer d'une réputation bien méritée ; c'est elle qui alimente tous les hauts-fourneaux du Jura et quelques-uns à l'étranger. On en exploite annuellement environ 150,000 hectolitres.

L'hectolitre ou le cuveau de mine pèse 200 kilogrammes.

Les sables siliceux vitrifiables, le *huper*, semblent affecter les mêmes caractères géologiques que la mine de fer en grains, et ils la remplacent même dans le Jura central et méridional. Dans le Val-de-Moutier, au Pichoux, à Bellelay, au Fuet, à la Joux, on remarque en effet ces sables à la base du terrain sidérolithique, et là, ils sont souvent recouverts par des argiles réfractaires. Ce sont donc ces sables qui alimentent les verreries de Moutier, de Roche et de Bellelay. Le huper de Longeau et Grange, très-estimé dans la fabrication de creusets et exploité depuis longtemps, semble aussi être à la base de ce dépôt.

MM. de Mortillet et Chamousset pensent que les sables vitrifiables de Désert et d'Arith, qui sont intercalés dans le nummulithique, sont contemporains de nos sables sidérolithiques. (*Bull. de la Soc. géol.* T. 17, p. 121.)

b) *Bolus ou argiles inférieures.* Ces argiles se distinguent des argiles supérieures par leur caractère plus réfractaire, par leur plus grande dureté, par leur couleur rouge ou jaune ; ces deux couleurs peuvent alterner ; elles sont plus rarement grisâtres et bariolées de blanc, de jaune et de rouge.

Les argiles rouge-tuile, violacées, mouchetées de blanc, riches en sables quartzeux et très-chargées de fer hydroxydé, n'indiquent point de richesse minérale ; il en est de même des bolus gris-pâle, bleus, lisses et savonneux, sableux grésiques, à cassure mate et raboteuse, ressemblant assez à un sable mollassique, surtout par les grains anguleux de quartz qu'ils contiennent. Puiss. 1 à 8 mètres.

Dans certaines minières les bolus manquent complètement.

c) *Les morceaux.* Ils sont également formés par des argiles jaunes, calcaires, quelquefois réfractaires à la base. Les taches ou points blancs ou bleus sont plus rares que dans les assises supérieures ; ils sont aussi moins durs et moins friables : ils ne se détachent que par grandes masses ou blocs que les mineurs ont appelés *morceaux*, *Stücker*, *Möcke*.

Les morceaux sont plutôt jaunes que rouges ; ils passent insensiblement au bolus et assez souvent à la mine. On a généralement remarqué que les morceaux étant peu développés, les bolus le sont beaucoup ; si au contraire les morceaux sont puissants, les bolus le sont moins. Puiss. : 2 à 6 mètres.

d) *La terre visqueuse.* Elle est assez facile à reconnaître par ses argiles compactes, grasses, onctueuses, calcaires, rarement réfractaires. Puiss. 1 à 3 mètres.

e) *La terre cendrée.* C'est une argile gris-cendrée, calcaire, d'une épaisseur de 2 à 5 mètres.

f) *La terre jaune*, d'une puissance de 4 à 52 mètres, est formée par des argiles calcaires d'un gris-jaune tirant souvent sur le jaune ocreux ou sur le rouge. La terre jaune est beaucoup employée dans la fabrication des tuiles, briques, etc. ; elle est recouverte par l'étage tongrien.

Le passage de l'une de ces assises à l'autre est, dans la règle, graduel, rarement brusque et tranché. La stratification de ces argiles prend tantôt le caractère d'amas, de nappes, même de filons irréguliers, tantôt celui de couches uniformes et régulières.

Les assises supérieures de ces argiles contiennent des taches blanches, que les mineurs appellent « œils », d'un diamètre de 0,01 à 0,14 centimètres, et renfermant dans leur centre un point vert foncé. Ces taches sont formées de silicate d'alumine.

Ces argiles sont souvent bariolées de blanc, de rouge, de jaune, de rose et de violet. Elles se détachent en blocs ordinairement anguleux, à surface lisse, onctueuse, rude, même raboteuse. Les argiles calcaires alternent quelquefois avec les argiles réfractaires ; il en est de même des argiles grasses et onctueuses avec les argiles sèches et rudes.

Accidents du terrain sidérolithique. — Le plus important est sans contredit le *Nagelfluh jurassique*, ou les *gompholithes, Jurassische Kalknagelfluh*. Le nagelfluh jurassique a été signalé dans le Jura bernois par Daubrée (Bullt. de la Soc. géol. T. 5, p. 170), Thurmann et Gressly ; en publiant nos « *Notes géol.* » nous déterminions son âge, et le classions dans le terrain sidérolithique ; dans le canton de Bâle et les environs il a été décrit par MM. A. Rengger, Mousson et P. Merian ; dans le canton de Neuchâtel, par MM. Nicolet, Desor, Gressly et Jaccard ; au Locle, il atteint une puissance de plus de 30 mètres.

Ce nagelfluh est un poudingue de galets jurassiques et triasiques : portlandiens, kimméridgiens, astartiens, coralliens, oolithiques et conchyliens, jaunâtres, arrondis, marqués à leur surface d'empreintes ou de dépressions assez caractéristiques. Ces galets, agglutinés par un ciment ferrugineux, calcaire, siliceux, alternent en quelques endroits, soit avec des bancs ou amas de sables divers, soit avec de minces couches d'argiles remaniées, comme on peut le voir à l'O. de Delémont, au N., à l'O. de Porrentruy, à Châtelat, à Tramelan. A Develier, à Soulce, au Pichoux, ils sont souvent silicifiés et liés par des oxides de fer, des silicates d'alumine et de fer. Mélangés avec de nombreux grains de fer lavés et très-lisses, ils constituent un véritable conglomérat.

Puissance : 1 à 4 mètres.

A Develier le nagelfluh jurassique est recouvert par l'étage suivant. Au Pichoux, près de la galerie supérieure, il recouvre le sable vitrifiable et le bolus, et comme l'étage tongrien manque dans cette localité, il sert d'assise au grès à feuilles. Dans les puits creusés aux environs de Delémont, les gompholithes ont été rencontrés sur et dans les argiles du terrain sidérolithique. Le puits des prés Greby en a même traversé trois bancs qui, sous la terre jaune, à une profondeur de 20 mètres, alternent avec les argiles, et un quatrième banc à une profondeur de 140 mètres. De manière que le nagelfluh jurassique se relie intimement au terrain sidérolithique. Ce nagelfluh éocène ne doit donc pas être confondu avec le nagelfluh helvétien ou œningien. Les caractères minéralogiques, stratigraphiques et paléontologiques ne le permettent point.

Ces amas considérables de cailloux jurassiques ne laissent pas de doute sur l'existence de forts courants pendant cette époque ; nous attribuons, en partie, à ces courants *l'ablation des groupes jurassiques supérieurs* ; c'est principalement dans la partie septentrionale du Jura, sur le plateau de Pleigne, où le terrain à chailles est à découvert, que ce phénomène se remarque bien.

Les eaux avaient une direction N.-S. — Les preuves que nous pourrions fournir pour motiver cette opinion sont assez concluantes. Nous verrons, du reste, que plus tard, c'est-à-dire pendant l'époque falunienne, les eaux affectaient encore la même marche.

16

Le nagelfluh jurassique a souvent été confondu avec d'autres dépôts cailouteux. Sans parler encore des caractères stratigraphiques et paléontologiques différentiels, il ne sera jamais possible de commettre des erreurs de ce genre. La nature essentiellement calcaire de la roche qui le constitue, le distinguera toujours *des galets vosgiens à Dinotherium* et des alluvions anciennes ou modernes, les galets à Dinotherium étant riches en *roches vosgiennes* ou *hercyniennes*, et les alluvions anciennes en *roches alpines*.

Le nagelfluh jurassique donne de bons et faciles matériaux pour l'entretien des routes.

Un accident non moins important que le nagelfluh jurassique est la roche que les ouvriers appellent « *raitsche* » : ce sont des assises de bancs calcaires, *hydrauliques* ou siliceux, compactes ou subcompactes, marneux, tufeux, stalactiformes, de couleurs diverses, mais généralement jaunâtres, grisâtres, pointillés de noir, d'une puissance de 1 à 5 mètres. On peut les étudier dans trois ou quatre endroits sur la rive droite de la rivière entre Courcelon et Vicques.

Quatre puits, pratiqués au sud de la route de Delémont à Courroux, ont mis à découvert dans les argiles supérieures du terrain sidérolithique deux assises de ces calcaires, l'une à une profondeur de 14 mètres, et l'autre à une profondeur de 53 mètres. L'assise supérieure nous a offert une flore et une faune fluviatiles des plus remarquables : *Chara, Limnées, Planorbes* et *Crocodile :* voilà donc un dépôt sédimentaire ordinaire parfaitement constaté dans le terrain sidérolithique.

Un troisième accident qu'on observe dans le terrain sidérolithique est du *gypse*. La *terre jaune* renferme assez souvent de beaux grands blocs disséminés de gypse fibreux, ou en fer de lance. Du milieu à la base, ces assises sont fréquemment traversées par de minces filons, ou couches de ce même sel.

Au N.-E. de Delémont, le minérai de fer est même souvent empâté dans un beau gypse cristallin, affectant, comme la mine de fer, une forme sphéroïdale. Des grains de fer pisiformes, disséminés, sont habituels à ces argiles. Elles renferment encore accidentellement des nids et de minces bandes d'hyperoxyde de manganèse, des argiles smectiques, de petits blocs de gneiss, de mica, de cailloux grésiques ou quartzeux assez semblables à ceux des conglomérats du grès vosgien, enfin de beaux jaspes.

Nous ne parlerons pas des roches, marnes et fossiles jurassiques, des traînées et amas de fer pisoolithique appelées *Flötz*, qui se présentent dans ces argiles : ce sont des matériaux remaniés.

Les calcaires jurassiques, en contact avec le terrain sidérolithique, ont souvent été épigénésés : ils ont subi une jaspisation ou silicification très-curieuse.

Les *cheminées* ou *conduits* qui ont servi de passage aux eaux chargées des matériaux que nous venons de passer en revue, ayant souvent été décrits et figurés, nous les passerons sous silence.

Flore et faune du terrain sidérolithique.

Nous avons déjà parlé des débris organiques de la *raitsche ;* les personnes qui auront lu nos « *Notes géologiques* », se rappelleront que les argiles sidérolithiques, très-bien en place, à Courrendlin et à Develier-dessus, renferment des ossements de Palæotherium ; mais il nous reste à enregistrer une découverte beaucoup plus importante faite au N. de Moutier.

Lors de la construction de l'église de ce village, on ouvrit une carrière dans les couches supérieures des terrains jurassiques, soit dans le portlandien, et on y trouva des crevasses remplies de terrains sidérolithiques et d'*ossements éocènes*, et plus bas, une couche presque horizontale de marnes gris-noirâtres renfermant le squelette complet du *Megalosaurus Meriani* dont nous avons parlé plus haut. Voici la coupe de cette carrière :

1. Petits amas de terrain sidérolithique.
2. Crevasses remplies de bolus, d'argiles, de mine de fer en grains, de quelques brèches jurassiques et d'animaux éocènes.
3. Couche jurassique marneuse à *Megalosaurus*.

Ces crevasses, sises dans l'hypovirgulien, ont une profondeur de 3 à 7 mètres. Cette assise calcaire exploitée, d'une puissance de 8 mètres environ, repose sur les marnes à Megalosaurus.

Nous avons, avec M. Matthey, recueilli avec soin ces débris d'animaux dont la détermination est due à la bienveillance de M. le prof. Rütimeyer. En voici les noms :

Reptiles.
Vertèbres de *Serpents*, appartenant probablement au genre *Coluber*.
Lacerta, une mâchoire.
Crocodiles, dents d'un très-jeune sujet.

MAMMIFÈRES.
Dents et os divers de
Palæotherium medium, Cuv. ;
»   *crassum*, Cuv. ;
»   *curtum*, Cuv.
Cainotherium Bravardi, plusieurs dents.
Hyapotamus Gresslyi, Myr. Une seule dent, identique à celles d'Egerkingen.

Dichodon cuspidatus, Owen, une dent.
Theridomys siderolithicus, Pictet. Quelques dents.
Sciurus. Deux espèces, dont l'une est représentée par une dent beaucoup plus grande que celles de l'autre.

Ces dernières appartiennent bien à l'espèce de St-Loup, que M. Pictet a figurée, sans lui donner un nom.

Hyænodon Requieri, Gerv., espèce de l'éocène supérieur.
Viverra Parisiensis, Cuv. Deux dents, espèce de Montmartre.

Après cette nomenclature, le savant paléontologiste de Bâle ajoute :

« Le *Cainotherium* et le *Dichodon* sont les premiers restes de ces espèces trouvés en
» Suisse. La faune de Moutier appartient à l'éocène supérieur et correspond à celle du
» Mormont et de Gösgen, pendant qu'Egerkingen avec ses *Lophiodons* et ses *Propalæo-*
» *therium* est antérieur.
» Il est bien intéressant de rencontrer aussi 4 espèces de *Lophiodon* dans l'éocène du
» canton de Vaud. M. Laharpe m'a envoyé une très-belle collection, sans indication sur
» la provenance. Il en résulte que le terrain sidérolithique de la Suisse française embrasse
» deux faunes éocènes, celle d'Egerkingen et celle de Moutier. »

A la faune de Moutier nous avons encore à ajouter les espèces suivantes :

Palæotherium crassum et *Palæotherium medium* de Develier-dessus,

enfin les espèces fluviatiles de la *raitsche* et de la *terre jaune* du val de Delémont :

Chara helicteres, Brg.
» *siderolithica*, Grepp. ;
» *Greppini*, H. ;
Graines bien conservées et très-abondantes.
Planorbis rotundus, Brg.
» deux espèces indéterminables.

Limnæus longiscatus, Brgn.
Melanopsis.
Cyclas.
Crocodilus Hastingsiæ, Owen, quelques dents, espèce de Mormont et de l'île de Wight.

Nous ne faisons aucune difficulté de placer aussi dans cet étage les calcaires de Brunn-

statt et d'autres localités du bassin alsatique. Ces calcaires sont assez riches en fossiles.
M. J. Kœchlin y a recueilli :

Palæotherium medium.
Helix occlusa, Edw.
  » *labyrinthica.*
Planorbis rotundatus, Brard.
  » *discus,* Edw.
Limnæus palustris fossilis, Mer.
  » *fusiformis,* Sow.
Auricula alsatica, Mer.
Paludina viviparoïdes, Bronn. de Bouxweiler.
  » *circinata,* Mer.
Cyclostoma Kœchlinianum, Mer.

Melania Kœchlini, Grepp., etc.
Cette dernière espèce se distingue facilement de la *M. Escheri* par sa taille plus grande, sa forme moins allongée, son angle plus ouvert, ses tours plus arrondis, et surtout par ses ornements. Ses plis noueux, tuberculeux, qui sont même très-apparents sur le dernier tour et sur les moules, suffisent pour l'en distinguer. Elle diffère également de la *M. Escheri* de Zwiefalten, dans le Wurtemberg, qui est aussi une espèce particulière.

35ᵉ Etage, Tongrien, *d'Orb.*

SYN. : 1º FACIES MARIN : *Marnes tritoniennes,* de Thurmann; *Couches à Ostrea cyathula,* de M. Hébert; *myocène inférieur; Sables marins du bassin de Mayence,* de M. le prof. Sandberger; *Sables de Fontainebleau,* de plusieurs géologues français; *Groupe marin moyen,* de Greppin; et probablement *la couche à Cérites* des Diablerets, de Sansfleuron, dans le massif de l'Oldenhorn, de M. Renevier; *Mollasse marine inférieure; mariner Grobkalk,* de M. Studer, mauvaise dénomination, qui pourrait conduire à la confusion de notre terrain avec le calcaire grossier de Paris, qui est plus ancien.

2. FACIES TERRESTRE : *Formation inférieure des lignites* du Hohe-Rhonen, Rufi, Rossberg, Monod; *Mollasse rouge* de Vivis, Ralligen, Wæggis, de M. Heer.

HISTORIQUE.

Ce facies marin, observé seulement dans le Jura septentrional, a été très-imparfaitement connu jusqu'en juin 1853. Tour à tour appelé *groupe tritonien* (Thurmann), *nymphéotritonien* (Gressly), assimilé plus tard au *Calcaire grossier de Paris* par Thurmann, confondu par d'autres géologues avec l'étage Helvétien sous le nom de *mollasse marine,* on n'avait que des idées vagues et confuses sur son âge, son étendue et sa faune.

Ayant adjoint nos recherches à celles de M. Gressly, en 1852, nous avions réuni un bon nombre de fossiles de diverses localités et notamment de Neucul, de Develier, de Brislach, Wahlen, Aesch, Rœdersdorf, Miécourt, Alle et Cœuve, et nous les avons adressés à M. le prof. Hébert, à Paris. Ils ne pouvaient être adressés à des mains plus habiles et plus heureuses. Au moyen de 25 espèces très-caractéristiques, ce savant rattachait ces dépôts marins, tout en en fixant l'étendue, aux *marnes marines à Ostrea cyathula* de Montmartre, aux sables marins d'Etampes, de Fontainebleau, aux grès de Romainville, du Limbourg, et des environs d'Alzey, près Mayence. Et ces terrains, d'après la nouvelle nomenclature, prenaient le nom d'*étage tongrien.* (V. le Bullt. de la Soc. géol. de France, Tom. IX.

d. 602 et Tom. XII, p. 760.) C'est donc bien à tort que J. Thurmann a attribué ce long et pénible travail à M. C. Mayer, ce que reconnaît du reste M. Hébert en disant :

« M. Mayer, auquel je communiquai les résultats que j'avais obtenus, avant de les » envoyer à M. Greppin, les transmit à M. Thurmann, qui les a insérés dans le compte-» rendu de la session de la Société helvétique des sciences naturelles qui eut lieu, en » août 1853, à Porrentruy. Mais c'est par erreur que ces résultats et la détermination des » fossiles que renferment les assises en litige ont été attribués à M. Mayer. » (Ouvrage cité de MM. Hébert et Renevier, page 83.)

Nous devons encore ajouter, pour compléter l'historique de ce terrain, que MM. Merian, Jos. Kœchlin, Sandberger et Schill, l'étudiaient avec un soin tout particulier aux environs de Bâle, dans le bassin alsatique, et dans le grand-duché de Baden, et qu'ils arrivaient aux mêmes résultats que nous.

Pétrographie. En décrivant l'étage tongrien en 1850 (v. nos *Notes géol.*, page 37) nous le divisions déjà en deux dépôts principaux, mais absolument synchroniques : *dépôt ou facies vaseux, et dépôt ou facies sableux et caillouteux.*

a) *Facies vaseux.* Il est formé de marnes stratifiées, grumeleuses, fissiles, se désagrégeant sous l'influence de l'humidité en petits blocs anguleux, qui tombent ensuite en poussière; leur couleur passe du gris-clair au noir.

Les couches inférieures, reposant sur le terrain sidérolithique, sont rougeâtres et sableuses. Les couches moyennes offrent des traînées, des amas de sables ferrugineux, des traces de lignites, des concrétions et des fossiles marins pyriteux ou calcaires, et beaucoup de petits cristaux de chaux sulfatée. Les couches supérieures généralement plus claires alternent avec des couches minces de grès sableux, et passent insensiblement aux grès et marnes de l'étage Delémontien.

Nous avons reconnu ces marnes avec les mêmes caractères à Neucul, S. de Delémont, entre cette ville et Develier; au Löwenbourg, à Courgenay ; et dans le val de Laufon : à Brislach, Wahlen, Blauen et Busserach ; dans le bassin du Rhin, entre Aesch et Ettingen, à l'est de Schlatthof, et près de Bottmingen. A Bâle même, d'après M. P. Merian, elles prennent un beaucoup plus grand développement. On les retrouve en France au-dessous de Strasbourg et à Paris, dans la butte de Montmartre. Partout la couche à *Ostrea cyathula* se présente à la base de l'assise.

Voici la coupe de ces marnes prise à Neucul :

1. Terre végétale		$1^m,50$
2. Marnes bigarrées		1 00
3. Alternances de minces couches de marnes rougeâtres, grises, et de mollasse bigarrée à feuilles avec *Daphnogene polymorpha, Acer trilobatum, Quercus elæna.*		2 00
4. Marnes grises grumeleuses avec sables ferrugineux, gypses, pyrites		1 50
5. Marnes grises pétries de *Corbula subpisum, Leda acuta, Pecten pictus, Lamna*		0 20
6. Marnes grises grumeleuses à *Cytherea lævigata*		0 15
7. » noires micacées à *Lucina Heberti*		0 50
8. » grisâtres à *Cytherea incrassata*		0 50
9. Banc à *Ostrea cyathula*		0 50
10. Marnes grises rougeâtres		0 50
	Puiss. totale du Tongrien	3 85

Et. : Tongrien. Ét. : Delémont.

Terre jaune du terrain sidérolithique, soit de l'*Etage parisien supérieur.*

Ces marnes, d'une puissance de 1 à 5 mètres, sont recherchées dans le val de Delémont et dans celui de Laufon pour amender les terres.

Leur mode de stratification par couches régulières et successives, la nature de la faune annoncent qu'elles ont été déposées dans des eaux tranquilles, comme le sont celles des lagunes.

b) *Facies littoral ; Calcaires sableux, caillouteux, jaunes.*

Comme le pense A. Gressly, ce facies est essentiellement fiordique, et il caractérise les bords immédiats des baies de la mer de cette époque. Ce rivage maritime, marqué par des rangées de trous de *Lithodomes*, des bancs d'*Ostrea callifera*, de *Spondylus longispina*, se dessine depuis les Brenets, canton de Neuchâtel, à Cœuve, Miécourt, Develier, Delémont, côte du Mettemberg, au N. de la Résel, à Rœdersdorf, Brislach, Breitenbach, Dornach, Lörrach. Dans la plupart de ces localités, il est représenté par une roche calcaréosableuse à brèches coquillières, quelquefois siliceuse, à teinte jaunâtre, riche en *Ostrea callifera*, atteignant une puissance de un à deux mètres. A Develier et à la côte du Mettemberg, l'*Ostrea callifera*, empâtée dans une marne jaune, est tellement abondante, qu'elle forme un banc de 30 à 80 centimètres.

Au nord-ouest de Brislach, on remarque d'abord les calcaires astartiens perforés par les *Lithodomes* et conservant des traces du terrain sidérolithique, et par-dessus le calcaire jaune sableux ou compacte à *Natica crassatina* ; un peu plus loin, ces calcaires sont remplacés par les *marnes à Ostrea cyathula*. A Develier-dessus, l'*Ostrea callifera* et beaucoup de dents de *Lamna* se trouvent mélangées dans des marnes bleuâtres, violacées, et des argiles du terrain sidérolithique remaniées.

Au Mettemberg, l'étage tongrien est représenté par une roche rougeâtre ou jaunâtre très-compacte, formée de brèches jurassiques, de moules de petits acéphales et de gastéropodes, liés par un ciment calcaire et ferrugineux très-dur. Cette roche ressemble d'une manière frappante à certaine couche du calcaire grossier parisien — bancs à Cérites.

Du reste, on le trouve sous des formes assez variables dans les environs de Bâle, à Aesch, Dornach, dans le Sundgau, en Ajoie, dans le bassin du Rhin.

La mer tongrienne était dans nos environs très-riche en espèces. D'après M. le prof. Sandberger, elle n'était pas bien chaude ; sa faune rappelle un mélange de types de la Nouvelle-Hollande, des Indes orientales.[1] Les espèces que nous avons pu recueillir, sont:

Halianassa Studeri, Myr. Rödersdorf, Develier.

Lamna cuspidata, Ag. , Neucul, Develier, Brislach.

» *rugosa*, Ag. Neucul, Develier, Brislach.

Galeus aduncus, Ag. Neucl » »

Myliobates. » » »

Anarchicas » » »

Cycloïdes. » » »

Crustacées.

Balanus miser, Develier, espèce d'Alzey et des sables de Fontainebleau.

Natica crassatina, Desh. Brislach, Eguisheim.

N. Parisiensis, Raulin. Neucul.

» *Nystii*, d'Orb. Mettemberg.

» *redempta*, Mich. »

Tritonium flandrinum, de Koninck. Stetten près Lörrach.

Melania subdecussata, Lk. Brislach.

Turritella crispula, Lind., Mettemberg.

Cerithium plicatum, Lk., Brislach, Neucul, Eguisheim.

» *dentatum*, Defr. » Cœuve,

» *Boblayei*, Desh. »

» *Diaboli*, Brg. »

Syn. : *C. trochoïdale*, Desh.

[1] *Die Conchylien des Mainzer Tertiärbeckens* von Dr F. Sandberger, Wiesbaden, 1863.

C. conjunctum, Lk. Brislach, Neuc!, Cœuve
» *lima*, de Stetten, près Lörrach.
» *dissitum*, Desh. »   »
Chenopus Margerini, Desh. Neucul, Brislach et Cœuve.
  Syn. : *Ch. tridactylus*, A. Br.
Tornatella striata, Sow. Neucul.
Cassidaria Nystii, Kyck, »   Cœuve, Brislach.
  Syn. : *C. depressa*, v. Buch,
Trochus rhenanus, Mer. Lörrach.
Buccinum Gosardii, Nyst. »   Neucul.
Pleurotomaria Morreni? Nyst.   »
  Lörrach.
» *Selysii*, Nyst. Lörrach, Neucul, Mettemberg.
Delphinula,   »   »   »
Nerita rhenana, Thom. Mettemberg.
Neritina fulminifera, Sand. »
Solarium misarum, Duj.   »
Bulla conoïdea, Desh.   »
Erato lœvis, Sow.   »
Oliva   »
Calyptrœa striatella, Nyst. Neucul, Lörrach, Mettemberg.
Hipponis cornu copiœ, Defr.   »
Pholadomya pectinata, Mer., Miécourt, Aesch.
  Syn. : *P. Weissi*, Phil.
  »   *P. Greppini*, Desh.
Panopœa Heberti, Bosquet. Aesch, Miécourt, Neucul, Brislach.
Corbula Henkeliusa, Nyst., Cœuve, Brislach.
» *subpisiformis*, Sandb. Neucul, Stetten.
  Syn. : *C. subpisum*, d'Orb.
Isocardia.
Cytherea incrassata, Desh.   »   Cœuve, Brislach.
» *lœvigata*, Lk.
» *splendina*, Mer. Neucul, et d'après M. Merian à Bötteln près Lörrach.
Cyprina rotundata, Ag. Neucul, Cœuve et Brislach.
  Syn. : *C. Nystii*.

Nucula Chastelii, Nyst. Miécourt.
» *Greppini*, Desh, T. 28, f. 8. Neucul.
Leda gracilis, Desh.   »
» *acuta*, Héb.   »
Psammobia. Neucul, espèce de Belgique.
Astarte plicata, Mer. Mettemberg.
Lucina Thierensi, Héb. Miécourt, Brislach.
» *rotundata*, Mtg.   »
» *Heberti*, Desh.   Neucul.
» *striatula*, Nyst.   »
» *tenuistria*, Héb.   »
Tellina Nystii, Desh.   »
» *Heberti*, Desh.   et Stetten.
Arca umbonata, Lk.
» *preciosa*, Desh.
Lithodomus, Develier, Cœuve, Brislach, Breitenbach, etc.
Cardita Homaliusana, Nyst. Neucul, Brislach, Miécourt.
» *paucicostata*, Sandb. Mettemberg.
Avicula, nov. sp. Neucul.
Limopsis Goldfussi, Nyst. Neucul.
  Syn. : *Lima aurita*, Gf.
Cardium Nystii, Héb. Neucul, Miécourt, Brislach.
» *striatulum*, Brislach   »   »
Solen   »   »
Pecten pictus, Gf.   »   Brislach, Eguisheim.
» *decussatus*, Münster   »   »
» *fasciculatus*, Sandb. Aesch.
Pectunculus subterebratularis, Lk. Miécourt, Val près Recollaine, Brislach.
» *delectus*, Brandes. Miécourt et Brislach.
» *angusticostatus*, Desh.   »
» *crassus*, Phill. Eguisheim, Bethonvillers, Allviller.
Spondylus tenuispina, Sandb. Cœuve.
  Syn. : *S. spinosissimus*, Gf.
Ostrea cyathula, Lk. caractérise les dépôts vaseux.
  Syn. : *O. crispata*, Gf.
» *callifera*, Lk. caractérise les dépôts sableux et calcaires.
  Syn. : *O. Collini*, Mer.

Terebratula opercularis, Sandb. Cœuve.

Rhynchonella Gresslyi, Grepp. Cœuve.

Elle se distingue de la *T. fasciculata*, Sandb.,

par ses côtes plus nombreuses, et lisses, qui semblent disparaître avec l'âge, et par une grandeur plus considérable et une forme plus ovale.

2. *Facies terrestre*. Quant à ce facies, dont le rapprochement avec le tongrien proprement dit est encore douteux, il n'a pas encore été constaté dans le Jura suisse. Serait-ce, comme nous l'avons dit précédemment, *la formation à anthracite* du Hohe-Rhonen, de Monod, de la Paudèse, ou un dépôt qui paraît encore plus ancien, *la mollasse rouge* de Vivis, de Ralligen? Dans ce cas, les célèbres publications de M. le prof. Heer, de Zurich, les nombreuses et riches recherches de toute cette pléiade de géologues lausannois, ayant suffisamment fait connaître ces assises, nous n'avons pas à nous en occuper, et nous passons à un autre étage.

36° Etage : Delémontien, *de Greppin.*

LOCALITÉ-TYPE : Val de Delémont, dans le Jura bernois. Sur plusieurs points on voit cet étage intercalé entre deux dépôts marins, qui l'ont immédiatement précédé et suivi : l'un d'eux, le Tongrien, en est recouvert, l'autre, l'Helvétien, le recouvre.

SYN. : *Terrain nymphéen*, de J. Thurmann; *Groupe nymphéen*, de Gressly; *Groupe fluvio-terrestre moyen*, de Greppin; *mollasse d'eau douce inférieure* et *la mollasse grise* de la Suisse : Ruppen, St-Gall, Oberægeri, Aarwangen, Eriz, Delémont, Moudon, Payerne et Lausanne. Pour le bassin bavarois et wurtembergeois : *les calcaires* de Mœsskirch, d'Ulm, de Zwiefalten; *les sables* de Günzbourg; *la mollasse à feuilles bleue et grise.* Pour le bassin de Mayence : *le Calcaire à Cérites et à Hélices* d'Hochheim, Oppenheim, et la *Mollasse à feuilles* de Münzenberg, Seckbach. Pour la France : le *calcaire de la Beauce* (divis. supér.)

Il est probable qu'on réunira encore à cet étage la *mollasse à feuilles* du Hohe-Rhonen, de Monot, et la *mollasse rouge* de Vivis, de Ralligen : *Untere Braunkohlenformation, aquitanische Stufe*, de MM. Heer et Meyer. Ce dépôt serait cependant plus ancien, puisqu'il correspondrait par l'âge au Tongrien.

M. le prof. Heer, dans son « *Urwelt der Schweiz*, » p. 277, après avoir admis dans sa *mollasse d'eau douce inférieure* deux étages, la *formation des lignites inférieure* et la *mollasse grise*, attribue au premier 336 espèces de plantes et au second 211 espèces; mais page 300 du même ouvrage, en trouvant une ressemblance si frappante entre les deux flores, il se demande s'il ne conviendrait pas de les réunir? Si la manière de voir que nous avons formulée se confirmait, nous répondrions négativement quant à l'âge et affirmativement quant à la faune.

Déjà en 1850, en étudiant notre groupe fluvio-terrestre moyen, « *étage Delémontien* », nous y reconnaissions plusieurs assises très-différentes pétrographiquement parlant; mais, après avoir recueilli à Courrendlin, dans les assises inférieures qui recouvrent le *Tongrien*, des espèces telles que de nombreuses *Helix rugulosa, Cyclostoma bisulcatum*, et que nous retrouvions ces mêmes espèces à Undervelier, dans les couches supérieures qui servent d'assise à l'Helvétien, nous n'avons établi qu'un seul étage ou groupe, que nous maintenons encore.

DISTRIBUTION GÉOGRAPHIQUE ET PUISSANCE. L'étage delémontien joue un rôle important dans l'orographie suisse. MM. Mousson et Escher de la Linth ont démontré qu'il recouvrait de vastes étendues dans les cantons de Zurich et d'Argovie, où il a une puissance qui dépasse 100 m. M. le curé Cartier s'est acquis un grand mérite en reconstituant la faune de la mollasse de ce groupe. Il a recueilli à Aarwangen plus de 15 espèces d'animaux vertébrés, dont les plus intéressants sont : *Rhinoceros minutus*, Cuv., *Palæochœrus typus*, Gerv., *Hypopotamus borbonicus*, Gerv., *Anthracotherium hippoïdeum*, Rüt., *Cainotherium Courtoisi*, Gerv., *Palæomeryx Scheuchzeri*, H. v. M., *Archæomys Laurillardi*, Gerv., *A. chinchilloïdes*, Gerv., *Thiridomys Blainvillii*, Gerv., etc. MM. Studer, Fischer-Ooster et Bachmann ont fourni de jolis matériaux sur la mollasse d'eau douce inférieure des environs de Berne et d'Aarberg. Avec une partie de la faune d'Aarwangen, ces géologues ont trouvé des restes de Tortues (*Emys Wyttenbachii*) et de Plantes. M. Gilliéron nous fera bientôt connaître les richesses organiques de la mollasse du canton de Fribourg. Les travaux de MM. Heer, Gaudin et Laharpe, sur le grès à feuilles, de Lausanne, sont entre les mains de tout le monde. Dans le Jura, l'étage delémontien intéresse aussi le géologue à un haut degré, ce qui n'a pas échappé à la sagacité de M. P. Merian. Il l'a étudié avec soin dans les cantons de Bâle et de Berne, et la science aurait pu, il y a longtemps, retirer de ces études des données orographiques très-importantes ; car bien avant nous, M. Merian avait constaté *la présence de débris tertiaires sur nos chaînes élevées*. Dans le Jura central, dans le val de Delémont, nous avons reconnu à ce groupe une puissance de 30 à 52 m. Dans cette dernière région non-seulement il remplit les bassins, mais il s'y redresse sur les flancs des montagnes, s'y élève même souvent jusque sur les cols et les sommets les plus hauts, comme on peut le voir à Souboz-Sornetan et ailleurs : faits des plus puissants pour fixer l'âge du soulèvement jurassique. Ces observations bien établies nous semblent très-propres à faire disparaître l'anachronisme regrettable relatif à l'âge de nos chaînes du Jura, anachronisme qui s'est reproduit ces dernières années dans les ouvrages de géologie les plus estimés, et qui se perpétue encore cette année dans un recueil officiel de géologie (*Beiträge zur geol. Karte der Schweiz*, 1867, 4te Lieferung, p. 217). Si, dans une localité ou dans une autre, on ne trouve plus la mollasse sur des crêts ou des voûtes, cela n'infirme en rien l'opinion que nous défendons depuis vingt ans, que le soulèvement des chaînes jurassiques se rattache à la fin de l'époque tertiaire. A nos yeux, la théorie de M. Mœsch, qui rejette notre opinion parce que les crêts et les voûtes jurassiques du canton d'Argovie ne sont plus recouverts de tertiaire, n'a pas plus de valeur que celle qui chercherait à établir que l'étage oxfordien n'existe pas dans le Jura, parce que celui-ci n'en offre plus de traces sur les crêts, les voûtes et les plateaux oolithiques. Des théories de cette nature doivent disparaître devant les phénomènes bien connus de la *dénudation*.

DIVISION, PÉTROGRAPHIE et TECHNOLOGIE. Les assises de l'étage delémontien, en commençant en bas, sont :

a) *Les marnes noires, les schistes calcaires, les schistes bitumineux, les sables et grès à feuilles ; les marnes jaunes, rouges, micacées.*

Ces terrains offrant des caractères communs, nous les réunissons dans ce paragraphe.

17

Les marnes noires contiennent les mêmes fossiles que les schistes bitumineux. La faune des sables et grès à feuilles nous paraît aussi contemporaine de celle des marnes noires et schistes bitumineux. Sur la rive droite de la Birse, près de Courrendlin, les marnes noires sont intercalées dans les marnes rouges micacées, avec lesquelles elles forment même une espèce d'alternance. A Develier-dessus, les schistes calcaires alternent avec ces marnes et des grès mollassiques ; dans cette même localité, les schistes bitumineux se trouvent entre des marnes grises micacées et les calcaires schisteux.

Les marnes noires et les schistes bitumineux manquent souvent ou sont remplacés par de minces bandes de lignites terreux.

Tantôt l'un de ces terrains domine dans une localité, tantôt c'est l'autre ; dans la règle, les grès mollassiques prédominent et forment ordinairement le passage au dépôt marin sous-jacent. Comme chacun de ces terrains offre des caractères particuliers, nous allons les passer en revue successivement, en commençant par :

Les marnes noires. On peut les voir sur la rive droite de la Birse, entre Courroux et Courrendlin, où elles forment une couche atteignant un mètre ; elles sont inférieures à la mollasse à feuilles et intercalées dans les marnes grises ou rougeâtres micacées dont est formée la berge baignée par la rivière. En voici la coupe :

1. Graviers alluviens . . . . 3^m,00
2. Alternances de minces couches de mollasse à mica blanc et de marnes grises à
   Daphnogene polymorpha 2 00
3. Marnes grises grumeleuses et marnes bigarrées avec concrétions calcaires blanches. 1 50
4. Marnes noires à *Chara Meriani, Helix rugulosa, Planorbis Mantelli, Pl. depressus* 1 00
4. Marnes bigarrées à mica blanc 1 50
Marnes et grès bigarrés formant le lit de la rivière et le passage aux marnes à *Ostrea cyathula*.

Ces marnes sont noirâtres, onctueuses, fissiles, bitumineuses, et riches en fossiles, qui ont conservé l'irisation de leur test. C'est un excellent amendement pour les terres pauvres en humus.

Les *schistes calcaires* sont très-développés à Develier-dessus. En y creusant un puits, on a constaté une alternance avec les marnes grises, rouges, et les grès à feuilles, de 20 mètres environ ; c'est vers la base de cette assise et au-dessous des couches à feuilles qu'on a rencontré les schistes bitumineux.

Ces calcaires se reconnaissent facilement à leur nature marno-compacte, compacte, bitumineuse, à leur texture schisteuse et à leur couleur d'un gris clair. Ils sont pauvres en fossiles.

Les *schistes bitumineux* ont été observés à Corban au lieu dit Bambois, à l'E. de Séprais, à Develier-dessus et ailleurs.

L'ensemble des schistes bitumineux se compose de feuillets de calcaires et de lignites bitumineux faiblement ondulés et parallèles. Dans une épaisseur d'un mètre, on peut compter plus de 40 de ces lits à disposition rubannée. Ils sont riches en cérites écrasés et indéterminables et en restes de plantes aquatiques, telles que tiges et graines de *Chara Escheri*. Nous en avons extrait du bitume, qui cependant ne se présente pas en quantité suffisante pour en permettre l'exploitation.

Les sables et grès à feuilles, soit mollasse d'eau douce inférieure ou mollasse grise.

Cette mollasse d'eau douce est composée de grains de quartz, de feldspath, de paillettes de mica, le tout lié par un ciment calcaire ou siliceux, souvent ferrugineux, faisant effervescence dans les acides. A une chaleur élevée, elle devient rouge. Sa couleur est grise, bleuâtre, souvent jaunâtre, sa dureté très-variable : elle se désagrège sous les doigts, comme elle résiste quelquefois au marteau. Elle a une grande uniformité tant dans le Jura que dans la plaine suisse. Elle alterne souvent avec des couches de marnes de couleurs différentes, grises, rouges, vertes, etc., avec des schistes calcaires ou bitumineux.

D'après son mode de stratification et d'agrégation, et d'après ses caractères minéralogiques, on l'appelle : *mollasse dallée, plattenförmige Mollasse ; mollasse rognoneuse, Knauermollasse ; mollasse granitique, rouge, marneuse.*

Accidents. Elle renferme accidentellement des cailloux de quartz, de calcaire et d'autres minéraux, qui quelquefois constituent un nagelfluh disposé soit en couches, soit en veines, soit en amas.

Des lignites, de nombreux débris de végétaux, des pyrites ne sont pas rares dans les grès à feuilles.

Les sables sont employés dans la confection des tuiles, le moulage de nos fonderies, et les grès comme pierre à bâtir. La variété jaune résiste bien au feu, conserve la chaleur, et elle est recherchée dans la construction des âtres, des fourneaux.

A Neucul, S. de Delémont, nous avons vu cette assise passer immédiatement à l'Etage tongrien. Puiss. : 4 à 12 mètres.

Les marnes jaunes, rouges, micacées.

Elles se reconnaissent à leur couleur jaune, brune, rouge par place, mais surtout par les nombreuses paillettes de mica argentin. Nous les avons d'abord remarquées au-dessous de Courrendlin, sur la rive droite de la Birse, où elles forment un banc de quelques mètres d'épaisseur, qui passe invisiblement aux marnes tongriennes supérieures. On peut aussi les examiner à Develier-dessus, à Chaud, à Welschenrohr, à Oberbuchsiten et ailleurs. Point de fossiles.

A Chaud, Neucul, Develier-dessus, aux bords de la Birse, entre Courroux et Courrendlin, au-dessus de la grande écluse de Delémont, à Welschenrohr, Breitenbach et Wahlen, cette assise renferme des plantes très-remarquables. Elles se présentent sous forme d'écorces et de troncs tantôt silicifiés, tantôt à l'état de lignite et même de jais, de fruits et d'empreintes de feuilles qui ont souvent conservé toute la délicatesse de leurs nervures et de leur parenchyme. Des concrétions pyriteuses empâtant ces végétaux ne sont pas rares.

b) *Marnes et calcaires bigarrés, marnes pisolithiques à Helix rubra,* de quelques auteurs.

Ce sont des marnes rougeâtres, jaunes, grises, bigarrées, feuilletées ou grumeleuses, souvent très-compactes, souvent très-douces au toucher *(tripoli)*, apparaissant seules ou alternant avec des calcaires également bigarrés, marno-compactes, souvent feuilletés et cariés, à cellules pleines de substances terreuses, le tout rappelant très-bien certaines divisions keupériennes.

Une autre zone, intimement liée à ces marnes et calcaires, est formée par les *marnes à Helix rubra.* Celles-ci se reconnaissent facilement par leur couleur rougeâtre, leur forme pisolithique, et surtout par leur faune, qui est restreinte à l'*Helix Ramondi* et *H. rugulosa.*

Ces marnes, d'une puissance de 1 à 4 mètres, s'observent à l'ouest d'Undervelier, à Chaux, où elles forment une ceinture à cette colline, aux Neufs-Champs, nord de Courfaivre, et dans un grand nombre d'autres endroits du Jura bernois.

c) *Calcaires et marnes d'eau douce inférieurs*[1], de plusieurs géologues.

Au-dessus des marnes rouges à *Helix rubra* se trouve une assise de calcaires et de marnes d'une puissance de 10 à 30 mètres. Le bas de l'assise est formé de calcaires gris-foncés, poreux, siliceux, souvent bitumineux (calcaire fétide) très-durs, alternant avec des couches de marnes vertes, brunes, jaunes bigarrées, souvent très-onctueuses; le haut se distingue par ses calcaires blancs ou grisâtres, compactes ou friables, marneux, alternant aussi avec des couches de marnes grises ou vertes, quelquefois sableuses, même micacées.

Des amas en couches de tripoli, d'ocre, de marnes et de calcaires pisolithiques, de mollasse marneuse, sont assez communs dans cette assise.

Le plus bel affleurement que nous connaissions de cette subdivision se trouve au bord gauche de la Thiergarten entre Recollaine et Vermes. Là, ces accidents pisolithiques sont très-remarquables. Ces pisolithes, très-variables quant à la forme et à la grandeur, sont formés de couches concentriques qui rappellent les formations semblables s'opérant encore de nos jours dans des eaux chaudes contenant des sels solubles. Cet affleurement a une puissance de près de 30 mètres.

Les calcaires et marnes d'eau douce couronnent les monticules de Chaud, de Val, entre Recollaine et Montsevelier, de Sornetan, de Tüllingen, N. de Bâle. Nous les avons aussi rencontrés dans plusieurs endroits du val de Laufon, dans le village même de Liesberg, à Bellelay, aux environs de Moutier, de Tavannes, de Courtelary. Ils constituent les collines entre Cortébert et Courtelary, entre Cormoret et Villeret. A St-Imier, au-dessus de l'usine à gaz, on exploite les marnes pour la confection de tuiles, de briques et d'autres objets. Les calcaires affleurent sur la route de Villeret à St-Imier, de même qu'à la sortie occidentale du village de Sonvilier.

Certains bancs sont presque entièrement formés de petits gastéropodes, tels que *Limnées*, *Paludines*.

Ces calcaires d'eau douce, se désagrégeant facilement sous l'influence de l'humidité et de la gelée, ne donnent qu'une pierre de construction très-médiocre. En revanche, ils fournissent, surtout les calcaires siliceux, une chaux grasse de bonne qualité. Cette chaux, éteinte, agirait très-favorablement dans des terrains humides et tourbeux desséchés.

Ces marnes sont exploitées à St-Imier au-dessous de l'usine à gaz par la Société de la Briqueterie pour la fabrication de drains, de briques et de tuiles.

Les fossiles delémontiens sont nombreux; mais ils n'ont pas encore été recueillis avec soin dans le Jura suisse. Les mollusques sont le plus souvent à l'état de moule; cependant quelquefois le test est si bien conservé, qu'on en reconnaît la couleur naturelle; mais si l'on n'a pas soin de le recouvrir d'une couche de colle, en l'exposant à l'air, il se fendille et tombe. Nous avons souvent remarqué des traces d'insectes indéterminables.

Les espèces reconnaissables de l'étage sont :

Faune

Microtherium Renggeri, Myr.

Une dent de lait, la dernière molaire de la mâchoire inférieure, au S. de Vicques, dans une mollasse marneuse. Cette dent était associée aux espèces suivantes : *Chara Meriani*, *Helix rugulosa*, *Planorbis Mantelli*, *Limnæus socialis*, *Paludina globulus*. Ce mammifère se trouve aussi dans la mollasse d'Aarau.

Une jolie petite dent de mammifère, trouvée à Develier-dessus dans le grès à feuilles et à *Cyclostoma bisulcatum*, n'est pas déterminée.

Des dents de poissons non déterminées.

Helix rugulosa, Mart.

Très-fréquente à Glovelier, Undervelier, Bellelay, Courrendlin et Recollaine. Nous en avons

[1] Par opposition aux calc. supérieurs de l'étage œningien.

recueilli à l'est de cette dernière localité (bord gauche de la rivière) dont le test, d'un brun marron, présente 4 fascicules.

H. depressa, Mart. Recollaine et Saicourt.

H. Ramondi, Brg.

Commune à Recollaine, à Liesberg, à Bellelay et au Fuet dans le calcaire compacte, et très-abondante dans les marnes rouges pisolithiques d'Undervelier, de Chaud, des Neufs-Champs, N. de Courfaivre.

H. sublenticulata, Sandb. Sornetan, Bellelay. Esp. de Hochheim.

H. carinulata, Kl. Tramelan.

Syn. : *H. candiduloïdes*, Grepp.

Cyclostoma bisulcatum, Ziet,

Develier-dessus, dans les grès à feuilles; Courrendlin, dans les marnes noires; Undervelier, dans les calcaires blancs. Nous en possédons avec le test et l'opercule.

Planorbis depressus, Grepp.

Décrite dans les *N. Mém. de la Soc. helv. des Sc. naturelles, 1856*, très-commune dans les marnes noires et dans les calcaires. Courrendlin, Recollaine, Tramelan, Tüllingen.

P. solidus, Th. Partout.

M. le prof. Sandberger réunit à cette espèce :

Syn. : *P. Mantelli*, Dkr.

P. pseudoammonius, Voltz.

P. corniculum.

P. torquatus, Grepp. Recollaine, Tüllingen.

Cette espèce, de taille moyenne, se distingue par ses tours de spires gonflés, arrondis, noueux, offrant de profonds sillons irréguliers en forme d'anneaux obliques en arrière, assez semblables à ceux de l'*Ammonites interruptus*. Tours de spire : 4. Ouverture buccale ronde.

P. declivis, Al. Br.

Limnæus subovatus, Hartm. Très-fréquente à Recollaine.

» *bullatus*, Kl. Sornetan.

» *socialis*, Schub. Partout.

Var. *elongata*.
    intermedia.
    striata.

» *minor*, Tramelan.

Syn. : *L. minutissimus*, Grepp.

Paludina globulus, Desh.

Constitue des bancs de calcaire et de marnes à Recollaine, Sornetan, Tramelan.

P. tentaculata, L.

Commune à Tramelan et au Locle.

Syn. : *Cyclostoma glabrum*.

Nous avons figuré cette espèce avec son opercule dans l'ouvrage cité.

P. acuta, Desh.

Très-fréquente à Recollaine et à Tramelan.

Ancylus deperditus, Desm. Tramelan.

Pupa quadrigranata, Al. Br. Tüllingen.

Flore

Chara Meriani, Al. Br.

Marnes noires des bords de la Birse, Recollaine, Tüllingen.

» *Escheri*, Al. Br.

Schistes bitumineux de Develier-dessus, Corgémont.

Flabellaria raphifolia, Stbg. Develier-dessus.

Cyperites. Bord de la Birse.

Pinus dubia, H.   »

Quercus daphnes, Ung. Develier-dessus.

» *elæna*, Ung. Courroux   »

Salix media, Al. Br.   »

» *elongata*, Web. Delémont   »

» *capreola*, H.   »   »

» *longa*   »   »

Daphnogene polymorpha, Al. Br. »

Syn. : *D. latifolia*.

D. subrotunda, Ung.

» *Ungeri*, H.   »

Andromeda revoluta, Al. Br. Chaud.

» *vaccinifolia*, Ung. Develier-dessus.

Vaccinium acheronticum, Ung. »

Diospyros brachysepala, Al. Br. »

» *longifolia*, Al. Br.   »

Echitonium Sophiæ, Web. Devel-dessus, Courroux, Neucul.

Cornus rhamnifolia, Web. Chaud.

» *Rossmässlen*, Ung. Courrendlin.

Terminalia Radobojensis, Delémont.

Acer trilobatum, Al. Br. Neucul.

Sapindus falcifolius, Al. Br. Devel-dessus.

Zanthoxylon juglandinum, Al. Br. Courrendlin.

Amygdalus. Develier-dessus. | *Cassia Berenices*, Ung. Develier-dessus.
Cæsalpina Proserpinæ, H. Develier-dessus. | *Faboïdea Greppini*, H.   »

Les recherches en Suisse sur la flore et la faune de cet étage nous donnent une image assez complète de notre pays à cette époque géologique : les eaux douces étaient peuplées de chara, de joncs, d'innombrables mollusques, de poissons, de reptiles; la terre ferme, avec un climat que MM. Sandberger et Heer comparent à celui de la Louisiane, des îles Canaries, du nord de l'Afrique, et du sud de la Chine, et une température moyenne de 20 à 21° C., était recouverte d'érables, de noyers, de chênes à feuilles toujours vertes, de figuiers, d'acacias, de lauriers, de palmiers et d'un grand nombre d'animaux mammifères : Tapirs, Rhinocéros, Palæomerix, Microtherium. Dans les marais vivaient les Anthracotherium, genre voisin de celui du cochon.

Quoique les étages delémontien et œningien soient séparés par un étage marin, nous verrons qu'ils possèdent en commun certaines espèces, ce qui rend souvent leur distinction très-difficile ; c'est ainsi que nous sommes embarrassé pour la classification du calcaire de Tramelan. Est-il delémontien, ou est-il œningien? La stratification ne nous dit rien, et la faune nous permet les deux alternatives.

37e Étage : **Helvétien** ou **Falunien.**

LOCALITÉ-TYPE : Helvétie, puisque nulle part il n'est mieux représenté que dans ce pays, où il repose naturellement entre les étages delémontien et œningien.

SYN. : *Grès coquillier* et *Nagelfluh* ou *Muschelsandstein*, de M. Studer; *myocène supérieur*, Lyell ; *faluns de la Touraine* et *de Bordeaux*, de MM. Dufrénoy et Elie de Beaumont; *mollasse marine supérieure;* dans le bassin de Mayence : *les couches à Corbicula de Dromersheim*, de *Weissenau*, d'*Oberrad*, de M. Sandberger. En Belgique : *les couches de Boldenberg.*

En 1854, en publiant les *Notes géologiques*, nous comprenions dans le même étage les deux derniers dépôts tertiaires sous le nom de *groupe saumâtre*, et nous avions ainsi un étage dans le sens donné à ce mot par M. A. d'Orbigny. Ce groupe ainsi composé présentait trois facies : *marin, saumâtre* et *fluvio-terrestre.*

Le facies saumâtre, c'est-à-dire la zone de démarcation entre les facies marin et fluvioterrestre, ou entre la mer et le continent, se trouvait indiqué depuis la Chaux-de-Fonds sur Undervelier, Glovelier, Chaud, Corban à Girlang, par des rangées de trous de pholades et par la présence d'animaux caractéristiques des eaux saumâtres : *Dinotherium, Nerita, Melanopsis, Congeria, Cyrena, Unio.*

Le nord de cette zone était terre ferme, le sud, mer. Ici habitaient les *Lamna*, les *Squales;* là, les *Rhinocéros* et les *Dinotherium.*

Ces trois facies avaient pour assise l'étage Delémontien. Nos recherches faites à Corban, Undervelier, Glovelier, Chaud, et le bois de Raube, ne laissent pas de doute à cet égard.

Une raison très-plausible qui nous engageait encore à réunir ces trois facies, était celle-ci : Immédiatement après la formation de l'étage delémontien, ou au commencement de la formation helvétienne, des courants gigantesques, dirigés du nord au sud, emportant dans leur marche des roches arrachées aux Vosges et à la Forêt-Noire, laissaient dans ces trois facies les mêmes preuves de leur puissance : d'immenses dépôts de galets vosgiens et hercyniens caractérisent *pétrographiquement* ces trois facies ; car il ne nous était jamais arrivé de distinguer les galets de nagelfluh fluviatile du bassin alsatique de ceux du nagelfluh saumâtre du val de Delémont ni de ceux du nagelfluh marin d'Undervelier, de Sorvilier, du bassin suisse.

Nous disions donc : le facies marin, soit le Muschelsandstein, les facies saumâtre et fluvio-terrestre sont synchroniques :

1. Parce qu'ils occupent le même niveau géologique ;
2. Parce qu'ils renferment les mêmes caractères pétrographiques ;
3. Parce qu'ils possèdent en commun une faune saumâtre.

Aucun fait, à notre connaissance, n'est venu détruire nos idées de 1854.

Plus tard, cet état de choses du Jura bernois s'est profondément modifié. La mer s'est retirée vers le sud et le continent a gagné du terrain en envahissant les terres émergées. Il s'est formé sur les débris de cette mer falunienne le *type œningien,* que nous aurons à examiner après avoir passé en revue le *type helvétien.*

Nous ne comprendrons donc aujourd'hui dans l'étage helvétien que le *facies marin,* soit un terrain caractérisé par une faune marine, par des grès verts, des sables et du Nagelfluh.

Il a été remarqué, à Corban, dans les berges du ruisseau qui traverse ce village. Quelques dalles helvétiennes de la terrasse de l'église de Delémont proviennent probablement de Corban, de la localité dite « Creux à Rouge, ou Champs des Meules » S.-O. du Clos-Gorgé. Là, on voit d'anciennes carrières, dans lesquelles on a exploité le grès du Muschelsandstein. Il se rencontre encore à Girlang, entre Erschwyl et Beinwyl, à l'est d'Undervelier, dans les vals de Moutier, de Court-Tavannes, et dans le vallon, à Cortébert.

Il a été décrit par M. le prof. B. Studer dans le bassin suisse, et par M. C. Nicolet aux environs de la Chaux-de-Fonds, où, par exemple à Corneux-Veusil-dessus, il atteint une hauteur de 1040 mètres ; cette observation infirmerait l'opinion de M. Heer, « *Urwelt,* p. 286 » qui porte que l'étage helvétien n'existe qu'aux pieds des chaînes jurassiques. A cette époque, le Jura était plat ou peu accidenté, et recouvert par la mer helvétienne jusqu'à la ligne Girlang-Chaux-de-Fonds.

A Corban, cette subdivision tertiaire se fait remarquer de loin par sa couleur vive, bigarrée de rouge et de vert ; elle y constitue des couches assez nombreuses, de puissance variable ; le sable, plus ou moins abondant et plus ou moins grossier, passe à des grès et même à des poudingues. Dans certains endroits, on ne voit plus de stratification nette, et la masse arénacéo-argileuse offre le même aspect que présenteraient des granits ou des gneiss désagrégés, dont les éléments auraient été ensuite réunis par l'alumine, l'oxyde de fer et le chlorure de fer. Les petites pierres d'un centimètre de diamètre, à angles émoussés, très-polies et brillantes, noires, brun-foncées, vertes, que M. B. Studer donne comme caractéristiques du muschelsandstein, y sont très-fréquentes. Cette roche contient aussi beaucoup de fragments d'huîtres, de peignes, de balanes et d'autres coquillages.

Les cailloux formant le nagelfluh apparaissent tantôt en amas, tantôt en mélange ou en alternance avec le grès coquillier. Ils sont de même nature, de même provenance que ceux de l'étage suivant ; cependant M. Studer pense, selon nous à tort, que les cailloux cristallins du nagelfluh de Sorvilier proviennent du versant septentrional des Alpes. Nous avons aussi recueilli une série de roches qui constituent, en partie, le nagelfluh du Muschelsandstein des vallées méridionales du Jura, de la plaine suisse, de Thoune ; M. Gilliéron a bien voulu nous faire voir celles qu'il a trouvées dans la mollasse marine supérieure de la Combe, Est du Mont Combert, canton de Fribourg. Il ne nous a pas été possible de les distinguer de celles du nagelfluh à Dinotherium que nous allons bientôt étudier. Jusqu'à meilleures preuves, nous leur attribuerons le même âge, la même origine et le même mode de transport ; ils proviennent du nord ou du nord-ouest et point du sud.

L'étage helvétien, d'une puissance de 3 à 15 mètres dans le Jura, atteint, près de Zofingue, 125 mètres, et 360 mètres au sud de Berne. Il repose, dans la règle, sur l'étage delémontien, dont les couches supérieures sont alors perforées de trous de Lithodomes, recouvertes de polypiers incrustants, polies et creusées par les eaux, comme on peut le voir sur l'ancien rivage dont nous avons parlé : Corban, Chaud, Undervelier, Glovelier.

A Corban, Devant-la-Metz, au nord d'Eschert, sur la rive gauche de la Raus, dans le val de Tavannes, à la Chaux-de-Fonds, au bord du lac de Constance à Höchsten près Heiligenberg [1], etc., le Muschelsandstein disparaît insensiblement sous l'étage œningien, qui devient très-puissant.

A Undervelier, le muschelsandstein présente des particularités assez remarquables. Un œil exercé ne le distinguerait pas de celui de la Chaux-de-Fonds, tellement les caractères pétrographiques et paléontologiques se ressemblent. Il a subi le soulèvement des couches sous-jacentes, de sorte que le calcaire delémontien, qui, primitivement, lui servait d'assise, le recouvre actuellement. Une conséquence de ce renversement, est que les trous de Pholades percés dans le calcaire helvétien, qui formait le lit de la mer falunienne, sont renversés, et qu'il faut les chercher à la face inférieure de ce calcaire.

La carrière dans l'étage helvétien de Saicourt, près Tavannes, mérite aussi une mention particulière. Sur une surface de trois mètres carrés environ, nous avons recueilli dans une couche mince de sable jaune siliceux près de 400 dents de poissons. Les bancs inférieurs, de six mètres de puissance, sont stériles.

Les carrières mollassiques au nord de Cortébert ne sont pas moins intéressantes que celles du val de Tavannes. Dans moins de vingt minutes nous y avons recueilli 35 dents de squales !

Voici les espèces que nous avons trouvées dans cet étage :

Cétacé de Saicourt.
Deux très-belles dents et des côtes, qui, d'après M. H. de Meyer, n'appartiennent point à l'*Halianassa Studeri*, espèce que nous avons vue dans le tongrien.
Crocodile, une jolie dent de Corban.
Notidanus primigenius, Ag.
Lamna appendiculata, Ag.
» *contortidens*, Ag.
» *dubia*, Ag.
Hemipristis serra, Ag.
Dents très-communes à Court, Undervelier, Saicourt, Corban, Riedwyl, N. de Berthoud, Nidau.
Carcharias megalodon, Ag.
Une belle et gigantesque dent de Saicourt.

Zygobates Studeri, Ag. Saicourt, Undervelier, Riedwyl.
Balanus Tintinabulum, Lin.
Une grande espèce à Corban, Saicourt.
Pemphix. Corban.
Serpula.
Natica millepunctata, Lk. Saicourt.
Turritella triplicata, Brc. Corban, Saicourt.
» *biplicata*, Brc. La Chaux-de-Fonds.
Turbo muricatus, Dj.
Cerithium crassum, Dj.
M. le pasteur Grosjean en a découvert un banc à l'ouest de Court ; les exemplaires que nous y avons recueillis sont si bien conservés, qu'on ne

[1] D' Julius Schill, *die Tertiär - und Quartärbildung am nördl. Bodensee.*

les distinguerait pas de ceux des faluns de la Touraine.

Ostrea crassissima Lk.
Fréquente à Corban, Saicourt, Girlang, et à la Chaux-de-Fonds.
» *emarginata*, Münster. Corban.
» *foliosa*, Brc. Undervelier.
» *cymbula*, Lk. La Chaux-de-Fonds.
» *caudata*, Gf. Corban.
» *argoviana*, Mey. Corban, Saicourt.
Anomia ephippium, L. La Chaux-de-Fonds.
Lithodomus Duboisi, May. Undervelier.
Gastrochæna gigantea, Desh. La Chaux-de-Fonds.
Pholas rugosa, Brc. Undervelier.
» *calosa*, Lk. Court.
Pecten elongatus, Lk. Corban, Undervelier, Saicourt, la Chaux-de-Fonds.
» *ventilabrum*, Gf. (Les mêmes 4 endroits).
» *scabrellus*, Lk. »
» *palmatus*, Lk. »
» *Beudanti*, Bast. Undervelier.
» *Puymoriæ*, May. »
» *opercularis*, L.
» *pusio*, L.
Lutraria rugosa, Gm. La Chaux-de-Fonds, Riedwyl.

Fragilia fragilis, L. Chaux-de-Fonds.
Panopœa Menardi, Desh. »
Lucina columbella, Lk. »
» *spuria*, Gm. »
Perna Soldani, Desh. »
Lima nivea, Ben. »
» *squamosa*, Lk. »
Pectunculus textus, Dj. Corban.
Cardita affinis, Dj. Undervelier.
Cardium echinatum, Lk. Corban, Saicourt, Riedwyl.
» *commune*, May. »
» *multicostatum*, Broc.
Cytherea helvetica, May. Undervelier.
Arca diluvii, L. Corban.
Scutella Paulensis, Ag. Riedwyl, Zofingen.
Espèce nouvelle pour la Suisse et associée à la faune de la Chaux-de-Fonds.
Cidaris avenionensis, Dml. La Chaux-de-F.
Psammechinus mirabilis, Des.
Syn. : *Echinus dubius*, Ag.
Spatangus Nicoleti, Ag.
Cellepora pumicosa, Lk. Corban, Undervelier, Saicourt, la Chaux-de-Fonds.
Millepora truncata, Lk. Mêmes lieux.

D'après M. C. Mayer, l'étage helvétien renfermerait en Suisse 220 espèces, dont 22 p. 100 sont encore vivantes.

38e Etage : Œningien.

LOCALITÉ-TYPE : Œningen, près de Schaffhouse.

SYN. *Mollasse d'eau douce supérieure du bassin suisse ; Œningenstufe*, de M. Heer ; *obere Süsswassermollasse*, de plusieurs géologues suisses.

Nous distinguons dans cet étage deux facies, *l'un fluviatile* ou *inférieur, l'autre fluvio-terrestre* ou *supérieur ;* souvent, du reste, ils semblent se confondre.

1o Le facies fluviatile ou inférieur.

Syn : *Galets vosgiens à Dinotherium giganteum, du bois de Raube, val de Delémont ; marnes à ossements, de la Chaux-de-Fonds*, Nicolet; *Calc. d'eau douce du Locle; Galets de la Bresse; dépôt tertiaire supérieur du Sundgau,* Elie de Beaumont et Daubrée ; *Sables tertiaires d'Eppelsheim*, Kaupp; *Sables à Dinotherium de Bavière, du bassin de Vienne;* pour le duché de Baden : *Kalknagelfluh du Randen, Höhgau, jusqu'au Danube, avec Helix deflexa, Testudo antiqua,* Sandberger et Schill.

Ce facies, comme nous l'avons vu, se relie par l'âge et la roche d'une manière intime à

18

l'étage helvétien. Son historique, sa provenance, son mode de formation, son étendue, ses caractères minéralogiques ayant été donnés avec assez de détails dans nos *Notes géol.*, p. 17 et suiv., nous nous contenterons ici d'un court résumé de ces matières.

1. Classé tour à tour parmi les terrains diluviens [1], glaciaires, et parmi les terrains tertiaires, il n'a trouvé sa place naturelle dans le cadre géologique qu'en 1852, lorsque, dans une excursion, nous avons, avec M. le prof. P. Merian, trouvé au bois de Raube, dans les galets vosgiens, une dent de *Dinotherium giganteum,* et des mollusques contemporains de ce grand animal.

Quelques années plus tard, MM. Matthey, Bonanomi et moi, nous récoltions à Montavon, dans ces mêmes galets, des plantes que M. le prof. Heer rattachait à la flore d'Oeningen et du Locle. Depuis, ce terrain, qui promettait cependant de belles récoltes, a été entièrement négligé.

2. Comme nous l'avons dit, ce dépôt exotique nous a été amené du nord, soit des Vosges, soit de la Forêt-Noire, par de grands courants N.-S., dont les anciens lits, les berges, la faune, se trouvent, à chaque pas que l'on fait, dans le Jura septentrional et dans le bassin alsatique.

Jusqu'à meilleure preuve, nous rejetons toute connexion entre la destruction des collines adossées au pied N. des Alpes et la formation du nagelfluh du Muschelsandstein, théorie admise par MM. Escher et Studer. Cette théorie ne nous paraît guère plus admissible que celle des courants souterrains de L. de Buch. Nous trouvons bien plus naturel d'envisager ce nagelfluh comme de simples effets provenant de courants soit N., soit N.-O.

3. Une riche série de roches vosgiennes recueillies et déterminées par M. le Dr Mongeot, (Vosges), et mises à notre disposition par J. Thurmann, nous a permis d'établir la provenance des *galets à Dinotherium* du Jura : tous, à l'exception des nombreux blocs et cailloux tertiaires et jurassiques de ce facies, proviennent des chaînes vosgiennes ou hercyniennes, et notamment des groupes suivants :

Groupe euritique.	*Groupe de la Grauwacke.*
» *granitique.*	» *du grès vosgien.*

23 espèces de roches, dont 8 appartiennent au dernier groupe, ont été recueillies au bois de Raube, dans l'assise à Dinotherium.

On rencontre aussi dans ce facies des limons, des sables, des cailloux et des blocs provenant de toute la série des terrains, depuis les groupes porphyrique et granitique jusqu'à l'étage delémontien.

Puiss. 1 à 15 mètres.

Le mode de stratification de ce facies est tout à fait celui d'un dépôt fluviatile. Dans des endroits, on reconnaîtra l'action des eaux dormantes par des couches successives et régulières de limons et de sables ; dans d'autres, des blocs, des cailloux, des graviers, des argiles, du minerai de fer *(Flötz)*, sans nulle stratification, sans rapport dans l'agencement, révèleront des courants violents.

Ce facies est très-étendu. Les galets vosgiens ou hercyniens se rencontrent isolés ou en amas dans toute la plaine alsatique et dans tout le Jura. Ils pénètrent même, comme nous l'avons dit, dans le bassin suisse, où ils se trouvent dans le muschelsandstein. Les amas

[1] La Commission géol. fédérale semble reproduire cette erreur en classant parmi les terrains quaternaires les cailloux de la Forêt-Noire. Comme nous le verrons, les cailloux hercyniens apparaissent bien aussi dans les dépôts diluviens, mais remaniés ; leur place naturelle est bien celle que nous leur assignons ici.

fluviatiles principaux sont ceux de Fregiécourt-Charmoille, de Cornol, d'Altkirch-Ferrette, du Bois de Raube, dans le val de Delémont, de Courfaivre, de l'est de Nieder-Riederwald, sur le chemin de la verrerie de Laufon au Greifel, dans le val de Laufon à l'est et au nord de Brislach et de Breitenbach, et dans le canton de Soleure, à Steinenbühl et à Rotris.

Les galets à Dinotherium, ainsi que l'étage helvétien, reposent naturellement sur l'étage delémontien, comme on peut le voir au N. de Courfaivre et ailleurs. Par l'effet de l'ablation des terrains, ils reposent souvent sur des dépôts plus anciens; c'est ainsi que, dans le val de Laufon, on les observe souvent sur le tongrien. A la Verrerie de Laufon, à Nieder-Riederwald, sur le plateau de Pleigne, ils sont placés sur la formation jurasssique.

Ils sont rarement recouverts. Entre Bassecourt et Courfaivre, à Montchoisi, et dans la plaine alsatique, ils servent d'assise aux alluvions anciennes, au lœss, aux marnes grises lacustres et aux tourbes. Plus vers le S.-E., à Corban et Devant-la-Metz, nous avons vu le nagelfluh helvétien recouvert par le grès, les marnes et les calcaires œningiens.

Les limons, sables, graviers vosgiens, donnent un sol généralement fertile, comme on peut s'en convaincre au S. de Courfaivre, à l'O. de Raube. Les cailoux sont assez recherchés pour l'entretien des routes; les plus gros donnent un pavé médiocre, comme les rues de Delémont, de Laufon et de Porrentruy le démontrent.

Ce dépôt renferme des espèces particulières que nous allons énumérer :

Faune

Rhinoceros incisivus, Cuv.
Dents et ossements divers, à Fregiécourt, au bois de Raube et à Montchaibeut.

Dinotherium giganteum, Kaupp.
Une magnifique dent, la pénultième molaire de a mâchoire inférieure. MM. de Blainville et F.-J. Pictet croient que le Dinotherium était un animal aquatique, vivant vers les embouchures des fleuves. — Cette dent a été trouvée au Bois-de-Raube, O. des Neufs-Champs, dans ce facies fluviatile.

Helix insignis, Schüb. Bois de Raube, Steinenbühl.
» inflexa, Mt. »
» silvestrina, Ziet. »
» Gingensis, Kr. »
» Ehingensis, Kl. »

H. orbicularis, Kl. »
» gyrorbis, Kl.
Clausilia antiqua, Schüb.
» grandis, Kl.
Peut-être la même espèce que la précédente.
Planorbis.
Melanopsis subulata, Sand. Bois de Raube.
Paludina ovata, Dkr. »
Neritina Grateloupana, Ter. »
Non fluviatilis; elle s'en distingue par sa columelle dentelée et par la forme du test.
Unio Mendelslohi, Dkr. »
Cyrena. »
Congeria spathula, Dkr. »

Flore

Populus mutabilis, H.
» » var. laurifolia, Al. Br.
» balsamoïdes, Gp.
Salix angusta, Al. Br.
» varians, Gp.
Acer brachyphyllum, H.
Carpinus.
Xanthoxylon integrifolium, H.
Cinnamomum polymorphum, Al. Br.
» Scheuchzeri, H.

Planera Ungeri, Ettingh.
Scleroticum populicola, H.
Piruelia Oeningensis, Al. Br.
Podogonium Knorrii, H.
» Lyellianum, H. et Al. Br.
Quercus mediterranea, Ung.
Liquidambar europœum, Al. Br.
Echitonium Sophiœ, O. Web.
Laurus princeps, H.
Juglans.
Ficus.

Quoique nous soyons bien loin d'atteindre le chiffre d'Oeningen, qui se monte à 566 espèces, ni même celui du Locle, qui est de 47, M. Heer a pu tirer une conclusion importante de la flore de Montavon, en disant : « Les espèces *Podogonium Knorrii* et *Populus mutabilis* sont caractéristiques de la mollasse d'eau douce supérieure (Oeningien) et actuellement Montavon est identique pour l'âge à Oeningen et au Locle. »

Montavon nous présente aussi une augmentation d'Erables et de Peupliers, et une diminution de plantes qui exigent un climat tropical ou subtropical.

2. Facies fluvio-terrestre ou supérieur.

SYN. : *Les schistes d'Oeningen; terrain d'eau douce supérieur*, de M. Jaccard ; *obere Süsswassermollasse*, de Wölfliswyl, de Siggenthal, de Kirchdorf, etc., des géologues des cantons d'Argovie et de Zurich ; *le calcaire à Litorinelles* du bassin de Mayence, de M. Sandberger ; *le calcaire d'eau douce* de Thalsberg, près Engelswies, d'Ulm, de Reisenburg, etc., de M. Schill.

Comme cette synonymie l'indique, le facies fluvio-terrestre de l'étage œningien est très-répandu en Europe, et il offre des affleurements assez intéressants dans le Jura bernois, tels que ceux du val de Delémont, de Vermes, de Moutier et de Tavannes. Il apparaît aussi dans le grand bassin suisse près de Huttwyl, au Grüsisberg, près Thun ; il prend alors un grand développement dans l'Albis, à Stein, à Stettfurt, S.-O. de Frauenfeld, et surtout à Oeningen, près de Schaffhouse.

Partout où nous avons pu l'observer, il repose sur l'étage helvétien et il est recouvert par les dépôts diluviens ou modernes.

Voici comment ce facies se présente à Corban. Un puits creusé dans le haut du village a mis successivement à découvert :

Terre végétale.

ÉTAGE OENINGIEN	1. Calcaire grisâtre, compacte ou marno-compacte, à cassure raboteuse, pointillé ou tacheté de rouge, de bleu, de brun, et alternant avec des couches minces de marnes grises ou marnes bigarrées, souvent sablonneuses et stériles	4m.00
	2. Couches marneuses, noirâtres, bitumineuses, à *Paludina acuta, Unio, Planorbis, Chara*, — espèces bien conservées	0 30
	3. Mollasse grise friable alternant avec des bancs très-minces de marnes de même couleur	7 00
	4. Calc. marno-compacte	1 50
ÉTAGE HELVÉTIEN	5. Marnes rougeâtres, sablonneuses; Grès coquillier à *Ostrea crassissima, Cardium echinatum, Lamna dubia*	3 20
	6. Grès et nagelfluh du Muschelsandstein	3 50

ÉTAGE DELÉMONTIEN. Calc. delémontien perforé par les *Lithodomes*.

Au nord de l'église de ce village, sur la rive gauche de la Scheulte, un bel affleurement fait voir successivement ces mêmes assises, qu'on peut suivre à travers le village jusque du côté de Courchapoix. Entre ces deux villages, le nagelfluh du muschelsandstein, d'une puissance de 2 mètres, repose directement sur l'étage delémontien.

Devant-la-Metz, ferme à l'E. de Vermes, rive gauche du ruisseau, se trouve aussi un affleurement intéressant des assises tertiaires supérieures. On y remarque successivement du haut en bas :

<table>
<tr><td rowspan="9" style="writing-mode:vertical">DELÉ- HELVÉ-
MONTIEN. TIEN. ŒNINGIEN.</td><td>1. Sables rouges ferrugineux, avec galets et concrétions calcaires</td><td>5^m,00</td></tr>
</table>

<table>
<thead>
<tr><th></th><th></th><th></th></tr>
</thead>
<tbody>
<tr><td>1. Sables rouges ferrugineux, avec galets et concrétions calcaires</td><td>5^m,00</td></tr>
<tr><td>2. Calc. marno-compacte gris-jaune, à taches rouges</td><td>3 00</td></tr>
<tr><td>3. Argiles rouges, mouchetées de taches vertes</td><td>0 20</td></tr>
<tr><td>4. Calc. pisolithique rouge</td><td>0 20</td></tr>
<tr><td>5. Grès grossier à taches rouges</td><td>0 25</td></tr>
<tr><td>6. Nagelfluh du grès coquillier, formé de galets tertiaires, jurassiques, hercyniens ou vosgiens</td><td>1 00</td></tr>
<tr><td>7. Calc. d'eau douce moyen</td><td>1 00</td></tr>
<tr><td>8. Marnes grises et rouges</td><td>2 25</td></tr>
<tr><td>9. Mollasse rognoneuse</td><td>3 00</td></tr>
</tbody>
</table>

Cette localité, quoique stérile, mérite cependant d'être visitée. D'abord les roches de ce nagelfluh marin, de même que celui de l'O. d'Undervelier, si riche en dents de Lamna, sont bien celles du dépôt à Dinotherium du bois de Raube et de Steinenbühl; ensuite toute cette série a subi le soulèvement de la formation jurassique. — Cette coupe vient donc confirmer le rapprochement que nous avons fait entre le nagelfluh du muschelsandstein et les galets vosgiens à Dinotherium du bois de Raube, et elle nous donnera un moyen pour fixer l'âge du soulèvement jurassique.

La localité la plus remarquable pour l'étude de l'étage œningien est bien Vermes. Voici comment ce terrain se présente à l'E. de ce village, sur la rive gauche du ruisseau :

Detritus.

<table>
<tr><td rowspan="8" style="writing-mode:vertical">ÉTAGE ŒNINGIEN.</td><td>1. Calc. à Helix insignis.</td></tr>
<tr><td>2. Calc. pisolithique.</td></tr>
<tr><td>3. Calc. et marnes à Anchitherium, Palæomeryx, Helix gyrorbis, deflexa.</td></tr>
<tr><td>4. » » à Tortues.</td></tr>
<tr><td>5. Marnes noires, bitumineuses, à Melanopsis.</td></tr>
<tr><td>6. Calc. et marnes à Melania Escheri, Melanopsis.</td></tr>
<tr><td>7. Calc. à Helix subnitens.</td></tr>
<tr><td>8. Marnes et sables rouges sans fossiles.</td></tr>
</table>

Mollasse friable grise, passant à l'étage helvétien.

Cette succession de couches, d'une puissance de 12 à 16 mètres, constitue réellement le plus beau type œningien du Jura bernois. Il devra un jour être mieux exploité et mieux connu; c'est à lui que nous devons de posséder quelques notions sur la physionomie de cette époque tertiaire. Vermes seule, dans le Jura, nous rappelle, par sa faune, un climat voisin de celui de Madère, de Malaga, du S. de la Sicile, du S. du Japon et de la Nouvelle Géorgie.

M. le prof. Sandberger, après en avoir examiné la faune, est arrivé à cette conclusion.

Au nord d'Eschert, sur la rive gauche de la Rauss, se présentent aussi de beaux affleurements de ce dépôt. Les marnes, mollasses et sables rouges et gris, d'une puissance de 15 mètres, d'une ressemblance parfaite avec ceux de Corban, reposent sur le grès coquillier et sont recouverts par des bancs calcaires et marneux, de 6 mètres de puissance, et enfin par le diluvium.

Ce terrain est aussi représenté dans le val de Tavannes.

FAUNE DU FACIES FLUVIO-TERRESTRE SUPÉRIEUR DE L'ÉTAGE ŒNINGIEN :

Insectivores et *Carnivores* de Vermes, espèces non déterminées.	*Lagomys Meyeri*, Ts. Vermes.
Didelphys Blainvillei, Chr. Vermes.	*Palæomeryx Bojani*, Myr. »
Cricetodon »	» *minor*, Myr. »
	Anchitherium aurelianense, Myr. »

— 142 —

Testudo & *Lacerta*, non déterminées. Verm^s		*Paludina acuta*, Desh.	Corban.
Neritina Grateloupana, Fér.	»	*Limnœus socialis*, Schub.	»
Testacella Zellii, Kl.	»	*Planorbis depressus*, Grepp.	»
Aussi de Zwiefalten en Wurtemberg.		» *solidus*, Th.	»
Achatina producta, Reuss	»	» *torquatus*, Grepp.	»
Espèce de Bohême.		*Helix carinula*, Kl.	»
Melanopsis callosa, A. Br.	»	» *subnitens*, Kl.	»
» *subulata*, Sand.		» *costulato-striata*, Grepp.	»
Olim *N. prærosa*	»	» *gyrorbis*, Kl.	»
Melania Escheri, Brg.	»	» *deflexa*, A. Br.	»
Pupa quadrigranata, A. Br.	»	» *insignis*, Schub.	»
» *Buchwalderi*, Grepp.	»	*Unio Mandelslohi*, Dk. » Chaindon.	
Clausilia antiqua, Schüb.	»		

Nous n'avons recueilli dans ces marnes et ces calcaires que deux espèces de plantes :

Chara Meriani, Al. Br.   *Ch. Escheri*, Al. Br.
A Corban, associées à *Unio Mandelslohi*.

M. H. de Meyer, après nous avoir déterminé la faune de Vermes, a bien voulu nous faire la communication suivante :

« La faune de Vermes devient toujours plus riche. L'âge de ce dépôt n'est pas douteux ; » il est miocène et doit se rattacher à celui du Locle, d'Oeningen, de la mollasse de la » Souabe, aux couches à Litorinelles et aux lignites du bassin du Rhin ; Vincennes, Wisenau, Sansan sont aussi de cette époque. »

Vermes sera donc associé à la fameuse localité d'Oeningen, qui a fourni une flore si riche, tant d'espèces d'insectes, un grand nombre de poissons, le fameux *Homo diluvii testis*, de Scheuchzer *(Andrias Scheuchzeri)*, gigantesque Salamandre, voisine de celle de Japon *(Andrias japonicus)*, et de si intéressants mammifères.

Nous ne devons pas sortir de la question des terrains tertiaires sans dire un mot d'un phénomène grandiose qui se révèle à la fin de ces terrains ou au commencement de l'époque actuelle ; nous voulons parler du soulèvement jurassique.

Certains rivages marins, comme celui de l'étage helvétien, qui se prolongeait sans interruption depuis Undervelier à Glovelier ; celui de l'étage tongrien, qui s'étendait de Develier à la côte de Mettemberg et qui sont actuellement brisés et séparés, le premier par la montagne de la Racine, le second par la Chaive ; le dépôt fluviatile de galets vosgiens à Dinotherium, interrompu par la chaîne du Mont-Terrible ; les assises tertiaires partout disloquées, relevées, redressées, renversées, et même soulevées jusqu'aux flancs et jusque sur les plateaux de nos montagnes ; enfin les dépôts quaternaires qui recouvrent, sans présenter du dérangement, les affleurements des formations antédiluviennes, nous donnent bien la certitude que le relief actuel du Jura date de la fin de la formation tertiaire ou du commencement de l'époque actuelle.

39ᵉ Etage : Subapennien.

Avant que de nous occuper de l'époque quaternaire, nous avons encore à mentionner un dépôt qui n'a pas encore été signalé dans nos environs et qui, cependant, se rattache à une époque de longue durée, entre l'étage œningien et les terrains quaternaires, c'est *le pliocène*, le *crag* des Anglais, une partie *de l'étage subapennin* de M. d'Orbigny, les *marnes subapennines* de l'Italie.

La moitié des espèces de cet étage vivent encore ; un certain nombre vivaient déjà pendant l'étage œningien.

Cet étage offre deux facies, un *facies marin* avec *Cardium hians*, *Pecten Jacobœus*, *Panopœa Aldrovandi*, *Rostellaria pespelicani*, et un *facies continental* avec *Mastodon arvernensis*, *Elephas meridionalis*, *Rhinoceros etruscus*, *Hippopotamus major*.

C'est pendant ce dernier étage tertiaire que notre pays s'est préparé à recevoir insensiblement la vie actuelle.

VI. TERRAINS DILUVIENS (QUATERNAIRES)

ET MODERNES

Ces terrains, quoique très-variés, se rattachent cependant à une seule création, mais très-intéressante, l'*homme* y figurant comme le type le plus parfait.

Les Indes semblent être le berceau de cette dernière création. En effet, c'est dans ce pays que les types organiques les plus nombreux sont représentés ; c'est encore dans ce pays que nous conduit la migration des plantes, des animaux et de l'homme. Cette observation nous autorise à comprendre ces terrains sous le nom :

40ᵉ Etage, Indien.

Cet étage offre des phases successives grandioses et longues. Le soulèvement des Alpes et du Jura a lieu ; la formation tertiaire entre dans le domaine du passé ; une ère nouvelle commence.

MM. Gruner, Venetz, de Charpentier, Agassiz, Escher, Desor, Sartorius, etc., quoiqu'embrassant parfois des opinions différentes sur la physionomie de cette époque, nous ont donné la clef pour en entrevoir les faits les plus marquants.

Par l'exhaussement des Alpes et du Jura, la Suisse se refroidit ; dans les chaines élevées de ces premières montagnes, des glaciers se forment et peut-être des moraines ; la grande vallée de la Suisse devient un lac intérieur ou un golfe, qui, d'après MM. Gruner et Sartorius, s'étendait dans la direction des Alpes jusqu'à Linz, et dans celle du Jura jusqu'à Ratisbonne, en pénétrant dans les vallées transversales comme les fiords dans la presqu'île scandinave. Les eaux de ce grand lac, atteignant presque la hauteur des chaines jurassiques méridionales (—330 m.), trouvent des issues et prennent la direction que nous leur connaissons aujourd'hui, ce qui est attesté par la présence des blocs erratiques sur certaines hauteurs et par le premier système de berges, dont nous parlerons. De véritables radeaux de glaces et de rochers se détachent des sommités alpines, lès eaux les emportent et les déposent sans ordre avec des limons, des graviers, soit dans la plaine, soit sur les sommités. (Ces faits correspondraient à la *première époque glaciaire* de quelques géologues.)

Dans le fond de ces eaux s'arrangeaient par couches ou par bancs réguliers, par amas, ici des graviers : *Alluvions anciennes*, là des limons : *Lehm*. Les *blocs erratiques* se déposaient indistinctement dans les bas-fonds et sur les hauteurs.

La terre ferme se couvre insensiblement d'une légion de plantes et d'animaux. Parmi les plantes, les espèces suivantes se font déjà remarquer : *Pinus abies, P. sylvestris, Taxus baccata, Coryllus avellana, Menyanthes trifoliata, Quercus robur, Phragmites communis*, et trois espèces éteintes recueillies à Kannstadt, près de Stuttgardt : le *Chêne Mammuth*, un peuplier : *Populus Fraasii*, H., et un noyer qui rappelle le *Juglans nigra*, d'Amérique.

Les animaux les plus caractéristiques de ce temps sont : *Elephas primigenius*, Blumb., *Rhinoceros trichorhinus*, Cuv., *Bos primigenius*, Boj., *Cervus priscus*, Kaup. L., *Ursus spelæus, Equus fossilis*, Cuv., et des mollusques, que nous ferons connaître dans un moment.

Les puissants dépôts de *terrains erratiques*, de *graviers*, de sables et d'argiles, de lignites et de tourbes, — *tourbières anciennes*, — les nombreux restes organiques, ne laissent pas de doute sur la grande durée de cette époque, dite *antéglaciaire* ou *interglaciaire*.

Comment s'est-elle terminée?

Les anciens peuples sont d'accord pour en parler, mais dans un langage plus ou moins allégorique, plus ou moins métaphorique.

Les Iles grecques et une partie de l'Asie sont submergées; le déluge de Noé ou celui de Deucalion a lieu; l'Atlantis de Platon, c'est-à-dire « l'île sise au-delà des colonnes d'Hercule « ou détroit de Gibraltar, plus grande que l'Asie et la Lybie réunies, peuplée d'hommes » robustes, recouverte d'une végétation luxuriante et d'un grand nombre d'animaux, » parmi lesquels se font remarquer les troupeaux de grands éléphants, est engloutie dans » les flancs de l'Océan. »

D'après les recherches récentes de MM. Escher et Desor, une partie de l'Afrique, notamment le Sahara, a le même sort.

Alors les eaux sont déplacées et portées vers le Sud tout en formant en Suisse le *deuxième système de berges*, les vents chauds du Midi et de l'Est cessent d'exercer leur influence salutaire sur notre zone; les glaciers prennent une énorme extension et la faune diluvienne ou antéglaciaire se détruit en partie : pour les Alpes et le Jura c'est la fin de l'époque interglaciaire et le commencement de l'époque glaciaire.

Les caractères principaux de l'*époque glaciaire* sont : la destruction ou la modification profonde de la faune et de la flore de l'époque antéglaciaire et le grand développement des glaciers. Elle se termine comme suit : les eaux se retirent vers l'ouest, c'est-à-dire vers l'Océan atlantique, les déserts du Sahara sont de nouveau émergés. Les vents chauds, le scirocco, le föhn, réagissent sur la température, sur le développement des glaciers, qu'ils diminuent; *le troisième* système de berges est créé; la Suisse prend, à peu de chose près, la physionomie que nous lui connaissons aujourd'hui : c'est l'*époque postglaciaire*.

Comme déduction des idées que nous venons d'émettre, l'étage indien aurait les dépôts suivants :

1. *Pendant l'époque antéglaciaire* ou *interglaciaire* : Les détritus jurassiques, les **alluvions anciennes** y compris le lehm ou lœss, le **terrain erratique**, les **marnes lacustres**, les **tourbières anciennes**.

2. *Pendant l'époque glaciaire* : Restes douteux.

3. *Pendant l'époque postglaciaire* : Terrains modernes, tels que les **marnes lacustres** ou **cendres des tourbières**, les **tourbes**, les **tufs calcaires**, les *détritus* et les *alluvions modernes*.

Passons à la première de ces époques.

1. Terrains de l'époque antéglaciaire.

a) Les *détritus jurassiques*, y compris les *éboulements*, sont la conséquence nécessaire et immédiate du soulèvement jurassique; comme ils sont encore en voie de formation, nous en dirons quelques mots en parlant des terrains modernes.

b) Les *alluvions anciennes*, y compris le lehm ou lœss.

Ces dépôts, connus depuis très-longtemps en Suisse et en France, ont été étudiés aux environs de Bâle par MM. Meissner et Merian; dans le district de Laufon par A. Gressly. En 1853, dans nos « *Notes géologiques* », en les décrivant dans le Jura central, nous les

19

distinguions des sables à Dinothérium. MM. E. Desor et F. Lang ont fourni d'intéressantes recherches sur les terrains de la partie de la plaine suisse qui nous touche.

Les alluvions anciennes, composées de blocs, de galets, de sables et d'argiles, sont le plus souvent stratifiées à la manière des dépôts sédimentaires. Les galets, d'une grosseur céphalaire, passent par degrés à l'état de sable fin ; leur grosseur moyenne est celle d'un œuf. Plus on s'approche des gorges aboutissant dans les ruz et plus ils deviennent volumineux et anguleux. Dans ces conditions il n'est pas rare de rencontrer parmi eux des blocs énormes, dont les angles sont à peine émoussés.

D'une *puissance* de 1 à 30 mètres, ils constituent tantôt une masse meuble ou incohérente, tantôt un conglomérat ou nagelfluh assez dur.

Ce qui frappe dans les caractères de ces dépôts, c'est qu'ils ne présentent aucune roche particulière à cette époque, mais seulement les débris, confusément accumulés, de presque tous les étages qui les ont précédés. Cependant les roches propres au Jura et plus particulièrement les calcaires jurassiques des groupes supérieurs y dominent de beaucoup. Aux environs de Bâle, dans la vallée de la Birse, en Ajoie, dans le val de Delémont, même plus au sud dans celui d'Orvin, ainsi que dans la plaine suisse, les roches hercyniennes ou vosgiennes des sables à *Dinotherium* ou du *Muschelsandstein* ne sont pas rares dans ces dépôts.

Des roches alpines sont souvent aussi mélangées aux alluvions anciennes. Nous en avons réuni une jolie collection, que nous avons déposée au progymnase de Delémont, et qui a été étudiée par M. Studer. Ces roches peuvent provenir de trois régions différentes, de l'Oberland bernois, du Valais et du Mont-Blanc. Les plus communes sont précisément des détritus de roches que M. Guyot regarde comme caractéristiques du bassin erratique du Rhône ; il les appelle *granit* ou *syénite talqueux*, *gneiss chloriteux* et *chlorite*. Ces trois roches sont connues sous le nom de *roches pennines ;* elles proviennent de la Dent-Blanche, de la Dent d'Erin et de la vallée de Bagnes.

Comme nos alluvions ont souvent été et sont encore quelquefois confondues avec les conglomérats tertiaires, il ne serait peut-être pas inutile de rappeler encore sommairement leurs caractères distinctifs.

Elles ont, en général, une forme plus aplatie et une couleur plus claire.

On ne les confondra pas avec le nagelfluh jurassique. La faune, la position stratigraphique, la roche entièrement calcaire de celui-ci ne le permettent point.

Le nagelfluh de l'étage helvétien, qui est identique à celui des sables à *Dinotherium,* se distingue des alluvions anciennes par l'absence de roches alpines, par sa faune et par sa position stratigraphique.

En tenant compte de ces divers caractères : minéralogiques, paléontologiques et stratigraphiques, il sera presque toujours possible de distinguer ces nagelfluh. Pendant quelque temps nous avons été embarrassé de savoir à quelle formation nous rangerions le conglomérat de Bâle, qui s'étend au sud de cette ville au Bruderholz, au Neue Welt et plus loin. Après y avoir recueilli la faune du lœss, des roches alpines et vosgiennes, après avoir constaté sa présence à la Reutehardt, entre Neue Welt et Mönchenstein, sur un affleurement liaso-keupérien (pendant la formation du nagelfluh tertiaire, un affleurement de ce genre n'existait pas), nous n'avons plus hésité, nous l'avons classé parmi les dépôts quaternaires.

Pendant que les courants déposaient les alluvions anciennes, les eaux dormantes formaient dans les anses abritées et dans les grands bassins des sables fins, des argiles et un limon fertile connus sous le nom de *lehm* ou de *lœss*.

Etendue des alluvions anciennes. Elles occupent généralement le fond de nos bassins, auxquels elles donnent un cachet de stérilité ou de fertilité, selon que la forme pierreuse ou limoneuse prédomine. On les trouve au fond, au pied et même jusque sur les flancs des dislocations de nos chaînes jurassiques.

Elles forment des amas considérables à la zone de la plaine suisse qui touche le Jura, où M. le prof. Lang les a vues mélangées au terrain erratique alpin. Elles se présentent bien nettes et bien développées dans le val de Péry, aux bords de la Suze, dans ceux de St-Imier, de Tavannes et de Moutier. On en voit un amas remarquable dans les gorges de Moutier sur les marnes liaso-keupériennes de Roche ; il s'élève à plus de 35 m. au-dessus du lit de la Birse.

Les graviers de la plaine de Delémont, ceux de la vallée de la Birse depuis cette ville au Rhin, donnent à cette contrée un aspect souvent stérile. Ces alluvions anciennes, sous forme d'argiles, de lœss, de graviers ou de conglomérat, recouvrent le muschelkalk des hauteurs du Grenzacherhorn, le lias et le keuper des coteaux qui s'étendent du Grüth au Neue Welt et à Pratteln, et toutes les collines tertiaires, qui s'élèvent à 120 mètres au-dessus du niveau du Rhin, entre Aesch, Ettingen et Bâle ; elles recouvrent encore la vallée de l'Ergolz et celle du Rhin. A Bâle et dans les environs, ces conglomérats, en alternance avec des sables et du lœss, atteignent une puissance de 10 à 30 mètres, et constituent trois systèmes de berges, dont les deux plus anciens, soit les plus élevés, se perdent dans les plaines de l'Alsace.

En Ajoie, les alluvions anciennes sont surtout représentées par des limons et des argiles, qui donnent un sol fertile à ce pays. La vallée du Doubs n'est pas restée étrangère à ce genre de dépôt. A Goumois suisse, au sud du village, à 20 mètres environ au-dessus du lit du Doubs, se présente un amas intéressant d'alluvions anciennes ; elles y reposent sur l'étage bathonien, et elles renferment des cailloux de gneiss blanc qui proviennent probablement du Mont-Blanc.

Les trois systèmes de berges ou de terrasses que les terrains quaternaires, les alluvions anciennes présentent dans les vallées du Doubs, de l'Aar, de la Birse, de l'Ergolz, du Rhin, de la Reuss, de la Limmat et de leurs affluents, sont très-remarquables par la grande uniformité de leur construction, de leur niveau et de leur direction. Il ne peut y avoir de doute à ce sujet : ces terrasses sont l'effet de la même cause, et cette cause ne peut être que les oscillations du sol dont nous venons de parler. Le premier système de berges, soit le plus élevé, se rattacherait, comme nous l'avons dit, à l'époque antéglaciaire, le deuxième à l'époque glaciaire, et le troisième, ou le dernier, à l'époque actuelle.

Pendant la première époque, nos bassins et nos vallées, remplis d'eau, ne recevaient guère que des courants et des dépôts assimilables à ceux de nos lacs. Pour expliquer la cote de hauteur des alluvions anciennes, du lœss, des blocs erratiques, il suffit d'admettre un niveau des eaux plus élevé et l'action des glaces flottantes. Après l'enfoncement de l'Atlantis, les eaux ont baissé en se creusant d'abord le deuxième système de terrasses, qui, en Suisse, est toujours le plus profond, ensuite le troisième, soit le système actuel qui correspondrait au déplacement des eaux vers l'Océan atlantique et au desséchement de l'Afrique.

Ces trois systèmes de terrasses affectant, sans dérangement, la même direction, qui est, en général, celle que nous connaissons aujourd'hui, nous rejetons l'idée [1] de M. le prof. Müller, qui admet encore un soulèvement jurassique après le dépôt des terrains quaternaires, idée qui n'est étayée par aucun fait plausible et qui ne nous expliquerait nullement la présence et la régularité intacte des berges en question.

Lors de la formation des alluvions anciennes et des terrains contemporains, les chaînes jurassiques étaient formées. A l'appui de cette opinion les étages tertiaires et jurassiques nous ayant fourni leur contingent de preuves, les dépôts quaternaires à leur tour ne resteront pas muets dans cette question. Ils affirmeront cette manière de voir :

a) Par la présence dans nos montagnes des cavernes à ossements qui ont servi d'asile aux animaux de l'époque interglaciaire.

b) Par le fait que les alluvions anciennes n'atteignent guère que les gradins inférieurs des chaînes extérieures et le fond des vallées et des gorges dans l'intérieur du Jura, et qu'elles recouvrent indistinctement tous les terrains depuis les dépôts tertiaires jusqu'aux dépôts les plus anciens.

c) Par la grande courbe décrite par les eaux qui ont charrié les glaces flottantes et qui se dessine par le terrain erratique entre les Bullets, près Yverdon, par Neuchâtel, Bienne et Olten ; elle a sans doute été déterminée par les montagnes du Jura : ces dernières existaient par conséquent. Comme tout cet arrangement n'a pas subi de modification importante, que le niveau des berges anciennes est aussi régulier que peut l'être celui de dépôts aqueux, nous n'admettons pas de soulèvement quaternaire.

Utilité technique. Les cailloux, graviers, argiles et limons des alluvions anciennes présentent de l'intérêt à plusieurs points de vue. Les graviers sont le plus souvent arides et ne présentent qu'une maigre végétation, comme on peut le voir dans les plaines de Bellevie, de Bassecourt, d'Aesch à Bâle et ailleurs. Les limons sont au contraire fertiles : l'Ajoie, le bassin alsatique le prouvent. Les graviers, que le cultivateur intelligent sait rendre productifs, donnent de bons matériaux pour l'entretien des routes, ils alimentent des puits et même d'excellentes sources. Enfin les limons et les argiles sont utilisés dans la fabrication des tuiles, des briques et de la poterie.

c) Terrains erratiques, terrain de transport, terrain diluvien, terrain glaciaire, diluvium cataclystique.

La nature et la provenance de ces roches erratiques nous étant suffisamment connues, nous n'avons plus ici que quelques mots à ajouter sur leur position stratigraphique, sur leur dispersion dans le Jura, sur leur caractère comme dépôt et sur leur mode de transport.

Quelle est la position stratigraphique du terrain erratique? Là-dessus, les opinions sont partagées.

Un grand nombre de géologues, Necker en tête, le classent au-dessus des alluvions anciennes, tandis qu'une autre école, celle de M. le prof. Desor, le range au-dessous. (*Etudes géol. sur le Jura Neuch.*, p. 15.)

Dans les vallées du Jura, nous avons constamment les terrains erratiques non-seulement sur et sous les alluvions anciennes, mais encore mélangés avec elles. M. le prof. Lang a constaté le même état de choses aux environs de Soleure. Près de Saint-Gall, M. le prof. Deicke a aussi vu des blocs erratiques au-dessous et au-dessus du diluvium stratifié. Comme nous l'avons dit, ces deux dépôts seraient contemporains.

[1] M. Mœsch semble la partager en disant : « Es ist darum die Annahme, dass eine Continentalhebung Ursache der » ersten Terrassebildung war, nicht ganz zu verwerfen. » Ouvrage cité, p. 251.

Les terrains erratiques se distinguent des alluvions anciennes par l'absence de fossiles et par le mode de stratification, qui s'est fait sans ordre. Les blocs grands et petits, jusqu'au plus fin limon, sont mélangés et confondus. Ces roches erratiques apparaissent isolées, sans avoir trop égard à la hauteur et à la position des lieux, ou en dépôts plus ou moins puissants entre et sur toutes les chaînes méridionales du Jura, sans guère dépasser la chaîne centrale Raimeux-Vellerat, Mont et Frénois.

Sur Chasseron, les blocs erratiques atteignent 1400 m. au-dessus du niveau de la mer; dans le Jura bernois, sur Monto, 1338 m. — Plus vers l'E., la hauteur diminue encore. Ils sont fréquents dans les vals de St-Imier, de Tavannes et de Moutier. Nous en avons remarqué un au sud du village de Courroux et un autre au sud de Vicques.

Un des blocs erratiques les plus curieux est celui du Steinhof, près Soleure. Il mesure 65,000 pieds cubes et il est probablement originaire du val de Bagnes.

Le *bloc du Diable,* également près de Soleure, est actuellement la pierre tumulaire de l'une de nos célébrités géologiques, M. A. Gressly.

Ces blocs ont sans doute été amenés à la même époque et par les mêmes causes que le terrain erratique de la Suisse. — Ces causes, qui, par leur effet, ont de tout temps frappé l'imagination, en lui présentant ces masses colossales de granit ou de gneiss des Alpes ou du Mont-Blanc placées sur les pentes rapides, au sommet des crêts, sur les plateaux de nos chaînes de montagnes, ne nous sont pas encore parfaitement connues.

Si d'un côté l'on ne peut, dans cette question, nier l'action des glaciers, de l'autre, en voyant ces masses erratiques s'étendre en éventail tout autour d'un massif central et en tenant compte des observations de MM. de Buch et Guyot sur la hauteur de ces roches, qui diminue du S.-O. au N.-S., c'est-à-dire dans le sens du courant, et sur la direction qu'elles affectent relativement aux chaînes méridionales du Jura, on ne rejettera pas l'effet des glaces flottantes.

Pendant que les eaux déposaient les alluvions anciennes, le lehm dans les bas-fonds, les glaces flottantes entraînaient le terrain erratique dans les vallées, sur les flancs et sur quelques sommités, et nos plateaux élevés, comme les Franches-Montagnes, devenaient l'asile de certaines tourbières et de la faune que nous allons bientôt énumérer.

d) *Les tourbières* qui peuvent remonter à cette époque sont celles de la Chaux-d'Abel, du Moulin de Chantereine, de Saignelegier, du Pré-Petit-Jean, des Enfers, de Bellelay, etc.

Dans la tourbière du Pré-Petit-Jean, près Montfaucon, à une profondeur de cinq mètres, on a trouvé des troncs de chêne presque passés à l'état de lignite. Il est connu que cet arbre n'arrive plus à une région aussi élevée. En parlant des terrains modernes, nous reviendrons encore sur les tourbières.

FAUNE. Les terrains que nous venons de parcourir, notamment les alluvions anciennes, offrent un intérêt tout particulier. Les dernières découvertes qui y ont été faites, prouveraient que l'homme existait à cette époque, opinion que nous avons déjà émise ci-dessus. Les silex taillés de mains d'homme, trouvés en Angleterre et en France dans les alluvions anciennes, ne laissent guère de doute à ce sujet.

Dernièrement, M. le Dr Faudel, dans une *Note sur la découverte d'ossements fossiles humains dans le lehm de la vallée du Rhin, à Eguisheim, près Colmar,* » a constaté la présence de débris humains dans le lœss, et il en conclut que l'homme a vécu en Alsace, à l'époque où ce terrain s'est déposé, et qu'il a été contemporain du Cerf fossile, du Bison, du Mammouth.

Nous n'avons pas été aussi heureux dans notre rayon; cependant nous y avons constaté les espèces suivantes :

Bos primigenius, Boj. Café du Vorbourg. Dans le lehm à 9 mètres de profondeur, associé aux mollusques habituels à ce dépôt.

Elephas primigenius, Blumb. Plusieurs sujets aux environs de Bâle.

Les travaux exécutés à Grellingue par M. le conseiller national N. Kaiser ont mis à jour dans les alluvions anciennes plusieurs belles pièces de l'*Elephas primigenius*.

Le progymnase de Delémont doit à la générosité de M. Kaiser une défense très-bien conservée, mesurant en longueur deux mètres environ. Nous avons également reçu de lui une superbe dent molaire. Quatre dents et une partie de la défense du même animal, ont été recueillies à dix minutes de Porrentruy, au bord de la route de Belfort. Deux de ces dents sont dans la collection du progymnase de Delémont. [1]

Il a encore été observé à Soleure et dans les environs.

Ursus spelæus, Blumb. Soyhière, des cavernes coralliennes au N.-E. du village.

Helix arbustorum, L. Alluvions anciennes et lœss : Courrendlin et Café du Vorburg.

Helix hispida, Müller. Café du Vorburg, Courrendlin.

» *pulchella*, Mllr, Café du Vorburg, Courrendlin

» *montana*, Studer »

Pupa marginata, Drp. »

» *secale*, Drap. »

» *dolium*, Drap. »

Succinia oblonga, Drap. »

Clausilia parvula, Studer »

Ces espèces sont très-fréquentes dans le lehm de Bâle.

Au Nord de notre rayon, près Istein, Rixheim, on a aussi recueilli :

Rhinoceros trichorhinus, Cuv.

Equus adamiticus, Schloth.

Cervus euryceros, Aldrov.

C. priscus, Kaup.

Hyæna spelæa, Gf.

Malgré nos courses si fréquentes, nous n'avons rencontré dans notre terrain interglaciaire que 9 espèces de mollusques; tandis que la faune moderne du val de Delémont en compte passé 100. Quatre-vingt-onze espèces seraient autant de caractères positifs pour distinguer ces deux époques. Nos espèces actuelles les plus communes : *Helix pomatia*, *H. hortensis* et *H. nemoralis* n'ont jamais été rencontrées dans ce dépôt.

Les nombreuses cavernes et tourbières du Jura bernois n'ont encore été l'objet d'aucune recherche scientifique. Elles doivent cependant renfermer les richesses qu'elles présentent ailleurs.

CLIMAT. La faune ci-dessus indiquerait qu'il était à peu de chose près le même qu'aujourd'hui. Etait-il un peu plus chaud? La présence du chêne dans les Franches-Montagnes le ferait croire.

2. L'époque glaciaire proprement dite. — Si elle a réellement existé dans le sens de M. Agassiz, elle coïnciderait à l'immersion d'une partie de l'Asie, de l'Afrique et de l'Atlantis, dont nous venons de parler; c'est à elle qu'on rattacherait les anciennes moraines de la Suisse, la disparition du Mammouth de notre zone et les roches *moutonnées* du Jura.

La théorie de l'énorme développement des glaciers, soutenue avec tant d'éclat par M. Agassiz et ses nombreux amis, a été ces derniers temps très-vivement attaquée par M. Sartorius de Waltershausen; le cadre étroit dans lequel nous devons nous renfermer ne nous permet pas d'adopter une théorie plutôt que l'autre. Il est possible que les idées

[1] A Valence, des restes de cet animal, découverts non loin du Rhône, sur le versant des rochers près de Crussol, ont été pris pour les os de St-Christophe : à ce titre, une dent a été vénérée comme relique et un fémur a été porté en procession par les chanoines de St-Vincent, pour demander la pluie !

incomplètes professées jusqu'à ce'jour sur la véritable physionomie de l'étage indien nous expliquent la divergence d'opinions de ces savants. Nous arrivons donc aux terrains modernes.

3. Terrains qui se sont formés pendant l'époque postglaciaire ou terrains modernes.

Ce sont : les *marnes lacustres* ou *cendres des tourbières*, les *tourbes*, les *tufs calcaires*, les *détritus*, les *alluvions modernes* et l'*humus*.

Ces dépôts, notamment les quatre premiers, se relient intimément par l'âge aux terrains quaternaires précédents; mais comme ils sont encore en voie de formation, nous en dirons quelques mots dans ce paragraphe, en commençant par :

Les marnes lacustres ou cendres des tourbières. Elles forment une couche d'argile pure, grise, compacte, imperméable, plus ou moins réfractaire, d'une puissance de 1 à 1 $^1/_2$ mètre, servant généralement d'assise aux tourbières, dont elles favorisent le développement par leur imperméabilité.

Nous ne connaissons pas encore bien l'origine de ces argiles, dont l'industrie tirera parti un jour. On les remarque dans le val de Delémont, à la Communance, Courtemelon, Courfaivre, Bellevie, et au Pré-Borbet; aux Franches-Montagnes : à Bellelay, aux Enfers, à Montfaucon, et dans plusieurs autres endroits. Elles sont tellement imperméables que partout où elles se présentent, le sol est plus ou moins marécageux : on remédierait souvent à cet inconvénient si l'on pratiquait à travers ces couches des trous ou entonnoirs qui aboutiraient dans les graviers ou dans les terrains perméables sous-jacents.

Ces argiles n'ont pas été suffisamment étudiées.

Les *tourbes* sont formées par les *Sphagnum* et des débris d'autres végétaux. Dans de certaines vallées, la tourbe se compose de l'*Hypnum cuspidatum* associé à quelques espèces de Bryum. Elle contient souvent des infusoires, des insectes et des mammifères de l'époque moderne et quaternaire. D'une puissance de 1 à 10 mètres, elle repose sur les cendres des tourbières. Les dépôts les plus importants sont dans les Franches-Montagnes.

Les tourbières desséchées et amendées sont d'une fertilité étonnante. L'utilité de la tourbe comme combustible est connue depuis longtemps. Le charbon de tourbe paraît être un bon moyen de fixer l'ammoniaque; on pourrait donc s'en servir dans les écuries comme litière. On extrait de la tourbe divers produits chimiques.

Au point de vue scientifique, nos tourbières n'ont pas été convenablement étudiées.

Les *tufs calcaires* sont des dépôts formés par les eaux douces chargées de chaux carbonatée. Les corps solides, en fixant ce sel, contribuent puissamment à leur développement. Les végétaux que les tufs contiennent sont particulièrement des mousses et des joncées, ensuite des feuilles d'arbres dont les nervures les plus fines, le parenchyme même, sont quelquefois conservés. On y trouve souvent aussi des restes d'animaux divers.

Les tufs sont exploités partout dans le Jura, où ils forment souvent des dépôts de de 1 à 10 mètres.

On se sert du tuf pour la maçonnerie légère. Les sables tufeux sont utilisés dans la confection du mortier. En agriculture, ils seraient utiles en les mélangeant aux terres qui manquent de carbonate de chaux; ils rendraient encore meubles et légères les argiles trop compactes.

Les *détritus, éboules, ravières,* existent principalement le long des flancs de nos montagnes, et sont l'effet tantôt de la dissolution, de la désagrégation des terres, des roches, par les eaux, le dégel, tantôt celui d'éboulements plus ou moins considérables. Le plus souvent ils sont formés de limon, d'argiles et de marnes mélangées à des brèches (groises) ou blocs des étages jurassiques supérieurs, et ils constituent des amas puissants, même des monticules.

Ils recouvrent ordinairement les terrains tertiaires, qui, de sols propres à la culture qu'ils étaient, sont convertis en pâturages rocailleux et arides. Les principaux amas de ces détritus ont un caractère d'éboulements si prononcé, que nous ne nous arrêtons pas même à la possibilité d'y voir d'anciennes moraines. Bien que ce terrain se forme sous nos yeux, nous ne devons pas moins croire que son âge remonte à l'époque du dernier grand soulèvement jurassique.

Les alluvions modernes. Ce sont des dépôts de vase (attérissements) de graviers, de cailloux, de blocs souvent très-grands, (grèves), dont la surface, les angles sont plus ou moins émoussés. Après des pluies abondantes et continues, les ruisseaux latéraux qui débouchent des ruz jurassiques, entraînent souvent dans leur cours des amas énormes de matériaux qui s'étalent sur les terres avoisinantes, les recouvrent d'immenses coulées de boue et de pierres, et changent en peu d'instants les prés et les champs les plus fertiles en une grève aride et impropre à la culture.

On se rappelle les inondations de la Scheulte et du ruisseau de Soulce dans les années 1849 et 1850, et les dégâts considérables qu'elles occasionnèrent. D'un côté, ces inondations nous font voir les inconvénients, souvent signalés, du déboisement des montagnes abruptes, de l'autre, la force extraordinaire des grands courants.

L'humus, ou terre végétale, résultant de la décomposition de restes organiques, se trouve en assez grande quantité, souvent même en amas puissants, tant dans les anciennes forêts que dans les forêts actuelles. L'agriculture en retirerait un parti bien avantageux.

Ici se termine notre travail stratigraphique.

Les premiers pas dans le domaine de la géologie du Jura bernois sont faits. Avec nos amis, nous avons réuni un grand nombre de données; en suivant la méthode ontologique, elles nous ont quelquefois permis d'arriver à des résultats satisfaisants : les unes comme les autres ont été enregistrés dans ce travail.

Nous sommes allé plus loin : nous avons emprunté à nos voisins plusieurs tableaux géologiques. — Nous les avons indiqués, tout en montrant où il faut chercher leurs homologues chez nous.

Avons-nous rempli notre tâche? Après tout, on sera encore en droit de nous demander ce que c'est que la géologie?

Nous répondrons :

C'est une science encore dans son enfance; elle ne sera définie, elle n'arrivera à l'âge mûr que par le concours séculaire de ces légions d'observateurs jetées sur toute la surface du globe. Alors, conservera-t-elle des *étages* pris dans le sens de M. Alc. d'Orbigny ou bien les rejettera-t-elle, pour admettre *un simple plan dans la création, mais lentement effectué;* ou, en d'autres termes, *présentera-t-elle plusieurs créations-types,* ou *d'espèces,* ou *une seule création,* en se réservant le rôle de rechercher les diverses transformations et les pertes subies pendant les époques et les révolutions géologiques? A l'avenir de parler.

Cα

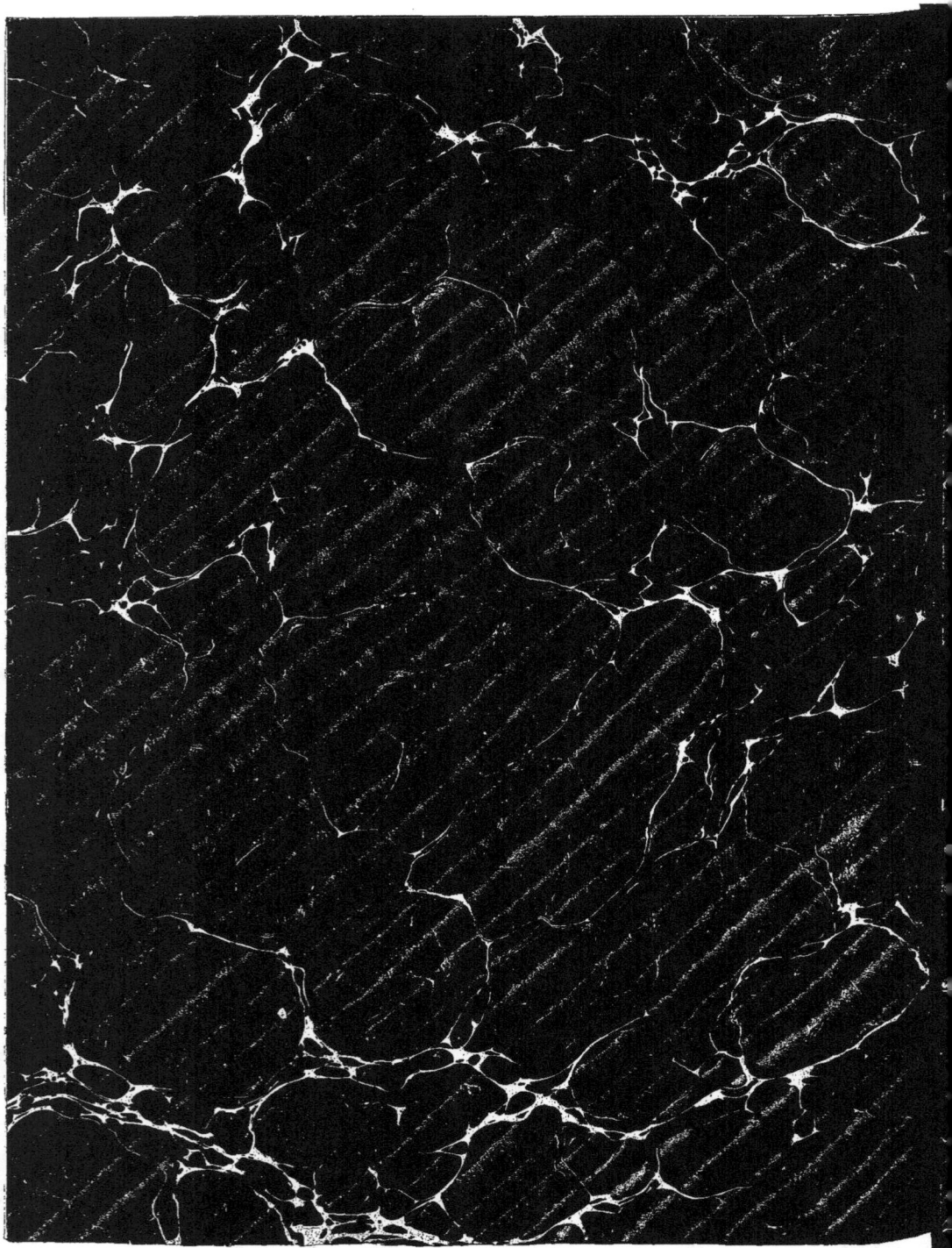

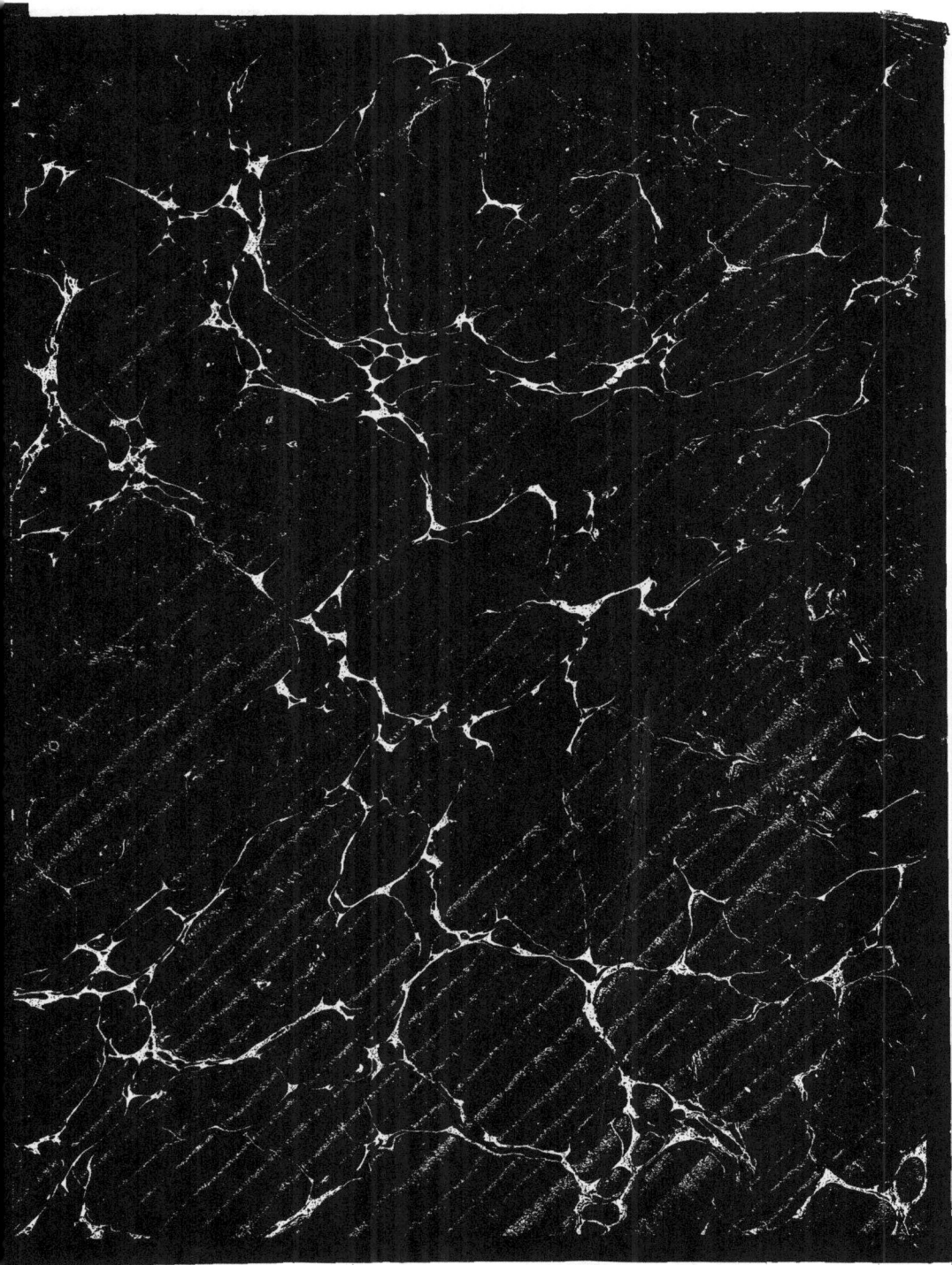

www.ingramcontent.com/pod-product-compliance
Lightning Source LLC
Chambersburg PA
CBHW050118210326
41519CB00015BA/4010